공간정보관계법

– 공간정보의 구축 및 관리 등에 관한 법률 –

이왕무 · 장우진

화수목

머리말

「지적법」은 1950년 법률 제165호로 지세령과 임야대장규칙에 규정된 지적에 관한 사항을 통합하여 지적을 상세히 조사하고 세원을 확보하고자 하는 목적으로 만들어 졌다.

지적제도의 모법으로 운영되던 「지적법」은 측량의 기준과 절차를 일원화화여 측량 성과의 신뢰도 및 정확도를 높임으로서 국토의 효율적 관리, 국민의 소유권 보호에 기여, 국가지리정보산업의 발전을 도모하고자 하는 목표 하에, 「지적법」, 「측량법」 및 「수로업무법」을 통합한 「측량·수로조사 및 지적에 관한 법률」로 2009년 통합·제정되었다.

이후, 공간정보의 구축을 위한 측량 및 수로조사의 기준 및 절차와 지적공부의 작성 및 관리 등에 관한 사항을 규정하고 있는 「측량·수로조사 및 지적에 관한 법률」의 제명을 변경하여 정부의 공간정보 산업의 건전한 발전을 통한 전반적인 육성 정책에 부응하고자 2015년 법률 제12738호 「공간정보의 구축 및 관리 등에 관한 법률」로 명칭을 변경하였다.

본 서는 지적제도 운영의 근간이 되는 주요 법률내용을 중심으로 정리하여 대학의 교육은 물론 사회실무분야에서 지적제도에 대한 지침서로서의 역할에 충실하고자 집필하였다.

따라서 「공간정보의 구축 및 관리 등에 관한 법률」을 중심으로 「국가공간정보기본법」, 「공간정보산업진흥법」, 「지적측량시행규칙」, 「지적업무처리규정」, 「부동산종합공부시스템의 운영 및 관리규정」 등 관계 법률이 총 정리된 기본 지침서로서 발간하게 되었다.

본 서의 출판을 준비하는 현재에도 법령에 근거하여 측량업정보 종합관리체계의 구축, 공간정보산업협회로의 전환 등 실무적인 사안들이 추진되고 있어, 이를 포함한 지적실무 영역이 반영된 지적제도의 기본서로서 충실하기 위해서는 지속적인 변화에 맞추어 내용을 수정하고 보완하는 노력이 경주되어야 할 것으로 판단된다.

모쪼록 본 서가 지적에 입문하는 학생, 자격시험을 준비하는 분, 현장에서 실무를 다루는 전문가 등 지적에 관심을 갖고 있는 모든 사람들에게 다소나마 도움이 되길 기대하며, 부족한 부분에 대해서는 아낌없는 조언을 부탁드린다.

끝으로, 재활치료 중이신 청주대학교 최용규 명예교수님의 쾌차를 기원하며, 영리성을 제쳐두고 지적학문의 발전을 위해 출간을 맡아 주신 도서출판 화수목의 임해진 사장님 이하 직원 여러분들에게도 감사의 말씀을 드린다.

범두골 연구실에서 저자 씀

차 례

제5장 토지의 등록

제6장 지적공부

제7장 토지의 이동 신청 및 지적정리

CONTENTS

제1장 공간정보관계 법령 총칙

1. 목 적
2. 용어의 정의
3. 다른 법률과의 관계

제 1 장 공간정보관계 법령 총칙

1 목 적

1.1 법의 목적

측량 및 수로조사의 기준 및 절차와 지적공부(地籍公簿)·부동산종합공부(不動産綜合公簿)의 작성 및 관리 등에 관한 사항을 규정함으로써 국토의 효율적 관리와 해상교통의 안전 및 국민의 소유권 보호에 기여함을 목적으로 한다(법 제1조).

1.2 시행령의 목적

이 영은 「공간정보의 구축 및 관리 등에 관한 법률」에서 위임된 사항과 그 시행에 필요한 사항을 규정함을 목적으로 한다(영 제1조).

1.3 규칙의 목적

이 규칙은 「공간정보의 구축 및 관리 등에 관한 법률」 및 같은 법 시행령에서 위임된 사항과 그 시행에 필요한 사항을 정함을 목적으로 한다(규칙 제1조).

1.4 지적측량 시행규칙의 목적

이 규칙은 「공간정보의 구축 및 관리 등에 관한 법률」 및 같은 법 시행령에서 위임된 사항과 그 시행에 필요한 사항을 정함을 목적으로 한다(지적측량시행규칙 제1조).

1.5 지적업무처리규정의 목적

이 규정은 「공간정보의 구축 및 관리 등에 관한 법률」, 같은 법 시행령 및 같은 법 시행규칙, 「지적측량 시행규칙」에서 위임된 사항과 지적업무의 처리에 관하여 필요한 사항을 규정함을 목적으로 한다(규정 제1조).

2 용어의 정의

이 법에서 사용하는 용어의 뜻은 다음과 같다(법 제2조).

1. "측량"이란 공간상에 존재하는 일정한 점들의 위치를 측정하고 그 특성을 조사하여 도면 및 수치로 표현하거나 도면상의 위치를 현지(現地)에 재현하는 것을 말하며, 측량용 사진의 촬영, 지도의 제작 및 각종 건설사업에서 요구하는 도면작성 등을 포함한다.
2. "기본측량"이란 모든 측량의 기초가 되는 공간정보를 제공하기 위하여 국토교통부장관이 실시하는 측량을 말한다.
3. "공공측량"이란 다음 각 목의 측량을 말한다.
   가. 국가, 지방자치단체, 그 밖에 대통령령으로 정하는 기관이 관계 법령에 따른 사업 등을 시행하기 위하여 기본측량을 기초로 실시하는 측량
   나. 가목 외의 자가 시행하는 측량 중 공공의 이해 또는 안전과 밀접한 관련이 있는 측량으로서 대통령령으로 정하는 측량
4. "지적측량"이란 토지를 지적공부에 등록하거나 지적공부에 등록된 경계점을 지상에 복원하기 위하여 제21호에 따른 필지의 경계 또는 좌표와 면적을 정하는 측량을 말하며, 지적확정측량 및 지적재조사측량을 포함한다.

4의2. "지적확정측량"이란 제86조 제1항에 따른 사업이 끝나 토지의 표시를 새로 정하기 위하여 실시하는 지적측량을 말한다.

4의3. "지적재조사측량"이란 「지적재조사에 관한 특별법」에 따른 지적재조사사업에 따라 토지의 표시를 새로 정하기 위하여 실시하는 지적측량을 말한다.

6. "일반측량"이란 기본측량, 공공측량, 지적측량 및 수로측량 외의 측량을 말한다.
7. "측량기준점"이란 측량의 정확도를 확보하고 효율성을 높이기 위하여 특정 지점을 제6조에 따른 측량기준에 따라 측정하고 좌표 등으로 표시하여 측량 시에 기준으로 사용되는 점을 말한다.
8. "측량성과"란 측량을 통하여 얻은 최종 결과를 말한다.
9. "측량기록"이란 측량성과를 얻을 때까지의 측량에 관한 작업의 기록을 말한다.
10. "지도"란 측량 결과에 따라 공간상의 위치와 지형 및 지명 등 여러 공간정보를 일정한 축척에 따라 기호나 문자 등으로 표시한 것을 말하며, 정보처리시스템을 이용하여 분석, 편집 및 입력·출력할 수 있도록 제작된 수치지형도[항공기나 인공위성 등을 통하여 얻은 영상정보를 이용하여 제작하는 정사영상지도(正

射映像地圖)를 포함한다]와 이를 이용하여 특정한 주제에 관하여 제작된 지하시설물도·토지이용현황도 등 대통령령으로 정하는 수치주제도(數值主題圖)를 포함한다.

18. "지적소관청"이란 지적공부를 관리하는 특별자치시장, 시장(「제주특별자치도 설치 및 국제자유도시 조성을 위한 특별법」 제15조 제2항에 따른 행정시의 시장을 포함하며, 「지방자치법」 제3조 제3항에 따라 자치구가 아닌 구를 두는 시의 시장은 제외한다)·군수 또는 구청장(자치구가 아닌 구의 구청장을 포함한다)을 말한다.

19. "지적공부"란 토지대장, 임야대장, 공유지연명부, 대지권등록부, 지적도, 임야도 및 경계점좌표등록부 등 지적측량 등을 통하여 조사된 토지의 표시와 해당 토지의 소유자 등을 기록한 대장 및 도면(정보처리시스템을 통하여 기록·저장된 것을 포함한다)을 말한다.

19의2. "연속지적도"란 지적측량을 하지 아니하고 전산화된 지적도 및 임야도 파일을 이용하여, 도면상 경계점들을 연결하여 작성한 도면으로서 측량에 활용할 수 없는 도면을 말한다.

19의3. "부동산종합공부"란 토지의 표시와 소유자에 관한 사항, 건축물의 표시와 소유자에 관한 사항, 토지의 이용 및 규제에 관한 사항, 부동산의 가격에 관한 사항 등 부동산에 관한 종합정보를 정보관리체계를 통하여 기록·저장한 것을 말한다.

20. "토지의 표시"란 지적공부에 토지의 소재·지번(地番)·지목(地目)·면적·경계 또는 좌표를 등록한 것을 말한다.

21. "필지"란 대통령령으로 정하는 바에 따라 구획되는 토지의 등록단위를 말한다.

22. "지번"이란 필지에 부여하여 지적공부에 등록한 번호를 말한다.

23. "지번부여지역"이란 지번을 부여하는 단위지역으로서 동·리 또는 이에 준하는 지역을 말한다.

24. "지목"이란 토지의 주된 용도에 따라 토지의 종류를 구분하여 지적공부에 등록한 것을 말한다.

25. "경계점"이란 필지를 구획하는 선의 굴곡점으로서 지적도나 임야도에 도해(圖解) 형태로 등록하거나 경계점좌표등록부에 좌표 형태로 등록하는 점을 말한다.

26. "경계"란 필지별로 경계점들을 직선으로 연결하여 지적공부에 등록한 선을 말한다.

27. "면적"이란 지적공부에 등록한 필지의 수평면상 넓이를 말한다.

28. “토지의 이동(異動)”이란 토지의 표시를 새로 정하거나 변경 또는 말소하는 것을 말한다.
29. “신규등록”이란 새로 조성된 토지와 지적공부에 등록되어 있지 아니한 토지를 지적공부에 등록하는 것을 말한다.
30. “등록전환”이란 임야대장 및 임야도에 등록된 토지를 토지대장 및 지적도에 옮겨 등록하는 것을 말한다.
31. “분할”이란 지적공부에 등록된 1필지를 2필지 이상으로 나누어 등록하는 것을 말한다.
32. “합병”이란 지적공부에 등록된 2필지 이상을 1필지로 합하여 등록하는 것을 말한다.
33. “지목변경”이란 지적공부에 등록된 지목을 다른 지목으로 바꾸어 등록하는 것을 말한다.
34. “축척변경”이란 지적도에 등록된 경계점의 정밀도를 높이기 위하여 작은 축척을 큰 축척으로 변경하여 등록하는 것을 말한다.

3 다른 법률과의 관계

측량 및 수로조사와 지적공부·부동산종합공부의 작성 및 관리에 관하여 다른 법률에 특별한 규정이 있는 경우를 제외하고는 이 법에 따른다(법 제3조).

제2장

공공측량 및 기본측량

제2장 공공측량 및 기본측량

1 통 칙

1.1 측량기본계획 및 시행계획

국토교통부장관은 다음 각 호의 사항(수로조사에 관한 사항은 제외한다)이 포함된 측량기본계획을 5년마다 수립하여야 한다(법 제5조 제1항).

1. 측량에 관한 기본 구상 및 추진 전략
2. 측량의 국내외 환경 분석 및 기술연구
3. 측량산업 및 기술인력 육성 방안
4. 그 밖에 측량 발전을 위하여 필요한 사항

국토교통부장관은 제1항에 따른 측량기본계획에 따라 연도별 시행계획을 수립·시행하여야 한다(법 제5조 제2항).

1.2 측량기준 등

1) 측량기준

측량의 기준은 다음 각 호와 같다(법 제6조 제1항).

1. 위치는 세계측지계(世界測地系)에 따라 측정한 지리학적 경위도와 높이(평균해수면으로부터의 높이를 말한다. 이하 이 항에서 같다)로 표시한다. 다만, 지도제작 등을 위하여 필요한 경우에는 직각좌표와 높이, 극좌표와 높이, 지구중심 직교좌표 및 그 밖의 다른 좌표로 표시할 수 있다.
2. 측량의 원점은 대한민국 경위도원점(經緯度原點) 및 수준원점(水準原點)으로 한다. 다만, 섬 등 대통령령으로 정하는 지역에 대하여는 국토교통부장관이 따로 정하여 고시하는 원점을 사용할 수 있다.
3. 수로조사에서 간출지(干出地)의 높이와 수심은 기본수준면(일정 기간 조석을 관측하여 분석한 결과 가장 낮은 해수면)을 기준으로 측량한다.

4. 해안선은 해수면이 약최고고조면(약최고고조면 : 일정 기간 조석을 관측하여 분석한 결과 가장 높은 해수면)에 이르렀을 때의 육지와 해수면과의 경계로 표시한다.

제1항에 따른 세계측지계, 측량의 원점 값의 결정 및 직각좌표의 기준 등에 필요한 사항은 대통령령으로 정하며(법 제6조 제3항), 직각좌표의 기준은 [별표 2]와 같다(영 제7조 제3항).

직각좌표의 기준

1. 직각좌표계 원점

명칭	원점의 경위도	투영원점의 가산(加算)수치	원점축척계수	적용 구역
서부 좌표계	경도 : 동경 125° 00′ 위도 : 북위 38° 00′	X(N) 600,000m Y(E) 200,000m	1.0000	동경 124°~126°
중부 좌표계	경도 : 동경 127° 00′ 위도 : 북위 38° 00′	X(N) 600,000m Y(E) 200,000m	1.0000	동경 126°~128°
동부 좌표계	경도 : 동경 129° 00′ 위도 : 북위 38° 00′	X(N) 600,000m Y(E) 200,000m	1.0000	동경 128°~130°
동해 좌표계	경도 : 동경 131° 00′ 위도 : 북위 38° 00′	X(N) 600,000m Y(E) 200,000m	1.0000	동경 130°~132°

비고

가. 각 좌표계에서의 직각좌표는 다음의 조건에 따라 T・M(Transverse Mercator, 횡단 머케이터) 방법으로 표시하고, 원점의 좌표는 X=0, Y=0으로 한다.
  1) X축은 좌표계 원점의 자오선에 일치하여야 하고, 진북방향을 정(+)으로 표시하며, Y축은 X축에 직교하는 축으로서 진동방향을 정(+)으로 한다.
  2) 세계측지계에 따르지 아니하는 지적측량의 경우에는 가우스상사이중투영법으로 표시하되, 직각좌표계 투영원점의 가산(加算)수치를 각각 X(N) 500,000미터(제주도지역 550,000미터), Y(E) 200,000m로 하여 사용할 수 있다.

나. 국토교통부장관은 지리정보의 위치측정을 위하여 필요하다고 인정할 때에는 직각좌표의 기준을 따로 정할 수 있다. 이 경우 국토교통부장관은 그 내용을 고시하여야 한다.

2) 원점의 특례

법 제6조 제1항 제2호 단서에서 "섬 등 대통령령으로 정하는 지역"이란 다음 각 호의 지역을 말한다(영 제6조).

1. 제주도
2. 울릉도
3. 독도
4. 그 밖에 대한민국 경위도원점 및 수준원점으로부터 원거리에 위치하여 대한민국 경위도원점 및 수준원점을 적용하여 측량하기 곤란하다고 인정되어 국토교통부장관이 고시한 지역

3) 세계측지계 등

법 제6조 제1항에 따른 세계측지계(世界測地系)는 지구를 편평한 회전타원체로 상정하여 실시하는 위치측정의 기준으로서 다음 각 호의 요건을 갖춘 것을 말한다(영 제7조 제1항).

1. 회전타원체의 장반경(張半徑) 및 편평률(扁平率)은 다음 각 목과 같을 것
   가. 장반경 : 6,378,137미터
   나. 편평률 : 298.257222101분의 1
2. 회전타원체의 중심이 지구의 질량중심과 일치할 것
3. 회전타원체의 단축(短軸)이 지구의 자전축과 일치할 것

법 제6조 제1항에 따른 대한민국 경위도원점(經緯度原點) 및 수준원점(水準原點)의 지점과 그 수치는 다음 각 호와 같다(영 제7조 제2항).

1. 대한민국 경위도원점
   가. 지점 : 경기도 수원시 영통구 월드컵로 92(국토지리정보원에 있는 대한민국 경위도원점 금속표의 십자선 교점)
   나. 수치
      1) 경도 : 동경 127도 03분 14.8913초
      2) 위도 : 북위 37도 16분 33.3659초
      3) 원방위각 : 3도 17분 32.195초(원점으로부터 진북을 기준으로 오른쪽 방향으로 측정한 서울산업대학교에 있는 위성기준점 금속표 십자선 교점)
2. 대한민국 수준원점
   가. 지점 : 인천광역시 남구 용현동 253번지(인하공업전문대학에 있는 원점표석 수정판의 영 눈금선 중앙점
   나. 수치 : 인천만 평균해수면상의 높이로부터 26.6871미터 높이

1.3 측량기준점 및 구분

1) 측량기준점

측량기준점은 다음 각 호의 구분에 따른다(법 제7조 제1항).

1. 국가기준점 : 측량의 정확도를 확보하고 효율성을 높이기 위하여 국토교통부장관 및 해양수산부장관이 전 국토를 대상으로 주요 지점마다 정한 측량의 기본이 되는 측량기준점
2. 공공기준점 : 제17조 제2항에 따른 공공측량시행자가 공공측량을 정확하고 효율적으로 시행하기 위하여 국가기준점을 기준으로 하여 따로 정하는 측량기준점

3. 지적기준점 : 특별시장 · 광역시장 · 특별자치시장 · 도지사 또는 특별자치도지사(이하 "시 · 도지사"라 한다)나 지적소관청이 지적측량을 정확하고 효율적으로 시행하기 위하여 국가기준점을 기준으로 하여 따로 정하는 측량기준점

제1항에 따른 측량기준점의 구분에 관한 세부 사항은 대통령령으로 정한다(법 제7조 제2항).

2) 측량기준점의 구분

법 제7조 제1항에 따른 측량기준점은 다음 각 호의 구분에 따른다(영 제8조 제1항).

1. 국가기준점
   가. 우주측지기준점 : 국가측지기준계를 정립하기 위하여 전 세계 초장거리간섭계와 연결하여 정한 기준점
   나. 위성기준점 : 지리학적 경위도, 직각좌표 및 지구중심 직교좌표의 측정 기준으로 사용하기 위하여 대한민국 경위도원점을 기초로 정한 기준점
   다. 수준점 : 높이 측정의 기준으로 사용하기 위하여 대한민국 수준원점을 기초로 정한 기준점
   라. 중력점 : 중력 측정의 기준으로 사용하기 위하여 정한 기준점
   마. 통합기준점 : 지리학적 경위도, 직각좌표, 지구중심 직교좌표, 높이 및 중력 측정의 기준으로 사용하기 위하여 위성기준점, 수준점 및 중력점을 기초로 정한 기준점
   바. 삼각점 : 지리학적 경위도, 직각좌표 및 지구중심 직교좌표 측정의 기준으로 사용하기 위하여 위성기준점 및 통합기준점을 기초로 정한 기준점
   사. 지자기점(地磁氣點) : 지구자기 측정의 기준으로 사용하기 위하여 정한 기준점
   아. 수로기준점 : 수로조사 시 해양에서의 수평위치와 높이, 수심 측정 및 해안선 결정 기준으로 사용하기 위하여 위성기준점과 법 제6조 제1항 제3호의 기본수준면을 기초로 정한 기준점으로서 수로측량기준점, 기본수준점, 해안선기준점으로 구분한다.
   자. 영해기준점 : 우리나라의 영해를 획정(劃定)하기 위하여 정한 기준점
2. 공공기준점
   가. 공공삼각점 : 공공측량 시 수평위치의 기준으로 사용하기 위하여 국가기준점을 기초로 하여 정한 기준점
   나. 공공수준점 : 공공측량 시 높이의 기준으로 사용하기 위하여 국가기준점을 기초로 하여 정한 기준점

3. 지적기준점
   가. 지적삼각점 : 지적측량 시 수평위치 측량의 기준으로 사용하기 위하여 국가기준점을 기준으로 하여 정한 기준점
   나. 지적삼각보조점 : 지적측량 시 수평위치 측량의 기준으로 사용하기 위하여 국가기준점과 지적삼각점을 기준으로 하여 정한 기준점
   다. 지적도근점 : 지적측량 시 필지에 대한 수평위치 측량 기준으로 사용하기 위하여 국가기준점, 지적삼각점, 지적삼각보조점 및 다른 지적도근점을 기초로 하여 정한 기준점

제1항에 따른 각 기준점은 필요에 따라 등급을 구분할 수 있다(영 제8조 제2항).

1.4 측량기준점표지의 설치 및 관리

측량기준점을 정한 자는 측량기준점표지를 설치하고 관리하여야 한다(법 제8조 제1항). 제1항에 따라 측량기준점표지[수로측량을 위한 국가기준점표지(이하 "수로기준점표지"라 한다)는 제외한다. 이하 이 항 및 제5항에서 같다]를 설치한 자는 대통령령으로 정하는 바에 따라 그 종류와 설치 장소를 국토교통부장관, 관계 시·도지사, 시장·군수 또는 구청장(자치구의 구청장을 말한다. 이하 같다) 및 측량기준점표지를 설치한 부지의 소유자 또는 점유자에게 통지하여야 한다. 설치한 측량기준점표지를 이전·철거하거나 폐기한 경우에도 같다(법 제8조 제2항).

〈공간정보의 구축 및 관리 등에 관한 법률 시행규칙 별지 서식 제2호〉

행 정 기 관 명

수신자
(경 유)
제 목 측량기준점표지 설치의 통지서

「공간정보의 구축 및 관리 등에 관한 법률」 제8조 제2항 및 같은 법 시행규칙 제4조에 따라 다음과 같이 통지합니다.

측량표지의 종류	등급	수량	설치장소	비고

붙임 : 측량성과(평면직각좌표 및 표고) 사본 1부. 끝.

발 신 명 의 직인

기안자 직위(직급) 서명 검토자 직위(직급) 서명 결재권자 직위(직급) 서명

협조자 직위(직급) 서명

시행 처리과명-일련번호(시행일) 접수 처리과명-일련번호(접수일)

우 주소 / 홈페이지 주소

전화( ) 전송( ) / 공무원의 공식전자우편주소 / 공개구분

210㎜×297㎜(일반용지 60g/㎡(재활용품))

법 제8조 제2항에 따라 측량기준점표지의 설치자가 측량기준점표지의 설치 사실을 통지할 때에는 그 측량성과[평면직각좌표 및 표고(標高)의 성과가 있는 경우 그 좌표 및 표고를 포함한다]를 함께 통지하여야 한다(영 제9조 제1항). 그리고 영 제9조 제1항에 따른 측량기준점표지 설치의 통지를 위하여 필요한 사항은 국토교통부령으로 정한다(영 제9조 제2항).

법 8조 제1항에 따른 지적기준점표지의 설치는 다음 각 호의 기준에 따른다(지적측량시행규칙 제2조 제1항).

1. 지적삼각점표지의 점간거리는 평균 2킬로미터 이상 5킬로미터 이하로 할 것
2. 지적삼각보조점표지의 점간거리는 평균 1킬로미터 이상 3킬로미터 이하로 할 것. 다만, 다각망도선법(多角網道線法)에 따르는 경우에는 평균 0.5킬로미터 이상 1킬로미터 이하로 한다.
3. 지적도근점표지의 점간거리는 평균 50미터 이상 300미터 이하로 할 것. 다만, 다각망도선법에 따르는 경우에는 평균 500미터 이하로 한다.

지적소관청은 연 1회 이상 지적기준점표지의 이상 유무를 조사하여야 한다. 이 경우 멸실되거나 훼손된 지적기준점표지를 계속 보존할 필요가 없을 때에는 폐기할 수 있다(지적측량시행규칙 제2조 제2항).

지적소관청이 관리하는 지적기준점표지가 멸실되거나 훼손되었을 때에는 지적소관청은 다시 설치하거나 보수하여야 한다(지적측량시행규칙 제2조 제3항).

시·도지사 또는 지적소관청은 지적기준점표지를 설치·이전·복구·철거하거나 폐기한 경우에는 그 사실을 고시하여야 한다(법 제8조 제4항).

법 제8조 제4항에 따른 수로기준점표지와 지적기준점표지의 설치에 대한 고시는 다음 각 호의 사항을 관보에 게재하는 방법으로 한다. 다만, 지적기준점 중 지적삼각보조점과 지적도근점표지의 설치에 대한 고시는 지적소관청의 공보 또는 인터넷 홈페이지에 게재할 수 있다(영 제10조).

1. 기준점의 명칭 및 번호
2. 직각좌표계의 원점명(지적기준점에 한정한다)
3. 좌표 및 표고
4. 경도와 위도
5. 설치일, 소재지 및 표지의 재질
6. 측량성과 보관 장소

특별자치시장, 특별자치도지사, 시장·군수 또는 구청장은 국토교통부령으로 정하는

바에 따라 매년 관할 구역에 있는 측량기준점표지의 현황을 조사하고 그 결과를 시·도지사를 거쳐(특별자치시장 및 특별자치도지사의 경우는 제외한다) 국토교통부장관에게 보고하여야 한다. 측량기준점표지가 멸실·파손되거나 그 밖에 이상이 있음을 발견한 경우에도 같다(법 제8조 제5항).

특별자치시장, 특별자치도지사, 시장·군수 또는 구청장은 법 제8조 제5항에 따른 측량기준점표지의 현황에 대한 조사결과를 매년 10월 말까지 국토지리정보원장이 정하여 고시한 기준에 따라 보고하여야 한다(규칙 제5조 제1항). 그리고 국토지리정보원장은 제1항에 따른 측량기준점표지의 현황조사 결과 보고에 대한 기준을 정한 경우에는 이를 고시하여야 한다(규칙 제5조 제2항).

법 제8조 제5항에도 불구하고 국토교통부장관 및 해양수산부장관은 필요하다고 인정하는 경우에는 직접 측량기준점표지의 현황을 조사할 수 있다(법 제8조 제6항).

측량기준점표지의 형상, 규격, 관리방법 등에 필요한 사항은 국토교통부령 또는 해양수산부령으로 정한다(법 제8조 제7항).

1.5 측량기준점표지의 보호

누구든지 측량기준점표지를 이전·파손하거나 그 효용을 해치는 행위를 하여서는 아니 된다(법 제9조 제1항).

측량기준점표지를 파손하거나 그 효용을 해칠 우려가 있는 행위를 하려는 자는 그 측량기준점표지를 설치한 자에게 이전을 신청하여야 한다(법 제9조 제2항).

법 제9조 제2항에 따라 측량기준점표지의 이전을 신청하려는 자는 별지 제3호 서식의 신청서에 현장사진을 첨부하여 이전을 원하는 날의 30일 전까지 측량기준점표지를 설치한 자에게 제출하여야 한다(규칙 제6조 제1항). 제1항에 따른 이진 신청을 받은 자는 신청받은 날부터 10일 이내에 별지 제4호 서식의 이전경비 납부통지서를 신청인에게 통지하여야 한다(규칙 제6조 제2항). 제2항에 따라 이전경비 납부통지서를 받은 신청인은 이전을 원하는 날의 7일 전까지 측량기준점표지를 설치한 자에게 이전경비를 내야 한다(규칙 제6조 제3항).

〈공간정보의 구축 및 관리 등에 관한 법률 시행규칙 별지 서식 제3호〉

측량기준점표지의 이전신청서

접수번호	접수일	발급일	처리기간 30일

신청인	성명 또는 대표자	업체명
	전화번호	사업자등록번호
	주소 또는 소재지	

신청내용	측량기준점표지의 종류
	설치장소
	이전사유
	이전희망일

「공간정보의 구축 및 관리 등에 관한 법률」 제9조 제2항 및 같은 법 시행규칙 제6조 제1항에 따라 측량기준점표지의 이전을 신청합니다.

년 월 일

신청인 (서명 또는 인)

○ ○ 기관장 귀하

첨부서류	현장사진	수수료 없음

처리절차

신청서 제출	➔	접수 및 검토	➔	이전 위탁	➔	이 전	➔	이전결과 보고	➔	확 인	➔	통 보
신청인		관련기관		관련기관		업무위탁기관		업무위탁기관		관련기관		

210㎜×297㎜(일반용지60g/㎡)

제2항에 따른 신청을 받은 측량기준점표지의 설치자는 측량기준점표지를 이전하지 아니하고 제2항에 따른 신청인의 목적을 달성할 수 있는 경우를 제외하고는 그 측량기준점표지를 이전하여야 하며, 그 측량기준점표지를 이전하지 아니하는 경우에는 그 사유를 제2항에 따른 신청인에게 알려야 한다(법 제9조 제3항).

제3항에 따른 측량기준점표지의 이전에 드는 비용은 제2항에 따른 신청인이 부담한다. 다만, 측량기준점표지 중 국가기준점표지(수로기준점표지는 제외한다)의 이전에 드는 비용은 설치자가 부담한다(법 제9조 제4항).

2 기본측량

2.1 기본측량의 실시 등

국토교통부장관은 기본측량을 하려면 미리 측량지역, 측량기간, 그 밖에 필요한 사항을 시・도지사에게 통지하여야 한다. 그 기본측량을 끝낸 경우에도 같다(법 제12조 제1항).

시・도지사는 제1항에 따른 통지를 받았으면 지체 없이 시장・군수 또는 구청장에게 그 사실을 통지(특별자치시장 및 특별자치도지사의 경우는 제외한다)하고 대통령령으로 정하는 바에 따라 공고하여야 한다(법 제12조 제2항).

법 제12조 제2항에 따른 기본측량의 실시공고와 법 제17조 제6항에 따른 공공측량의 실시공고는 전국을 보급지역으로 하는 일간신문에 1회 이상 게재하거나 해당 특별시・광역시・특별자치시・도 또는 특별자치도(이하 "시・도"라 한다)의 게시판 및 인터넷 홈페이지에 7일 이상 게시하는 방법으로 하여야 하고(영 제12조 제1항), 제1항에 따른 공고에는 다음 각 호의 사항이 포함되어야 한다(영 제12조 제2항).

1. 측량의 종류
2. 측량의 목적
3. 측량의 실시기간
4. 측량의 실시지역
5. 그 밖에 측량의 실시에 관하여 필요한 사항

기본측량의 방법 및 절차 등에 필요한 사항은 국토교통부령으로 정한다(법 제12조 제3항). 그리고 국토지리정보원장이 법 제12조 제1항에 따라 기본측량을 실시하려는 경우에는 측량계획 수립, 측량 실시, 측량성과 정리 등의 절차에 따라 실시하되, 그 세부적인 측량의 방법과 절차는 국토지리정보원장이 정하여 고시한다(규칙 제8조).

2.2 기본측량성과의 고시

1) 기본측량성과 고시

국토교통부장관은 기본측량을 끝냈으면 대통령령으로 정하는 바에 따라 기본측량성과를 고시하여야 한다(법 제13조 제1항). 국토교통부장관은 대통령령으로 정하는 측량 관련 전문기관으로 하여금 기본측량성과의 정확도를 검증하도록 할 수 있다(법 제13조 제2항).

기본측량성과를 고시한 후 지형·지물의 변동 등이 발생한 경우에는 그 변동 내용에 따라 기본측량성과를 수정하여야 한다(법 제13조 제3항). 그리고 기본측량성과를 수정하려는 경우에는 기본측량성과 수정계획을 수립하여 관보에 고시하고 인터넷 홈페이지에 게시하여야 한다(규칙 제9조).

고시된 측량성과에 어긋나는 측량성과를 사용하여서는 아니 된다(법 제13조 제4항).

법 제13조 제1항에 따른 기본측량성과의 고시와 법 제18조 제4항에 따른 공공측량성과의 고시는 최종성과를 얻은 날부터 30일 이내에 하여야 한다. 다만, 기본측량성과의 고시에 포함된 국가기준점 성과가 다른 국가기준점 성과와 연결하여 계산될 필요가 있는 경우에는 그 계산이 완료된 날부터 30일 이내에 기본측량성과를 고시할 수 있다(영 제13조 제1항).

측량성과의 고시에는 다음 각 호의 사항이 포함되어야 한다(영 제13조 제2항).

1. 측량의 종류
2. 측량의 정확도
3. 설치한 측량기준점의 수
4. 측량의 규모(면적 또는 지도의 장수)
5. 측량실시의 시기 및 지역
6. 측량성과의 보관 장소
7. 그 밖에 필요한 사항

2) 기본측량성과 검증

법 제13조 제2항에서 "대통령령으로 정하는 측량 관련 전문기관"이란 다음 각 호의 기관 중 별표 4의 기준을 갖춘 기관으로서 측량 관련 인력과 장비 보유 현황 등을 종합적으로 검토하여 국토교통부장관이 지정하는 기관(이하 "기본측량성과 검증기관"이라 한다)을 말한다(영 제14조 제1항).

1. 「정부출연연구기관 등의 설립·운영 및 육성에 관한 법률」 및 「과학기술분야 정부출연연구기관 등의 설립·운영 및 육성에 관한 법률」에 따른 정부출연연구기관
2. 「민법」 제32조에 따라 국토교통부장관의 허가를 받아 설립된 측량 관련 비영리법인

3. 「고등교육법」 제2조에 따라 설립된 학교의 부설연구소
4. 법 제105조 제2항 제3호에 따라 공공측량성과의 심사에 관한 업무를 위탁받은 기관

기본측량성과 검증기관의 인력 · 장비 보유기준

기술인력	장비
1. 특급기술자 : 2명 이상 2. 고급기술자 : 3명 이상 3. 중급기술자 : 3명 이상 4. 초급기술자 : 1명 이상 5. 정보처리기사 자격취득자 : 1명 이상 6. 고급기능사 가. 도화기능사 : 2명 이상 나. 지도제작기능사 : 3명 이상	1. GPS수신기(1급) : 3대 이상 2. 토털 스테이션(1급) : 1대 이상 3. 레벨(1급, 인바표척 포함) : 1대 이상 4. 해석도화기 : 1대 이상 5. 출력장치 : 1대 이상 6. 자동독취기(스캐너) : 1대 이상 7. 수치지도 입력·출력 및 GPS데이터 처리 소프트웨어 : 1식

비고

1. 기술인력 중 기술자는 「건설기술 진흥법 시행령」 별표 1의 토목 분야의 측량 및 지형공간정보 기술자를 말한다.
2. 기술인력 중 특급기술자에는 측량 및 지형공간정보 기술사 1명 이상을 포함하여야 하고, 고급기술자에는 측량 및 지형공간정보 기사 2명 이상과 측량 및 지형공간정보 산업기사 1명을 포함하여야 하며, 중급기술자 및 초급기술자에는 측량 및 지형공간정보 산업기사 1명 이상을 각각 포함하여야 한다.
3. 장비는 자기 소유이거나 2년 이상 장기 임차하여 사용하는 경우를 말한다.

제1항에 따른 기본측량성과 검증기관으로 지정받으려는 자는 국토교통부령으로 정하는 서류를 갖추어 국토교통부장관에게 신청하여야 한다(영 제14조 제2항). 국토교통부장관은 제1항에 따라 기본측량성과 검증기관을 지정한 경우 이를 신청인에게 서면으로 통지하고 지체 없이 공고하여야 한다(영 제14조 제3항).

〈공간정보의 구축 및 관리 등에 관한 법률 시행규칙 별지 서식 제6호〉

기본측량성과 검증기관 지정신청서

접수번호	접수일	처리기간 30일

신청인	법인 또는 기관명	사업자등록번호
	대표자	생년월일
	주사무소 소재지	전화번호

「공간정보의 구축 및 관리 등에 관한 법률 시행령」 제14조 및 같은 법 시행규칙 제10조에 따라 기본측량성과 검증기관 지정을 신청합니다.

년 월 일

신청인 (서명 또는 인)

국토지리정보원장 귀하

구분	서류	수수료
신청인(대표자) 제출서류	1. 「공간정보의 구축 및 관리 등에 관한 법률 시행령」 제14조 제1항 각 호에 해당하는 기관임을 증명하는 서류 2. 장비보유현황 및 그 증빙서류 1부 3. 기술인력보유현황 및 그 증빙서류 1부	수수료 없음
국토지리정보원장 확인사항	1. 법인등기사항증명서 2. 국가기술자격증(정보처리기사만 해당하며, 국토지리정보원장의 확인에 동의하지 않는 경우 신청인이 그 사본을 직접 제출하여야 합니다)	

행정정보 공동이용 동의서

본인은 이 건 업무처리와 관련하여 국토지리정보원장이 「전자정부법」 제36조 제1항에 따른 행정정보의 공동이용을 통하여 국가기술자격증을 확인하는 것에 동의합니다.

* 동의하지 아니하는 경우에는 신청인이 직접 관련 서류를 제출하여야 합니다.

신청인(대표자) (서명 또는 인)

처리절차

신청서 작성	→	접 수	→	검 토	→	기안 · 결재	→	통 보
신청인		국토지리정보원 담당부서		국토지리정보원 담당부서		국토지리정보원 담당부서		

210mm×297mm[일반용지 60g/㎡(재활용품)]

기본측량성과 검증기관의 지정절차 및 정확도 검증 등에 필요한 사항은 국토교통부령으로 정한다(영 제14조 제4항).

그리고 법 제13조 제2항에 따라 국토지리정보원장이 기본측량성과 검증기관에 기본측량성과의 검증을 의뢰하는 경우에는 검증에 필요한 관련 자료를 제공하여야 한다(규칙 제11조 제1항). 제1항에 따라 검증을 의뢰받은 기본측량성과 검증기관은 30일 이내에 검증 결과를 국토지리정보원장에게 제출하여야 한다(규칙 제11조 제2항). 기본측량성과의 검증절차, 검증방법 및 검증비용 등에 관한 사항은 국토지리정보원장이 정하여 고시한다(규칙 제11조 제3항).

2.3 기본측량성과의 보관 및 열람 등

국토교통부장관은 기본측량성과 및 기본측량기록을 보관하고 일반인이 열람할 수 있도록 하여야 한다(법 제14조 제1항).

기본측량성과나 기본측량기록을 복제하거나 그 사본을 발급받으려는 자는 국토교통부령으로 정하는 바에 따라 국토교통부장관에게 그 복제 또는 발급을 신청하여야 한다(법 제14조 제2항). 국토교통부장관은 제2항에 따른 신청 내용이 다음 각 호의 어느 하나에 해당하는 경우에는 기본측량성과나 기본측량기록을 복제하게 하거나 그 사본을 발급할 수 없다(법 제14조 제3항).

1. 국가안보나 그 밖에 국가의 중대한 이익을 해칠 우려가 있다고 인정되는 경우
2. 다른 법령에 따라 비밀로 유지되거나 열람이 제한되는 등 비공개사항으로 규정된 경우

법 제14조 제2항 또는 제19조 제2항에 따라 측량성과나 측량기록을 복제하거나 그 사본을 발급받으려는 자는 별지 제7호 서식의 측량성과 등의 복제신청서 또는 별지 제8호 서식의 측량성과 등의 사본발급신청서를 국토지리정보원장이나 공공측량시행자에게 제출하여야 한다(규칙 제12조).

〈공간정보의 구축 및 관리 등에 관한 법률 시행규칙 별지 서식 제7호〉

측량성과 등의 복제신청서

※ 색상이 어두운 란은 신청인이 적지 않습니다.

접수번호	접수일	처리기간 7일

신청인	성명	생년월일
	전화번호	
	주소	

구 분	사용목적	신청지역	사진번호	사진장수	수수료

「공간정보의 구축 및 관리 등에 관한 법률」 제14조 제2항, 제19조 제2항 및 같은 법 시행규칙 제12조에 따라 측량성과의 복제를 신청합니다.

년 월 일

신청인 (서명 또는 인)

귀하

첨부서류	없 음	수수료 시행규칙 별표 12에서 정한 바에 따름

처리절차

신청서 제출 → 접수 및 검토 → 민원서류 처리부 등재 → 검 토 → 기안 · 결재 → 측량성과물 복제 → 발 급

신청인 / 국토지리정보원 담당부서 또는 공공측량시행자

210㎜×297㎜(일반용지60g/㎡)

〈공간정보의 구축 및 관리 등에 관한 법률 시행규칙 별지 서식 제8호〉

측량성과 등의 사본발급신청서

※ 색상이 어두운 란은 신청인이 적지 않습니다.

접수번호	접수일	처리기간 즉시

신청인	성명		생년월일
	전화번호		
	주소		
신청내용	종류		
	사용목적		
	측량지역 및 사용장소		
	측량시행자		
	측량 작업기관	명칭	대표자
		소재지	
		등록관청	등록번호

구분	도엽명	수량	단위	단가	금액

「공간정보의 구축 및 관리 등에 관한 법률」 제14조 제2항, 제19조 제2항 및 같은 법 시행규칙 제12조에 따라 측량성과 등의 사본 발급을 신청합니다.

년 월 일

신청인 (서명 또는 인)

귀하

첨부서류	없 음	수수료 시행규칙 별표 12에서 정한 바에 따름

처리절차

신청서 제출 → 접수 및 검토 → 민원서류 처리부 등재 → 검 토 → 기안·결재 → 사본의 작성 → 발 급

신청인 / 국 토 지 리 정 보 원 담 당 부 서 또 는 공 공 측 량 시 행 자

210㎜×297㎜(일반용지60g/㎡)

2.4 기본측량성과 등을 사용한 지도 등의 간행

국토교통부장관은 기본측량성과 및 기본측량기록을 사용하여 지도나 그 밖에 필요한 간행물(이하 "지도등"이라 한다)을 간행(정보처리시스템을 통한 전자적 기록 방식에 따른 정보 제공을 포함한다. 이하 같다)하여 판매하거나 배포할 수 있다. 다만, 국가안보를 해칠 우려가 있는 사항으로서 대통령령으로 정하는 사항(「군사기지 및 군사시설 보호법」 제2조 제1호 및 제2호의 군사기지 및 군사시설에 관한 사항, 다른 법령에 따라 비밀로 유지되거나 열람이 제한되는 등의 비공개사항)은 지도등에 표시할 수 없다(법 제15조 제1항, 영 제15조).

법 제15조 제1항에 따라 국토지리정보원장이 간행하는 지도나 그 밖에 필요한 간행물(이하 "지도등"이라 한다)의 종류는 다음 각 호와 같다(규칙 제13조).

1. 축척 1/500, 1/1,000, 1/2,500, 1/5,000, 1/10,000, 1/25,000, 1/50,000, 1/100,000, 1/250,000, 1/500,000 및 1/1,000,000의 지도
2. 철도, 도로, 하천, 해안선, 건물, 수치표고(數値標高) 모형, 공간정보 입체모형(3차원 공간정보), 실내공간정보, 정사영상(正射映像) 등에 관한 기본 공간정보
3. 삭제
4. 연속수치지형도 및 축척 1/35,000 영문판 수치지형도
5. 국가인터넷지도, 점자지도, 대한민국전도, 대한민국주변도 및 세계지도
6. 국가격자좌표정보 및 국가관심지점정보

국토교통부장관은 제1항에 따라 간행한 지도등 중에서 국토교통부령으로 정하는 요건에 적합한 것을 기본도로 지정할 수 있다(법 제15조 제2항). 법 제15조 제2항에 따라 기본도로 지정할 지도는 전국을 대상으로 하여 제작된 지형도 중 규격이 일정하고 정확도가 통일된 것으로서 축척이 최대인 것이어야 한다(규칙 제15조).

기본측량성과, 기본측량기록 또는 제1항에 따라 간행한 지도등을 활용한 지도등을 간행하여 판매하거나 배포하려는 자(제17조 제2항에 따른 공공측량시행자는 제외한다)는 그 지도등에 대하여 국토교통부령으로 정하는 바에 따라 국토교통부장관의 심사를 받아야 한다(법 제15조 제3항).

법 제15조 제3항에 따라 지도등을 간행하기 위하여 심사를 받으려는 자는 별지 제9호 서식의 지도등 간행심사 신청서에 다음 각 호의 서류를 첨부하여 영 제104조 제1항에 따른 측량성과 심사수탁기관에 제출하여야 한다. 이 경우 수탁기관은 심사를 받으려는 자가 법인이면 「전자정부법」 제36조 제1항에 따른 행정정보의 공동이용을 통하여 법인 등기사항증명서를 확인하여야 한다(규칙 제17조 제1항).

〈별지 제9호 서식〉

지도 등 간행심사 신청서

※ 색상이 어두운 란은 신청인이 적지 않습니다.

접수번호	접수일	처리기간 14일

신청인	성명		생년월일
	전화번호		
	주소		

신청내용	사용측량성과	축척	도엽명
	간행목적		
	간행성과물	명칭	축척
	간행예정일		간행부수
	작업방법		
	축척별 지도활용도엽수		
	복제승인일 년 월 일 (승인번호 :)		

「공간정보의 구축 및 관리 등에 관한 법률」 제15조 제3항 및 같은 법 시행규칙 제17조에 따라 지도 등을 간행하기 위하여 심사를 신청합니다.

년 월 일

신청인 (서명 또는 인)

귀하

첨부서류	1. 표준작업방법서 1부 2. 성과심사용 간행물 2부	수수료 시행규칙 별표 12에서 정한 바에 따름 (하단부 참조)

작성방법 및 수수료

※ 작성방법
1. "간행목적"란에는 간행하려는 지도등의 용도를 구체적으로 적습니다.
2. "작업방법"란에는 작업범위, 색도, 인쇄사항 등을 간략하게 적습니다.

※ 지도등의 도엽당 심사 수수료는 다음과 같습니다.
- ○ 1 : 1,000, 1 : 1,200 : 중급기술자 1명의 노임단가의 7퍼센트
- ○ 1 : 5,000, 1 : 10,000 : 중급기술자 1명의 노임단가의 8퍼센트
- ○ 1 : 25,000 : 중급기술자 1명의 노임단가의 9퍼센트
- ○ 1 : 50,000, 1 : 100,000 : 중급기술자 1명의 노임단가의 11퍼센트
- ○ 1 : 250,000, 1 : 500,000, 1 : 1,000,000 : 중급기술자 1명의 노임단가의 10퍼센트

처리절차

신청서 제출 → 접수 및 검토 → 처리부 등재 → 심 사 → 기안 · 결재 — 측량성과심사 - 수탁기관장 → 통 보

신청인 / 측량성과 심사 수탁기관

210㎜×297㎜(일반용지60g/㎡)

1. 표준작업방법서 1부
2. 성과심사용 간행물 2부

제1항에 따라 심사를 받고 지도등을 간행한 자는 그 지도등을 수정하여 간행한 경우에는 수정간행한 지도등의 사본을 측량성과 심사수탁기관에 제출하여야 한다(규칙 제17조 제2항).

법 제15조 제3항에 따라 측량성과 심사수탁기관이 지도등의 심사를 할 때에는 다음 각 호의 사항이 적정한지에 관하여 심사한다(규칙 제18조 제1항).

1. 도로, 철도 등 주요 지형 · 지물의 표시
2. 영 제15조 각 호에 따른 사항의 표시
3. 그 밖의 표시사항

제1항에 따른 심사사항에 대한 세부 기준 등 지도등의 심사에 필요한 사항은 국토지리정보원장이 정하여 고시한다(규칙 제18조 제2항).

법 제15조 제3항에 따라 지도등을 간행하여 판매하거나 배포하는 자는 국토교통부령으로 정하는 바에 따라 사용한 기본측량성과 또는 그 측량기록을 지도등에 명시하여야 하고(법 제15조 제4항), 명시할 사항은 다음 각 호와 같다(규칙 제19조).

1. 사용한 측량성과 또는 측량기록의 종류
2. 사용한 측량성과의 정확도

다음 각 호의 어느 하나에 해당하는 자는 법 제15조 제3항에 따른 지도등을 간행하여 판매하거나 배포할 수 없다(법 제15조 제5항).

1. 피성년후견인 또는 피한정후견인
2. 이 법이나 「국가보안법」 또는 「형법」 제87조부터 제104조까지의 규정을 위반하여 금고 이상의 실형을 선고받고 그 집행이 끝나거나(집행이 끝난 것으로 보는 경우를 포함한다) 집행이 면제된 날부터 2년이 지나지 아니한 자
3. 이 법이나 「국가보안법」 또는 「형법」 제87조부터 제104조까지의 규정을 위반하여 금고 이상의 형의 집행유예를 선고받고 그 집행유예기간 중에 있는 자

법 제15조 제1항에 따라 간행하는 지도등의 판매나 배포에 필요한 사항은 국토교통부령으로 정한다(법 제15조 제6항).

국토지리정보원장은 물가인상 등을 고려하여 지도등의 판매가격을 정하여야 한다. 다만, 수치지도(數値地圖)의 판매가격을 정하려는 경우에는 다음 각 호의 기준에 따라야 한다(규칙 제16조 제1항).

1. 도엽(圖葉)당 또는 계층구조별로 판매가격을 정할 것
2. 수치지도의 복사에 필요한 재료비 등 가공비용이 포함되도록 할 것

제1항에 따라 판매가격을 정하였을 때에는 다음 각 호의 사항을 포함하여 관보에 고시하여야 한다(규칙 제16조 제2항).

1. 명칭
2. 축척
3. 규격
4. 단위
5. 판매가격
6. 그 밖에 필요한 사항

2.5 기본측량성과의 국외 반출 금지

누구든지 국토교통부장관의 허가 없이 기본측량성과 중 지도등 또는 측량용 사진을 국외로 반출하여서는 아니 된다. 다만, 외국 정부와 기본측량성과를 서로 교환하는 등 대통령령으로 정하는 경우에는 그러하지 아니하다(법 제16조 제1항).

법 제16조 제1항 단서 및 제21조 제1항 단서에서 "외국 정부와 기본측량성과를 서로 교환하는 등 대통령령으로 정하는 경우"란 다음 각 호의 경우를 말한다(영 제16조 제1항).

1. 대한민국 정부와 외국 정부 간에 체결된 협정 또는 합의에 따라 기본측량성과를 상호 교환하는 경우
2. 정부를 대표하여 외국 정부와 교섭하거나 국제회의 또는 국제기구에 참석하는 자가 자료로 사용하기 위하여 지도나 그 밖에 필요한 간행물(이하 "지도등"이라 한다) 또는 측량용 사진을 반출하는 경우
3. 관광객 유치와 관광시설 홍보를 목적으로 지도등 또는 측량용사진을 제작하여 반출하는 경우
4. 축척 5만분의 1 미만인 소축척의 지도(수치지형도는 제외한다. 이하 이 항에서 같다)나 그 밖에 필요한 간행물을 국외로 반출하는 경우
5. 축척 2만5천분의 1 또는 5만분의 1 지도로서 「국가공간정보에 관한 법률 시행령」 제24조 제3항에 따라 국가정보원장의 지원을 받아 보안성 검토를 거친 경우(등고선, 발전소, 가스관 등 국토교통부장관이 정하여 고시하는 시설 등이 표시되지 아니한 경우로 한정한다)
6. 축척 2만5천분의 1인 영문판 수치지형도로서 「국가공간정보에 관한 법률 시행령」

제24조 제3항에 따른 보안성 검토를 거친 경우

법 제16조 제1항 및 제21조 제1항에 따른 지도등 또는 측량용 사진의 국외반출 허가 신청은 별지 제10호 서식에 따른다(규칙 제20조 제1항). 제1항에 따른 신청서에는 다음 각 호의 서류를 첨부하여야 한다(규칙 제20조 제2항).

1. 별지 제11호 서식의 보안각서 1부
2. 여권 사본 1부(외국인만 해당한다)
3. 반출할 내용물 1부(반출할 내용물이 국토지리정보원장이 간행한 지도인 경우는 제외한다)

국토지리정보원장은 제1항에 따른 신청에 대하여 허가를 한 때에는 신청인에게 별지 제12호 서식의 허가증을 발급하여야 한다(규칙 제20조 제3항).

누구든지 법제14조 제3항 각 호의 어느 하나에 해당하는 경우에는 기본측량성과를 국외로 반출하여서는 아니 된다. 다만, 국토교통부장관이 국가안보와 관련된 사항에 대하여 미래창조과학부장관, 외교부장관, 통일부장관, 국방부장관, 안전행정부장관, 산업통상자원부장관 및 국가정보원장 등 관계 기관의 장과 협의체를 구성하여 국외로 반출하기로 결정한 경우에는 그러하지 아니하다(법 제16조 제2항).

이때, '협의체'의 구성 및 운영 등에 필요한 사항은 대통령령으로 정하며(법 제16조 제3항), 다음 각 호의 기관의 장이 지명하는 4급 이상 공무원(이에 상당하는 특정직 공무원을 포함한다)으로 구성한다(영 제16조의2 제1항).

1. 미래창조과학부
2. 외교부
3. 통일부
4. 국방부
5. 안전행정부
6. 산업통상자원부
7. 국가정보원

국토교통부장관은 법 제16조 제2항 단서 및 법 제21조 제2항 단서에 따라 기본측량성과 또는 공공측량성과의 국외반출에 관한 결정이 필요하다고 인정하는 경우 협의체의 회의를 소집한다(영 제16조의2 제2항). 국토교통부장관은 제2항에 따라 협의체의 회의를 소집할 때에는 회의의 일시·장소 및 협의안건을 회의 개최 7일 전까지 제1항 각 호의 기관의 장에게 통지하여야 한다(영 제16조의2 제3항). 국토교통부장관은 협의체의 회의 결과에 따라 결정한 사항을 제1항 각 호의 기관의 장에게 통보하여야 한다(영 제16조의2 제4항). 그리고 이상의 규정한 사항 외에 협의체의 구성 및 운영에 필요한 사항은 국토교통부장관이 정한다(영 제16조의2 제5항).

〈공간정보의 구축 및 관리 등에 관한 법률 시행규칙 별지 서식 제10호〉

지도 등 또는 측량용 사진의 국외반출 허가신청서

※ 색상이 어두운 란은 신청인이 적지 않습니다.

접수번호	접수일	처리기간 아래참조

신청인	성명	생년월일
	전화번호	
	국적	여권번호
	주소	
반출 사항	반출지	반출일
	반출목적	

신청내용					
측량성과의 종류	도엽명	도엽별 일련번호	단위	수량	비고

「공간정보의 구축 및 관리 등에 관한 법률」 제16조 제1항 · 제21조 제1항 및 같은 법 시행규칙 제20조에 따라 측량성과의 국외반출 허가를 신청합니다.

년 월 일

신청인 (서명 또는 인)

귀하

첨부서류	1. 보안각서 2. 여권 사본(외국인만 해당합니다) 3. 반출할 내용물(반출할 내용물이 국토지리정보원장이 간행한 지도인 경우는 제외합니다)	수수료: 2,000원
처리기간	1. 「공간정보의 구축 및 관리 등에 관한 법률」 제16조 제1항 및 제21조 제1항에 따른 경우 : 10일 2. 「공간정보의 구축 및 관리 등에 관한 법률」 제16조 제2항 단서 및 제21조 제2항 단서에 따른 협의체를 구성하여 결정하는 경우 : 60일	

처리절차

신청서 제출	→	접수	→	처리부 등재	→	관계기관 협의	→	보안심사 위원회심사	→	기안 · 결재 (원장)		관인 날인	→	허가증 발급
신청인		국토지리 정보원		국토지리 정보원				국토지리 정보원		국토지리 정보원		국토지리 정보원		

210mm×297mm[백상지 80g/㎡(재활용품)]

3 공공측량

3.1 공공측량의 실시

공공측량은 기본측량성과나 다른 공공측량성과를 기초로 실시하여야 한다(법 제17조 제1항).

공공측량의 시행을 하는 자(이하 "공공측량시행자"라 한다)가 공공측량을 하려면 국토교통부령으로 정하는 바에 따라 미리 공공측량 작업계획서를 국토교통부장관에게 제출하여야 한다. 제출한 공공측량 작업계획서를 변경한 경우에는 변경한 작업계획서를 제출하여야 한다(법 제17조 제2항).

공공측량시행자는 법 제17조 제2항에 따라 공공측량을 하기 3일 전에 국토지리정보원장이 정한 기준에 따라 공공측량 작업계획서를 작성하여 국토지리정보원장에게 제출하여야 한다. 공공측량 작업계획서를 변경한 경우에도 또한 같다(규칙 제21조 제1항).

제1항에 따른 공공측량 작업계획서에 포함되어야 할 사항은 다음 각 호와 같다(규칙 제21조 제2항).

1. 공공측량의 사업명
2. 공공측량의 목적 및 활용 범위
3. 공공측량의 위치 및 사업량
4. 공공측량의 작업기간
5. 공공측량의 작업방법
6. 사용할 측량기기의 종류 및 성능
7. 법 제17조 제1항에 따라 사용할 측량성과의 명칭, 종류 및 내용
8. 그 밖에 작업에 필요한 사항

국토지리정보원장은 공공측량 작업계획서를 검토한 후 수정할 필요가 있다고 판단하는 경우에는 공공측량시행자에 공공측량 작업계획서를 변경하여 제출할 것을 요구할 수 있다. 이 경우 공공측량시행자는 특별한 사유가 없으면 이에 따라야 한다(규칙 제21조 제3항).

제1항에 따른 공공측량 작업계획서의 작성기준과 그 밖에 공공측량에 필요한 사항은 국토지리정보원장이 정하여 고시한다(규칙 제21조 제4항).

국토교통부장관은 공공측량의 정확도를 높이거나 측량의 중복을 피하기 위하여 필요하다고 인정하면 공공측량시행자에게 공공측량에 관한 장기 계획서 또는 연간 계획서의 제출을 요구할 수 있다(법 제17조 제3항).

국토교통부장관은 제2항 또는 제3항에 따라 제출된 계획서의 타당성을 검토하여 그 결과를 공공측량시행자에게 통지하여야 한다. 이 경우 공공측량시행자는 특별한 사유가 없으면 그 결과에 따라야 한다(법 제17조 제4항).

공공측량시행자는 공공측량을 하려면 미리 측량지역, 측량기간, 그 밖에 필요한 사항을 시・도지사에게 통지하여야 한다. 그 공공측량을 끝낸 경우에도 또한 같다(법 제17조 제5항).

시・도지사는 공공측량을 하거나 제5항에 따른 통지를 받았으면 지체 없이 시장・군수 또는 구청장에게 그 사실을 통지하고(특별자치시장 및 특별자치도지사의 경우는 제외한다) 대통령령으로 정하는 바에 따라 공고하여야 한다(법 제17조 제6항).

3.2 공공측량성과의 심사

공공측량시행자는 공공측량성과를 얻은 경우에는 지체 없이 그 사본을 국토교통부장관에게 제출하여야 한다(법 제18조 제1항).

국토교통부장관은 필요하다고 인정하면 공공측량시행자에게 공공측량기록의 사본을 제출하도록 할 수 있다(법 제18조 제2항).

국토교통부장관은 제1항에 따라 공공측량성과의 사본을 받았으면 지체 없이 그 내용을 심사하여 그 결과를 해당 공공측량시행자에게 통지하여야 한다(법 제18조 제3항).

국토교통부장관은 제3항에 따른 심사 결과 공공측량성과가 적합하다고 인정되면 대통령령으로 정하는 바에 따라 그 측량성과를 고시하여야 한다(법 제18조 제4항).

공공측량성과의 제출 및 심사에 필요한 사항은 국토교통부령으로 정한다(법 제18조 제5항).

법 제18조에 따라 공공측량시행자는 별지 제13호 서식의 공공측량성과 심사신청서에 공공측량성과 자료를 첨부하여 측량성과 심사수탁기관에 제출하여야 한다(규칙 제22조 제1항). 측량성과심사 수탁기관은 제22조 제1항에 따라 공공측량시행자로부터 공공측량성과의 심사를 요청받은 경우에는 수수료 명세를 작성하여 심사신청인에게 따로 통지하여야 한다(규칙 제23조 제1항). 그리고 심사신청인은 제1항에 따른 수수료의 통지를 받은 때에는 통지받은 날부터 7일 이내에 측량성과심사 수탁기관에게 해당 수수료를 내야 한다(규칙 제23조 제1항).

측량성과 심사수탁기관은 제1항에 따라 제출된 공공측량성과 자료에 대하여 보완 또는 확인이 필요하다고 인정하는 때에는 제1항에 따른 신청인에게 그 보완 또는 확인 등의 필요한 조치를 하게 할 수 있다(규칙 제22조 제2항).

측량성과 심사수탁기관은 제1항에 따라 성과심사의 신청을 받은 때에는 접수일부터 20일 이내에 심사를 하고 별지 제14호 서식의 공공측량성과 심사결과서를 작성하여 국토지리정보원장 및 심사신청인에 통지하여야 한다. 다만, 다음 각 호의 어느 하나에 해당하는 경우에는 심사결과의 통지기간을 10일의 범위에서 연장할 수 있다(규칙 제22조 제3항).

1. 성과심사 대상지역의 기상악화 및 천재지변 등으로 심사가 곤란할 때
2. 지상현황측량, 수치지도 및 수치표고자료 등의 성과심사량이 면적 10제곱킬로미터 이상 또는 노선 길이 600킬로미터 이상일 때
3. 지하시설물도 및 수심측량의 심사량이 200킬로미터 이상일 때

공공측량의 성과심사에 필요한 세부기준은 국토지리정보원장이 정하여 고시한다(규칙 제22조 제4항).

3.3 공공측량성과의 보관 및 열람 등

국토교통부장관 및 공공측량시행자는 공공측량성과 및 공공측량기록 또는 그 사본을 보관하고 일반인이 열람할 수 있도록 하여야 한다. 다만, 공공측량시행자가 공공측량성과 및 공공측량기록을 보관할 수 없는 경우에는 그 공공측량성과 및 공공측량기록을 국토교통부장관에게 송부하여 보관하게 함으로써 일반인이 열람할 수 있도록 하여야 한다(법 제19조 제1항).

공공측량성과 또는 공공측량기록을 복제하거나 그 사본을 발급받으려는 자는 국토교통부령으로 정하는 바에 따라 국토교통부장관이나 공공측량시행자에게 그 복제 또는 발급을 신청하여야 한다(법 제19조 제2항).

국토교통부장관이나 공공측량시행자는 제2항에 따른 신청내용이 제14조 제3항 각 호의 어느 하나에 해당하는 경우에는 공공측량성과나 공공측량기록을 복제하게 하거나 그 사본을 발급할 수 없다(법 제19조 제3항).

3.4 공공측량성과를 활용한 지도 등의 간행

공공측량시행자는 대통령령으로 정하는 바에 따라 공공측량성과를 사용하여 지도등을 간행하여 판매하거나 배포할 수 있다. 다만, 국가안보를 해칠 우려가 있는 사항으로서 대통령령으로 정하는 사항은 지도등에 표시할 수 없다(법 제20조).

법 제20조에 따라 공공측량시행자가 공공측량성과를 사용하여 간행·판매 또는 배포할 수 있는 지도등은 다음 각 호와 같다(영 제17조 제1항).

1. 공공측량시행자가 국토교통부와 공동으로 제작한 지형도를 이용하여 간행하는 지도등
2. 법 제18조에 따른 심사를 거쳐 고시된 측량성과를 사용하여 지하시설물도(地下

施設物圖), 도로망도 등 특정 목적에 사용하기 위하여 간행하는 지도등

영 제17조 제1항에 따라 공공측량성과를 사용하여 지도등을 간행하여 판매하려는 공공측량시행자는 같은 조 제2항에 따라 해당 지도등의 크기 및 매수, 판매가격 산정서류를 첨부하여 해당 지도등의 발매일 15일 전까지 국토지리정보원장에게 통보하여야 한다(규칙 제24조).

제1항의 지도등을 판매하려는 공공측량시행자는 국토교통부령으로 정하는 바에 따라 지도의 축척 및 판매가격 등을 정하여 국토교통부장관에게 통보하여야 한다(영 제17조 제2항).

3.5 공공측량성과의 국외 반출 금지

누구든지 국토교통부장관의 허가 없이 공공측량성과 중 지도등 또는 측량용 사진을 국외로 반출하여서는 아니 된다. 다만, 외국 정부와 공공측량성과를 서로 교환하는 등 대통령령으로 정하는 경우에는 그러하지 아니하다(법 제21조 제1항).

누구든지 제14조 제3항 각 호의 어느 하나에 해당하는 경우에는 공공측량성과를 국외로 반출하여서는 아니 된다. 다만, 국가안보와 관련된 사항에 대하여 제16조 제2항 단서에 따른 협의체에서 국외로 반출하기로 결정한 경우에는 그러하지 아니하다(법 제21조 제2항).

4 일반측량의 실시 등

일반측량은 기본측량성과 및 그 측량기록, 공공측량성과 및 그 측량기록을 기초로 실시하여야 한다(법 제22조 제1항).

국토교통부장관은 다음 각 호의 어느 하나에 해당하는 목적을 위하여 필요하다고 인정되는 경우에는 일반측량을 한 자에게 그 측량성과 및 측량기록의 사본을 제출하게 할 수 있다(법 제22조 제2항).

1. 측량의 정확도 확보
2. 측량의 중복 배제
3. 측량에 관한 자료의 수집 · 분석

국토교통부장관은 측량의 정확도 확보 등을 위하여 일반측량에 관한 작업기준을 정할 수 있다(법 제22조 제3항).

제3장 지적측량

제 3 장 지적측량

1 지적측량 실시

1.1 지적측량 실시 등

다음 각 호의 어느 하나에 해당하는 경우에는 지적측량을 하여야 한다(법 제23조 제1항).

1. 제7조 제1항 제3호에 따른 지적기준점을 정하는 경우
2. 제25조에 따라 지적측량성과를 검사하는 경우
3. 다음 각 목의 어느 하나에 해당하는 경우로서 측량을 할 필요가 있는 경우
   가. 제74조에 따라 지적공부를 복구하는 경우
   나. 제77조에 따라 토지를 신규등록하는 경우
   다. 제78조에 따라 토지를 등록전환하는 경우
   라. 제79조에 따라 토지를 분할하는 경우
   마. 제82조에 따라 바다가 된 토지의 등록을 말소하는 경우
   바. 제83조에 따라 축척을 변경하는 경우
   사. 제84조에 따라 지적공부의 등록사항을 정정하는 경우
   아. 제86조에 따른 도시개발사업 등의 시행지역에서 토지의 이동이 있는 경우
   자. 「지적재조사에 관한 특별법」에 따른 지적재조사사업에 따라 토지의 이동이 있는 경우
4. 경계점을 지상에 복원하는 경우
5. 그 밖에 대통령령으로 정하는 경우(지상건축물 등의 현황을 지적도 및 임야도에 등록된 경계와 대비하여 표시하는데 필요한 측량을 말함)(영 제18조)

지적측량의 방법 및 절차 등에 필요한 사항은 국토교통부령으로 정한다(법 제23조 제2항).

1.2 지적측량의 구분 등

1) 지적측량의 구분

지적측량은 「공간정보의 구축 및 관리 등에 관한 법률시행령」(이하 "영"이라 한다) 제8조 제1항 제3호에 따른 지적기준점을 정하기 위한 기초측량과, 1필지의 경계와 면적을 정하는 세부측량으로 구분한다(지적측량시행규칙 제5조 제1항).

지적측량은 평판(平板)측량, 전자평판측량, 경위의(經緯儀)측량, 전파기(電波機) 또는 광파기(光波機)측량, 사진측량 및 위성측량 등의 방법에 따른다(지적측량시행규칙 제5조 제2항).

「지적측량 시행규칙」 제5조 제2항에서의 '전자평판측량'은 토탈스테이션과 지적측량 운영프로그램 등이 설치된 컴퓨터를 연결하여 세부측량을 수행하는 측량을 말한다(규정 제3조 제3호). 그리고 '토탈스테이션'은 경위의측량방법에 따른 기초측량 및 세부측량에 사용되는 장비를 말한다(규정 제3조 제4호).

2) 지적측량의 실시기준

지적삼각점측량・지적삼각보조점측량은 다음 각 호의 어느 하나에 해당하는 경우에 실시한다(지적측량시행규칙 제6조 제1항).

1. 측량지역의 지형상 지적삼각점이나 지적삼각보조점의 설치 또는 재설치가 필요한 경우
2. 지적도근점의 설치 또는 재설치를 위하여 지적삼각점이나 지적삼각보조점의 설치가 필요한 경우
3. 세부측량을 하기 위하여 지적삼각점 또는 지적삼각보조점의 설치가 필요한 경우

지적도근점측량은 다음 각 호의 어느 하나에 해당하는 경우에 실시한다(지적측량시행규칙 제6조 제2항).

1. 법 제83조에 따라 축척변경을 위한 측량을 하는 경우
2. 법 제86조에 따른 도시개발사업 등으로 인하여 지적확정측량을 하는 경우
3. 「국토의 계획 및 이용에 관한 법률」 제7조 제1호의 도시지역에서 세부측량을 하는 경우
4. 측량지역의 면적이 해당 지적도 1장에 해당하는 면적 이상인 경우
5. 세부측량을 하기 위하여 특히 필요한 경우

세부측량은 법 제23조 제1항 제2호・제3호・제4호 및 제5호의 경우에 실시한다(지적측량시행규칙 제6조 제3항).

3) 지적측량의 방법

법 제23조 제2항에 따른 지적측량의 방법은 다음 각 호의 어느 하나에 따른다(지적측

량시행규칙 제7조 제1항).

1. 지적삼각점측량 : 위성기준점, 통합기준점, 삼각점 및 지적삼각점을 기초로 하여 경위의측량방법, 전파기 또는 광파기측량방법, 위성측량방법 및 국토교통부장관이 승인한 측량방법에 따르되, 그 계산은 평균계산법이나 망평균계산법에 따를 것
2. 지적삼각보조점측량 : 위성기준점, 통합기준점, 삼각점, 지적삼각점 및 지적삼각보조점을 기초로 하여 경위의측량방법, 전파기 또는 광파기측량방법, 위성측량방법 및 국토교통부장관이 승인한 측량방법에 따르되, 그 계산은 교회법(交會法) 또는 다각망도선법에 따를 것
3. 지적도근점측량 : 위성기준점, 통합기준점, 삼각점 및 지적기준점을 기초로 하여 경위의측량방법, 전파기 또는 광파기측량방법, 위성측량방법 및 국토교통부장관이 승인한 측량방법에 따르되, 그 계산은 도선법, 교회법 및 다각망도선법에 따를 것
4. 세부측량 : 위성기준점, 통합기준점, 지적기준점 및 경계점을 기초로 하여 경위의측량방법, 평판측량방법, 위성측량방법 및 전자평판측량방법에 따를 것

위성측량의 방법 및 절차 등에 관하여 필요한 사항은 국토교통부장관이 따로 정한다(지적측량시행규칙 제7조 제2항).

법 제23조 제1항 제1호에 따른 지적기준점측량의 절차는 다음 각 호의 순서에 따른다(지적측량시행규칙 제7조 제3항).

1. 계획의 수립
2. 준비 및 현지답사
3. 선점(選點) 및 조표(調標)
4. 관측 및 계산과 성과표의 작성

지적측량의 계산 및 결과 작성에 사용하는 소프트웨어는 국토교통부장관이 정한다(지적측량시행규칙 제7조 제4항).

2 기초측량

2.1 지적삼각측량

1) 지적삼각측량 실시

지적삼각점측량을 할 때에는 미리 지적삼각점표지를 설치하여야 한다(지적측량시행규칙 제8조 제1항).

지적삼각점의 명칭은 측량지역이 소재하고 있는 특별시·광역시·도 또는 특별자치도(이하 "시·도"라 한다)의 명칭 중 두 글자를 선택하고 시·도 단위로 일련번호를 붙여서 정한다(지적측량시행규칙 제8조 제2항, 규정 제7조).

기관명	명칭	기관명	명칭	기관명	명칭
서울특별시	서울	울산광역시	울산	전라북도	전북
부산광역시	부산	경 기 도	경기	전라남도	전남
대구광역시	대구	강 원 도	강원	경상북도	경북
인천광역시	인천	충청북도	충북	경상남도	경남
광주광역시	광주	충청남도	충남	제주특별 자 치 도	제주
대전광역시	대전	세종특별 자 치 시	세종		

지적삼각점은 유심다각망(有心多角網)·삽입망(揷入網)·사각망(四角網)·삼각쇄(三角鎖) 또는 삼변(三邊) 이상의 망으로 구성하여야 한다(지적측량시행규칙 제8조 제3항).

삼각형의 각 내각은 30도 이상 120도 이하로 한다. 다만, 망평균계산법과 삼변측량에 따르는 경우에는 그러하지 아니하다(지적측량시행규칙 제8조 제4항).

지적삼각점성과 결정을 위한 관측 및 계산의 과정은 지적삼각점측량부에 적어야 한다(지적측량시행규칙 제8조 제5항).

'지적삼각점측량부'는 기지점방위각 및 거리계산부·수평각관측부·수평각개정계산부·수평각측점귀심계산부·수평각점표귀심계산부·거리측정부·평면거리계산부·삼각형내각계산부·연직각관측부·표고계산부·유심다각망조정계산부·삽입망조정계산부·사각망조정계산부·삼각쇄조정계산부·삼각망조정계산부·변장계산부·종횡선계산부·좌표전환계산부 및 지형도에 작성한 지적삼각점망도 등을 포함한다(규정 제8조 제2항 제1호).

2) 관측 및 계산

경위의측량방법에 따른 지적삼각점의 관측과 계산은 다음 각 호의 기준에 따른다(지적측량시행규칙 제9조 제1항).

1. 관측은 10초독(秒讀) 이상의 경위의를 사용할 것
2. 수평각 관측은 3대회(大回, 윤곽도는 0도, 60도, 120도로 한다)의 방향관측법에 따를 것
3. 수평각의 측각공차(測角公差)는 다음 표에 따를 것

종별	1방향각	1측회(測回)의 폐색(閉塞)	삼각형 내각관측의 합과 180도와의 차	기지각(旣知角)과의 차
공차	30초 이내	±30초 이내	±30초 이내	±40초 이내

전파기 또는 광파기측량방법에 따른 지적삼각점의 관측과 계산은 다음 각 호의 기준에 따른다(지적측량시행규칙 제9조 제2항).

1. 전파 또는 광파측거기(光波測距機)는 표준편차가 ± [5밀리미터 + 5피피엠(ppm)] 이상인 정밀측거기를 사용할 것
2. 점간거리는 5회 측정하여 그 측정치의 최대치와 최소치의 교차가 평균치의 10만분의 1 이하일 때에는 그 평균치를 측정거리로 하고, 원점에 투영된 평면거리에 따라 계산할 것
3. 삼각형의 내각은 세 변의 평면거리에 따라 계산하며, 기지각과의 차(差)에 관하여는 제1항 제3호를 준용할 것

제1항과 제2항에 따라 지적삼각점을 관측하는 경우 연직각(鉛直角)의 관측 및 계산은 다음 각 호의 기준에 따른다(지적측량시행규칙 제9조 제3항).

1. 각 측점에서 정반(正反)으로 각 2회 관측할 것
2. 관측치의 최대치와 최소치의 교차가 30초 이내일 때에는 그 평균치를 연직각으로 할 것
3. 2개의 기지점(旣知點)에서 소구점(所求點)의 표고를 계산한 결과 그 교차가 0.05미터+0.05(S_1+S_2)미터 이하일 때에는 그 평균치를 표고로 할 것. 이 경우 S_1과 S_2는 기지점에서 소구점까지의 평면거리로서 킬로미터 단위로 표시한 수를 말한다.

지적삼각점의 계산은 진수(眞數)를 사용하여 각규약(角規約)과 변규약(邊規約)에 따른 평균계산법 또는 망평균계산법에 따르며, 계산단위는 다음 표에 따른다(지적측량시행규칙 제9조 제4항).

종별	각	변의 길이	진수	좌표 또는 표고	경위도	자오선수차
단위	초	센티미터	6자리 이상	센티미터	초 아래 3자리	초 아래 1자리

「지적측량 시행규칙」 제9조 제1항 등과 관련하여 연접한 여러 개의 삼각형내각 전부를 관측한 경우 관측각의 오차배부는 다음에 따르도록 규정하고 있다(규정 제12조).

1. 기지내각과 관측각의 차를 등분하여 배부한 다음 삼각형 내각의 합과 180도와의 차는 기지각을 제외한 각각에 고르게 배부한다.
2. 오차배부에 나머지가 있는 경우 그 나머지는 90도에 가장 가까운 각에 배부한다.

2.2 지적삼각보조측량

1) 지적삼각보조점측량 실시

지적삼각보조점측량을 할 때에 필요한 경우에는 미리 지적삼각보조점표지를 설치하여야 한다(지적측량시행규칙 제10조 제1항).

지적삼각보조점은 측량지역별로 설치순서에 따라 일련번호를 부여하되, 영구표지를 설치하는 경우에는 시ㆍ군ㆍ구별로 일련번호를 부여한다. 이 경우 지적삼각보조점의 일련번호 앞에 "보"자를 붙인다(지적측량시행규칙 제10조 제2항).

지적삼각보조점은 교회망 또는 교점다각망(交點多角網)으로 구성하여야 한다(지적측량시행규칙 제10조 제3항).

경위의측량방법과 전파기 또는 광파기측량방법에 따라 교회법으로 지적삼각보조점측량을 할 때에는 다음 각 호의 기준에 따른다(지적측량시행규칙 제10조 제4항).

1. 3방향의 교회에 따를 것. 다만, 지형상 부득이 하여 2방향의 교회에 의하여 결정하려는 경우에는 각 내각을 관측하여 각 내각의 관측치의 합계와 180도와의 차가 ±40초 이내일 때에는 이를 각 내각에 고르게 배분하여 사용할 수 있다.
2. 삼각형의 각 내각은 30도 이상 120도 이하로 할 것

전파기 또는 광파기측량방법에 따라 다각망도선법으로 지적삼각보조점측량을 할 때에는 다음 각 호의 기준에 따른다(지적측량시행규칙 제10조 제5항).

1. 3점 이상의 기지점을 포함한 결합다각방식에 따를 것
2. 1도선(기지점과 교점간 또는 교점과 교점간을 말한다)의 점의 수는 기지점과 교점을 포함하여 5점 이하로 할 것
3. 1도선의 거리(기지점과 교점 또는 교점과 교점간의 점간거리의 총합계를 말한다)는 4킬로미터 이하로 할 것

지적삼각보조점성과 결정을 위한 관측 및 계산의 과정은 지적삼각보조점측량부에 적어야 한다(지적측량시행규칙 제10조 제6항).

「지적측량 시행규칙」 제10조 제6항에서의 '지적삼각보조점측량부'는 기지점방위각 및 거리계산부ㆍ수평각관측부ㆍ수평각개정계산부ㆍ수평각측점귀심계산부ㆍ수평각점표귀심계산부ㆍ거리측정부ㆍ평면거리계산부ㆍ삼각형내각계산부ㆍ연직각관측부ㆍ표고계산부ㆍ지적삼각보조점방위각계산부ㆍ교회점계산부ㆍ교점다각망계산부(XㆍYㆍHㆍA형 포함)ㆍ다각점좌표계산부 및 지형도에 작성한 지적삼각보조점망도 등을 포함한다. 다만, 지적삼각보조점의 관측을 지적삼각측량방법으로 할 경우에는 제1호의 지적

삼각점측량부를 적용한다(규정 제8조 제2항 제2호).

2) 관측 및 계산

경위의측량방법과 교회법에 따른 지적삼각보조점의 관측 및 계산은 다음 각 호의 기준에 따른다(지적측량시행규칙 제11조 제1항).

1. 관측은 20초독 이상의 경위의를 사용할 것
2. 수평각 관측은 2대회(윤곽도는 0도, 90도로 한다)의 방향관측법에 따를 것
3. 수평각의 측각공차는 다음 표에 따를 것. 이 경우 삼각형 내각의 관측치를 합한 값과 180도와의 차는 내각을 전부 관측한 경우에 적용한다.

종별	1방향각	1측회의 폐색	삼각형 내각관측의 합과 180도와의 차	기지각과의 차
공차	40초 이내	±40초 이내	±50초 이내	±50초 이내

4. 계산단위는 다음 표에 따를 것

종별	각	변의 길이	진수	좌표
공차	초	센티미터	6자리 이상	센티미터

5. 2개의 삼각형으로부터 계산한 위치의 연결교차($\sqrt{종선교차^2 + 횡선교차^2}$ 을 말한다. 이하 같다)가 0.30미터 이하일 때에는 그 평균치를 지적삼각보조점의 위치로 할 것. 이 경우 기지점과 소구점 사이의 방위각 및 거리는 평균치에 따라 새로 계산하여 정한다.

전파기 또는 광파기측량방법과 교회법에 따른 지적삼각보조점의 관측과 계산은 다음 각 호의 기준에 따른다(지적측량시행규칙 제11조 제2항).

1. 점간거리 및 연직각의 측정방법에 관하여는 제9조 제2항 및 제3항을 준용할 것
2. 기지각과의 차에 관하여는 제1항 제3호를 준용할 것
3. 계산단위 및 2개의 삼각형으로부터 계산한 위치의 연결교차에 관하여는 제1항 제4호 및 제5호를 준용할 것

경위의측량방법, 전파기 또는 광파기측량방법과 다각망도선법에 따른 지적삼각보조점의 관측 및 계산은 다음 각 호의 기준에 따른다(지적측량시행규칙 제11조 제3항).

1. 관측과 계산방법에 관하여는 제1항 제1호부터 제4호까지의 규정을 준용하고, 점간거리 및 연직각의 관측방법에 관하여는 제9조 제2항 및 제3항을 준용할 것.

다만, 다각망도선법에 따른 지적삼각보조점의 수평각관측은 제13조 제3호에 따른 배각법(倍角法)에 따를 수 있으며, 1회 측정각과 3회 측정각의 평균치에 대한 교차는 30초 이내로 한다.

2. 도선별 평균방위각과 관측방위각의 폐색오차(閉塞誤差)는 $\pm 10\sqrt{n}$ 초 이내로 할 것. 이 경우 n은 폐색변을 포함한 변의 수를 말한다.
3. 도선별 연결오차는 $0.05 \times S$미터 이하로 할 것. 이 경우 S는 도선의 거리를 1천으로 나눈 수를 말한다.
4. 측각오차(測角誤差)의 배분에 관하여는 제14조 제2항을 준용할 것
5. 종선오차 및 횡선오차의 배분에 관하여는 제15조 제2항을 준용할 것

2.3 지적도근점측량

1) 지적도근점측량 실시

지적도근점측량을 할 때에는 미리 지적도근점표지를 설치하여야 한다(지적측량시행규칙 제12조 제1항).

지적도근점의 번호는 영구표지를 설치하는 경우에는 시·군·구별로, 영구표지를 설치하지 아니하는 경우에는 시행지역별로 설치순서에 따라 일련번호를 부여한다. 이 경우 각 도선의 교점은 지적도근점의 번호 앞에 "교"자를 붙인다(지적도근점측량 제12조 제2항).

지적도근점측량의 도선은 다음 각 호의 기준에 따라 1등도선과 2등도선으로 구분한다(지적도근점측량 제12조 제3항).

1. 1등도선은 위성기준점, 통합기준점, 삼각점, 지적삼각점 및 지적삼각보조점의 상호간을 연결하는 도선 또는 다각망도선으로 할 것
2. 2등도선은 위성기준점, 통합기준점, 삼각점, 지적삼각점 및 지적삼각보조점과 지적도근점을 연결하거나 지적도근점 상호간을 연결하는 도선으로 할 것
3. 1등도선은 가·나·다 순으로 표기하고, 2등도선은 ㄱ·ㄴ·ㄷ 순으로 표기할 것

지적도근점은 결합도선·폐합도선(廢合道線)·왕복도선 및 다각망도선으로 구성하여야 한다(지적측량시행규칙 제12조 제4항).

경위의측량방법에 따라 도선법으로 지적도근점측량을 할 때에는 다음 각 호의 기준에 따른다(지적측량시행규칙 제12조 제5항).

1. 도선은 위성기준점, 통합기준점, 삼각점, 지적삼각점, 지적삼각보조점 및 지적도근점의 상호간을 연결하는 결합도선에 따를 것. 다만, 지형상 부득이 한 경우에는 폐합도선 또는 왕복도선에 따를 수 있다.

2. 1도선의 점의 수는 40점 이하로 할 것. 다만, 지형상 부득이 한 경우에는 50점까지로 할 수 있다.

경위의측량방법이나 전파기 또는 광파기측량방법에 따라 다각망도선법으로 지적도근점측량을 할 때에는 다음 각 호의 기준에 따른다(지적측량시행규칙 제12조 제6항).

1. 3점 이상의 기지점을 포함한 결합다각방식에 따를 것
2. 1도선의 점의 수는 20점 이하로 할 것

지적도근점 성과결정을 위한 관측 및 계산의 과정은 그 내용을 지적도근점측량부에 적어야 한다(지적도근점시행규칙 제12조 제7항).

「지적측량 시행규칙」 제12조 제7항에서의 '지적도근점측량부'는 기지점방위각 및 거리계산부·교회점계산부·교점다각망계산부(X·Y·H·A형 포함)·배각관측 및 거리측정부·방위각관측 및 거리측정부·지적도근측량계산부 및 그 지역의 일람도 축척으로 작성된 지적도근점망도 등을 포함한다. 이 경우 지적도근점망도는 토지소재 또는 측량지역명과 축척·도곽선과 그 수치·도면번호 및 지적기준점의 표시 등을 기재하여야 한다(규정 제8조 제2항 제3호).

2) 관측 및 계산

경위의측량방법, 전파기 또는 광파기측량방법과 도선법 또는 다각망도선법에 따른 지적도근점의 관측과 계산은 다음 각 호의 기준에 따른다(지적측량시행규칙 제13조 제1항).

1. 수평각의 관측은 시가지 지역, 축척변경지역 및 경계점좌표등록부 시행 지역에 대하여는 배각법에 따르고, 그 밖의 지역에 대하여는 배각법과 방위각법을 혼용할 것
2. 관측은 20초독 이상의 경위의를 사용할 것
3. 관측과 계산은 다음 표에 따를 것

종별	각	측정 횟수	거리	진수	좌표
배각법	초	3회	센티미터	5자리 이상	센티미터
방위각법	분	1회	센티미터	5자리 이상	센티미터

4. 점간거리를 측정하는 경우에는 2회 측정하여 그 측정치의 교차가 평균치의 3천분의 1 이하일 때에는 그 평균치를 점간거리로 할 것. 이 경우 점간거리가 경사(傾斜)거리일 때에는 수평거리로 계산하여야 한다.
5. 연직각을 관측하는 경우에는 올려본 각과 내려본 각을 관측하여 그 교차가 90초 이내일 때에는 그 평균치를 연직각으로 할 것

도선법과 다각망도선법에 따른 지적도근점의 각도관측을 할 때의 폐색오차의 허용범

위는 다음 각 호의 기준에 따른다. 이 경우 n은 폐색변을 포함한 변의 수를 말한다(지적측량시행규칙 제14조 제1항).

1. 배각법에 따르는 경우 : 1회 측정각과 3회 측정각의 평균값에 대한 교차는 30초 이내로 하고, 1도선의 기지방위각 또는 평균방위각과 관측방위각의 폐색오차는 1등도선은 $\pm 20\sqrt{n}$ 초 이내, 2등도선은 $\pm 30\sqrt{n}$ 초 이내로 할 것
2. 방위각법에 따르는 경우 : 1도선의 폐색오차는 1등도선은 $\pm\sqrt{n}$ 분 이내, 2등도선은 $\pm 1.5\sqrt{n}$ 분 이내로 할 것

각도의 측정결과가 제1항에 따른 허용범위 이내인 경우 그 오차의 배분은 다음 각 호의 기준에 따른다(지적측량시행규칙 제14조 제2항).

1. 배각법에 따르는 경우 : 다음의 계산식에 따라 측선장(測線長)에 반비례하여 각 측선의 관측각에 배분할 것

$$K = -\frac{e}{R} \times r$$

(K는 각 측선에 배분할 초단위의 각도, e는 초단위의 오차, R은 폐색변을 포함한 각 측선장의 반수의 총합계, r은 각 측선장의 반수. 이 경우 반수는 측선장 1미터에 대하여 1천을 기준으로 한 수를 말한다)

2. 방위각법에 따르는 경우 : 다음의 산식에 따라 변의 수에 비례하여 각 측선의 방위각에 배분할 것

$$Kn = -\frac{e}{S} \times s$$

(Kn은 각 측선의 순서대로 배분할 분단위의 각도, e는 분단위의 오차, S는 폐색변을 포함한 변의 수, s는 각 측선의 순서를 말한다)

지적도근점측량에서 연결오차의 허용범위는 다음 각 호의 기준에 따른다. 이 경우 n은 각 측선의 수평거리의 총합계를 100으로 나눈 수를 말한다(지적측량시행규칙 제15조 제1항).

1. 1등도선은 해당 지역 축척분모의 $\frac{1}{100}\sqrt{n}$ 센티미터 이하로 할 것
2. 2등도선은 해당 지역 축척분모의 $\frac{1.5}{100}\sqrt{n}$ 센티미터 이하로 할 것
3. 제1호 및 제2호를 적용하는 경우 경계점좌표등록부를 갖춰 두는 지역의 축척분모는 500으로 하고, 축척이 6천분의 1인 지역의 축척분모는 3천으로 할 것. 이 경우 하나의 도선에 속하여 있는 지역의 축척이 2 이상일 때에는 대축척의 축척분모에 따른다.

지적도근점측량에 따라 계산된 연결오차가 제1항에 따른 허용범위 이내인 경우 그 오차의 배분은 다음 각 호의 기준에 따른다(지적측량시행규칙 제15조 제2항).

1. 배각법에 따르는 경우 : 다음의 계산식에 따라 각 측선의 종선차 또는 횡선차 길이에 비례하여 배분할 것

$$T = -\frac{e}{L} \times l$$

(T는 각 측선의 종선차 또는 횡선차에 배분할 센티미터 단위의 수치, e는 종선오차 또는 횡선오차, L은 종선차 또는 횡선차의 절대치의 합계, l은 각 측선의 종선차 또는 횡선차를 말한다)

2. 방위각법에 따르는 경우 : 다음의 계산식에 따라 각 측선장에 비례하여 배분할 것

$$C = -\frac{e}{L} \times l$$

(C는 각 측선의 종선차 또는 횡선차에 배분할 센티미터 단위의 수치, e는 종선오차 또는 횡선오차, L은 각 측선장의 총합계, l은 각 측선의 측선장을 말한다)

제2항의 경우 종선 또는 횡선의 오차가 매우 작아 이를 배분하기 곤란할 때에는 배각법에서는 종선차 및 횡선차가 긴 것부터, 방위각법에서는 측선장이 긴 것부터 차례로 배분하여 종선 및 횡선의 수치를 결정할 수 있다(지적측량시행규칙 제15조 제3항).

「지적측량 시행규칙」 제12조～제15조와 관련하여 지적도근점측량성과의 확인은 다음과 같은 방법에 따른다.

지적도근점측량을 한 때에는 지적도근점측량성과와 기지경계선과의 부합여부를 도해적으로 확인하여야 한다. 이 경우 지적도근점측량성과와 기지경계선이 부합하지 아니할 경우에는 사용한 지적기준점 및 측량방법을 다르게 하여 지적도근점측량성과를 재확인하여야 한다(규정 제13조 제1항).

규정 제13조 제1항에 따라 기지경계선의 부합여부를 확인한 결과 기지경계선이 같은 방향과 거리로 이동하여 등록되었음이 판명된 때에는 기지경계선 등록당시 지적도근점측량성과에 오류가 있는 것으로 보고, 지적소관청이 지적도근점측량성과에 그 이동수치를 가감하여 사용할 수 있다. 이 경우 수정한 좌표는 지적도근점측량계산부 및 지적도근점성과표의 좌표란 윗부분에 붉은색으로 기재하여야 한다(규정 제13조 제2항).

지적소관청은 규정 제13조 제2항에 따라 지적도근점 성과를 가감하여 사용한 지역

에는 별도로 지적도근점성과 가감지역 관리대장을 작성하여 측량결과를 관리하여야 하며, 이를 지적측량수행자에게 통보하여야 한다(규정 제13조 제3항).

〈지적업무처리규정 별지 서식 제2호〉

지적도근점성과 가감지역 관리대장

년 월 일

<table>
<tr><td colspan="2" rowspan="3">소재지</td><td rowspan="3">도 호</td><td rowspan="3">지 번</td><td>측량종목
(제 · 호)</td><td rowspan="3">측량자</td><td colspan="7">기 준 점</td></tr>
<tr><td rowspan="2">측량일자</td><td rowspan="2">점 명</td><td rowspan="2">X</td><td rowspan="2">Y</td><td colspan="2">가 · 감좌표</td><td colspan="2">가 · 감차</td></tr>
<tr><td>X</td><td>Y</td><td>X</td><td>Y</td></tr>
<tr><td>면</td><td>리</td><td rowspan="2"></td><td rowspan="2"></td><td rowspan="2"></td><td rowspan="2"></td><td></td><td></td><td></td><td></td><td></td><td></td><td></td></tr>
<tr><td></td><td></td><td></td><td></td><td></td><td></td><td></td><td></td><td></td></tr>
<tr><td colspan="2" rowspan="6">관련지번
(도면첨부)</td><td colspan="4" rowspan="6"></td><td></td><td></td><td></td><td></td><td></td><td></td><td></td></tr>
<tr><td></td><td></td><td></td><td></td><td></td><td></td><td></td></tr>
<tr><td></td><td></td><td></td><td></td><td></td><td></td><td></td></tr>
<tr><td></td><td></td><td></td><td></td><td></td><td></td><td></td></tr>
<tr><td></td><td></td><td></td><td></td><td></td><td></td><td></td></tr>
<tr><td></td><td></td><td></td><td></td><td></td><td></td><td></td></tr>
<tr><td colspan="6">지적소관청 의견</td><td colspan="7">측량자 의견</td></tr>
<tr><td colspan="6"></td><td colspan="7"></td></tr>
</table>

<table>
<tr><td colspan="3">지 적 소 관 청</td><td colspan="4">측 량 수 행 자(업체명)</td></tr>
<tr><td>실 · 과장</td><td>담 당</td><td>담당자</td><td>지사장</td><td>차 장</td><td>팀 장</td><td>팀 원</td></tr>
<tr><td></td><td></td><td></td><td></td><td></td><td></td><td></td></tr>
</table>

3 세부측량

3.1 지적도 등의 전산자료 제공

지적소관청은 지적측량수행자가 「공간정보의 구축 및 관리 등에 관한 법률 시행규칙」 제25조 제2항에 따라 제출한 지적측량 수행계획서에 따라 지적측량을 하려는 지역의 지적공부와 부동산종합공부에 관한 전산자료를 지적측량수행자에게 제공하여야 한다(지적측량시행규칙 제16조 제1항).

지적소관청은 지적측량수행자가 측량업무수행을 위하여 전산화 이전의 지적공부, 측량부·측량결과도·면적측정부, 측량성과 파일 등 측량성과에 관한 자료를 요청한 경우에는 특별한 사정이 없는 한 지적측량수행자에게 제공하여야 한다(지적측량시행규칙 제16조 제2항).

3.2 측량준비 파일의 작성

제18조 제1항에 따라 평판측량방법으로 세부측량을 할 때에는 지적도, 임야도에 따라 다음 각 호의 사항을 포함한 측량준비 파일을 작성하여야 한다(지적측량시행규칙 제17조 제1항).

1. 측량대상 토지의 경계선·지번 및 지목
2. 인근 토지의 경계선·지번 및 지목
3. 임야도를 갖춰 두는 지역에서 인근 지적도의 축척으로 측량을 할 때에는 임야도에 표시된 경계점의 좌표를 구하여 지적도에 전개(展開)한 경계선. 다만, 임야도에 표시된 경계점의 좌표를 구할 수 없거나 그 좌표에 따라 확대하여 그리는 것이 부적당한 경우에는 축척비율에 따라 확대한 경계선을 말한다.
4. 행정구역선과 그 명칭
5. 지적기준점 및 그 번호와 지적기준점 간의 거리, 지적기준점의 좌표, 그 밖에 측량의 기점이 될 수 있는 기지점
6. 도곽선(圖廓線)과 그 수치
7. 도곽선의 신축이 0.5밀리미터 이상일 때에는 그 신축량 및 보정(補正) 계수
8. 그 밖에 국토교통부장관이 정하는 사항

제18조 제9항에 따라 경위의측량방법으로 세부측량을 할 때에는 경계점좌표등록부와 지적도에 따라 다음 각 호의 사항을 포함한 측량준비 파일을 작성하여야 한다(지적측량시행규칙 제17조 제2항).

1. 측량대상 토지의 경계와 경계점의 좌표 및 부호도・지번・지목
2. 인근 토지의 경계와 경계점의 좌표 및 부호도・지번・지목
3. 행정구역선과 그 명칭
4. 지적기준점 및 그 번호와 지적기준점 간의 방위각 및 그 거리
5. 경계점 간 계산거리
6. 도곽선과 그 수치
7. 그 밖에 국토교통부장관이 정하는 사항

지적측량수행자는 제1항 및 제2항의 측량준비 파일로 지적측량성과를 결정할 수 없는 경우에는 지적소관청에 지적측량성과의 연혁 자료를 요청할 수 있다(지적측량시행규칙 제17조 제3항).

세부측량을 평판측량방법 또는 전자평판측량방법으로 하고자 할 때에는 규정 제15조 제1항("「지적측량 시행규칙」 제16조에 따라 지적측량수행자에게 제공할 지적도 등의 전산자료는 지적측량수행계획서에 따라 해당토지의 지적측량에 필요한 범위의 자료로 한다.")에 따라 측량준비파일을 작성하여야 하며, 부득이한 경우 측량준비도면을 연필로 작성할 수 있다(규정 제18조 제1항).

측량준비파일로 작성하고자 하는 때에는「지적측량 시행규칙」제17조 제1항 제1호, 제4호 및 제5호 중 지적기준점 및 그 번호와 좌표는 검은색으로,「지적측량 시행규칙」제17조 제1항 제6호, 제7호 및 제5호 중 도곽선 및 그 수치와 지적기준점 간 거리는 붉은색으로, 그 외는 검은색으로 작성한다(규정 제18조 제2항).

측량대상토지가 도곽에 접합되어 벌어지거나 겹쳐지는 경우와 필지의 경계가 행정구역선에 접하게 되는 경우에는 다른 행정구역선(동・리 경계선)과 벌어지거나 겹치지 아니하도록 측량준비파일을 작성하여야 한다(규정 제18조 제3항).

지적측량수행자는 측량전에 측량준비파일 작성의 적정여부 등을 확인하여 필요한 조치를 하여야 하며(규정 제18조 제4항), 지적측량수행자는 영 제55조 제3항 제3호에 따라 도시관리계획선을 분할하기 위해서는 도시관리계획선을 측량준비파일에 포함하여 작성한 후 시・군・구 도시계획부서 담당자의 서명 또는 확인을 받아야 한다(규정 제18조 제5항).

그리고 경위의측량방법으로 세부측량을 하고자 할 경우 측량준비파일의 작성에 관련된 사항은 제1항부터 제5항까지의 규정을 준용하며, 이 경우 지적기준점 간 거리 및 방위각은 붉은색으로 작성한다(규정 제18조 제6항).

1) 측량기하적

평판측량방법 또는 전자평판측량방법으로 세부측량을 하는 때에는 측량준비파일에 측량한 기하적(幾何跡)을 다음과 같이 작성하여야 하며, 부득이한 경우 지적측량준비도에 연필로 표시할 수 있다(규정 제24조 제1항).

1. 평판점·측정점 및 방위표정에 사용한 기지점등에는 방향선을 긋고 실측한 거리를 기재한다. 이 경우 측정점의 방향선 길이는 측정점을 중심으로 약 1센티미터로 표시한다. 다만, 전자측량시스템에 따라 작성할 경우 필지선이 복잡한 때는 방향선을 생략할 수 있다.
2. 평판점 및 측정점은 측량자는 직경 1.5밀리미터 이상 3밀리미터 이하의 원으로 표시하고, 검사자는 1변의 길이가 2밀리미터 이상 4밀리미터 이하의 삼각형으로 표시한다. 이 경우 평판점 옆에 평판이동순서에 따라 $不_1$, $不_2$, … 으로 표시한다.
3. 평판점의 결정 및 방위표정에 사용한 기지점은 측량자는 직경 1밀리미터와 2밀리미터의 2중원으로 표시하고, 검사자는 1변의 길이가 2밀리미터와 3밀리미터의 2중삼각형으로 표시한다.
4. 평판점과 기지점사이의 도상거리와 실측거리를 방향선상에 다음과 같이 기재한다.

(측 량 자)	(검 사 자)
$\frac{(\text{도상거리})}{\text{실측거리}}$	$\frac{\triangle(\text{도상거리})}{\triangle\text{실측거리}}$

5. 측량대상토지에 지상구조물 등이 있는 경우와 새로이 설정하는 경계에 지상건물 등이 걸리는 경우에는 그 위치현황을 표시하여야 한다. 다만, 영 제55조 제4항 제2호와 제3호의 규정에 의해 분할하는 경우에는 그러하지 아니하다.

경위의측량방법으로 세부측량을 하려면 지상건물 등의 위치현황표시는 제1항 제5호를 준용한다(규정 제24조 제2항).

「지적측량 시행규칙」 제26조 제1항 제6호 및 같은 조 제2항 제7호에 따른 측량대상토지의 점유현황선은 붉은색 점선으로 표시한다(규정 제24조 제3항).

「지적측량 시행규칙」 제26조 및 이 규정 제29조에 따른 측량결과도의 문자와 숫자는 레터링 또는 전자측량시스템에 따라 작성한다(규정 제24조 제4항).

그리고 전자평판측량을 이용한 지적측량결과도의 작성방법은 다음 각 호와 같다(규정 제247조 제5항).

1. 관측한 측정점의 오른쪽 상단에는 측정거리를 표시하여야 한다. 다만, 소축척 등으로 식별이 불가능한 때에는 생략할 수 있다.
2. 측정점의 표시는 측량자의 경우 붉은색 짧은 십자선(+)으로 표시하고, 검사자는 삼각형(△)으로 표시하며, 각 측정점은 붉은색 점선으로 연결한다.
3. 지적측량결과도 상단 중앙에 "전자평판측량"이라 표기하고, 상단 오른쪽에 측량성과파일명을 표기하여야 하며, 측량성과파일에는 측량성과 결정에 관한 모든 사항이 수록되어 있어야 한다.
4. 측량결과의 파일 형식은 표준화된 공통포맷을 지원할 수 있어야 하며, 측량결과에 대한 측량파일 코드 일람표는 별표 3과 같다.

〈지적업무처리규정 별표 3〉

측량파일 코드 일람표

코드	내용	규격	도식	제도형태
1	지적경계선	기본값	————	검은색
10	지번, 지목	2mm	1591-10대	검은색
71	도근점	2mm	○	검은색 원
211	현황선		— — — -	붉은색 점선
217	경계점표지	2mm	○	붉은색 원
281	방위표정 방향선		————→	파란색 실선 화살표
282	분할선		————	붉은색 실선
291	측정점		+	붉은색 십자선
292	측정점 방향선			붉은색 실선
294	평판점	4mm (규격 변동가능)	不	파란색 $不_1$, $不_2$ 등으로 표시
297	이동 도근점	2mm	○	파란색 원
298	방위각 표정거리	2mm	000-00-00 000.000	붉은색

※ 기존 측량파일 코드의 내용ㆍ규격ㆍ도식은 "파란색"으로 표시한다.

2) 도면용지 및 측량결과도용지 규격

도면용지 및 측량결과도용지의 규격은 별표 6에 따른다. 다만, 동등 이상의 품질인 합성수지제 등을 사용하고자 할 때에는 국토교통부장관의 승인을 받아 사용할 수 있다(규정 제67조 제1항).

1. 측량결과도 용지의 규격은 다음과 같다.

〈지적업무처리규정 별표 6〉

측량결과도 용지의 규격

항목	단위	측량결과도 용지	비고
		백상지	
크기	mm	가로 520±1.5 세로 420±1.5	
평량(KSM7013)	g/m^3	200 이상	
두께(KSM7021)	mm	0.20 이상	
백색도(KSM7026)	%	50 이상	
평활도(KSM7028)	초	20 이상	
내절강도(KSM7065)	회	종 : 300 이상 횡 : 200 이상	
회분(KSM7033)	%	2 이하	
신축량	mm	0.5 이하	

2. 측량결과도 용지는 완제품 상태에서 시험한다. 이 경우 시험편제작 및 신축량의 측정은 다음 각 목에 따른다.
   가. 시험편의 크기는 가로 520mm, 세로 420mm로 한다.
   나. 전처리는 KSM 7012에 의한 시험용지의 전처리에 의거 4시간 이상 처리한다.
   다. 도곽선은 4H－6H의 연필로 가로 400mm, 세로 300mm로 제도한다.
   라. 상대습도 90±2%, 온도 40±1℃, 풍속 0.5－3㎧ 정도의 상태에서 4시간 이상 방치하였다가 지체없이 지적측량시행규칙 제20조 제3항의 규정에 의하여 신축량을 측정한다.
   마. 측정에 사용하는 자의 최소눈금 0.05mm의 캘리퍼를 사용한다.
   바. 측정조건은 전처리 조건과 동일하게 한다.
3. 측량결과도 용지는 위 사항의 규격에 따른 전문기관의 시험에 합격하여야 한다.

3.3 세부측량의 기준 및 방법

1) 기준 및 방법

평판측량방법에 따른 세부측량은 다음 각 호의 기준에 따른다(지적측량시행규칙 제18조 제1항).

1. 거리측정단위는 지적도를 갖춰 두는 지역에서는 5센티미터로 하고, 임야도를 갖춰 두는 지역에서는 50센티미터로 할 것
2. 측량결과도는 그 토지가 등록된 도면과 동일한 축척으로 작성할 것

3. 세부측량의 기준이 되는 위성기준점, 통합기준점, 삼각점, 지적삼각점, 지적삼각보조점, 지적도근점 및 기지점이 부족한 경우에는 측량상 필요한 위치에 보조점을 설치하여 활용할 것
4. 경계점은 기지점을 기준으로 하여 지상경계선과 도상경계선의 부합 여부를 현형법(現形法)・도상원호(圖上圓弧)교회법・지상원호(地上圓弧)교회법 또는 거리비교확인법 등으로 확인하여 정할 것

평판측량방법에 따른 세부측량은 교회법・도선법 및 방사법(放射法)에 따른다(지적측량시행규칙 제18조 제2항).

평판측량방법에 따른 세부측량을 교회법으로 하는 경우에는 다음 각 호의 기준에 따른다(지적측량시행규칙 제18조 제3항).

1. 전방교회법 또는 측방교회법에 따를 것
2. 3방향 이상의 교회에 따를 것
3. 방향각의 교각은 30도 이상 150도 이하로 할 것
4. 방향선의 도상길이는 평판의 방위표정(方位標定)에 사용한 방향선의 도상길이 이하로서 10센티미터 이하로 할 것. 다만, 광파조준의(光波照準儀) 또는 광파측거기를 사용하는 경우에는 30센티미터 이하로 할 수 있다.
5. 측량결과 시오(示誤)삼각형이 생긴 경우 내접원의 지름이 1밀리미터 이하일 때에는 그 중심을 점의 위치로 할 것

평판측량방법에 따른 세부측량을 도선법으로 하는 경우에는 다음 각 호의 기준에 따른다(지적측량시행규칙 제18조 제4항).

1. 위성기준점, 통합기준점, 삼각점, 지적삼각점, 지적삼각보조점 및 지적도근점, 그 밖에 명확한 기지점 사이를 서로 연결할 것
2. 도선의 측선장은 도상길이 8센티미터 이하로 할 것. 다만, 광파조준의 또는 광파측거기를 사용할 때에는 30센티미터 이하로 할 수 있다.
3. 도선의 변은 20개 이하로 할 것
4. 도선의 폐색오차가 도상길이 $\frac{\sqrt{N}}{3}$ 밀리미터 이하인 경우 그 오차는 다음의 계산식에 따라 이를 각 점에 배분하여 그 점의 위치로 할 것

$$Mn = \frac{e}{N} \times n$$

(Mn은 각점에 순서대로 배분할 밀리미터 단위의 도상길이, e는 밀리미터 단위의 오차, N은 변의 수, n은 변의 순서를 말한다)

평판측량방법에 따른 세부측량을 방사법으로 하는 경우에는 1방향선의 도상길이는 10센티미터 이하로 한다. 다만, 광파조준의 또는 광파측거기를 사용할 때에는 30센티미터 이하로 할 수 있다(지적측량시행규칙 제18조 제5항).

평판측량방법으로 거리를 측정하는 경우 도곽선의 신축량이 0.5밀리미터 이상일 때에는 다음의 계산식에 따른 보정량을 산출하여 도곽선이 늘어난 경우에는 실측거리에 보정량을 더하고, 줄어든 경우에는 실측거리에서 보정량을 뺀다(지적측량시행규칙 제18조 제6항).

$$\text{보정량} = \frac{\text{신축량(지상)} \times 4}{\text{도곽선길이합계(지상)}} \times \text{실측거리}$$

평판측량방법에 따라 경사거리를 측정하는 경우의 수평거리의 계산은 다음 각 호의 기준에 따른다(지적측량시행규칙 제18조 제7항).

1. 조준의[앨리데이드(alidade)]를 사용한 경우

$$D = l\frac{1}{\sqrt{1+(\frac{n}{100})^2}}$$

(D는 수평거리, l은 경사거리, n은 경사분획)

2. 망원경조준의(망원경 앨리데이드)를 사용한 경우

$$D = l\cos\Theta \text{ 또는 } l\sin\alpha$$

(D는 수평거리, l은 경사거리, Θ는 연직각, α는 천정각 또는 천저각)

평판측량방법에 있어서 도상에 영향을 미치지 아니하는 지상거리의 축척별 허용범위는 $\frac{M}{10}$ 밀리미터로 한다. 이 경우 M은 축척분모를 말한다(지적측량시행규칙 제18조 제8항).

경위의측량방법에 따른 세부측량은 다음 각 호의 기준에 따른다(지적측량시행규칙 제18조 제9항).

1. 거리측정단위는 1센티미터로 할 것
2. 측량결과도는 그 토지의 지적도와 동일한 축척으로 작성할 것. 다만, 법 제86조에 따른 도시개발사업 등의 시행지역(농지의 구획정리지역은 제외한다)과 축척변경 시행지역은 500분의 1로 하고, 농지의 구획정리 시행지역은 1천분의 1로 하되, 필요한 경우에는 미리 시·도지사의 승인을 받아 6천분의 1까지 작성할 수 있다.
3. 토지의 경계가 곡선인 경우에는 가급적 현재 상태와 다르게 되지 아니하도록 경

계점을 측정하여 연결할 것. 이 경우 직선으로 연결하는 곡선의 중앙종거(中央縱距)의 길이는 5센티미터 이상 10센티미터 이하로 한다.

경위의측량방법에 따른 세부측량의 관측 및 계산은 다음 각 호의 기준에 따른다(지적측량시행규칙 제18조 제10항).

1. 미리 각 경계점에 표지를 설치하여야 한다. 다만, 부득이한 경우에는 그러하지 아니하다.
2. 도선법 또는 방사법에 따를 것
3. 관측은 20초독 이상의 경위의를 사용할 것
4. 수평각의 관측은 1대회의 방향관측법이나 2배각의 배각법에 따를 것. 다만, 방향관측법인 경우에는 1측회의 폐색을 하지 아니할 수 있다.
5. 연직각의 관측은 정반으로 1회 관측하여 그 교차가 5분 이내일 때에는 그 평균치를 연직각으로 하되, 분단위로 독정(讀定)할 것
6. 수평각의 측각공차는 다음 표에 따를 것

종별	1방향각	1회 측정각과 2회 측정각의 평균값에 대한 교차
공차	60초 이내	40초 이내

7. 경계점의 거리측정에 관하여는 제13조 제4호를 준용할 것
8. 계산방법은 다음 표에 따를 것

종별	각	변의 길이	진수	좌표
단위	초	센티미터	5자리 이상	센티미터

전자평판측량은 제1항 제2호부터 제4호까지와 제2항부터 제5항까지 및 제8항을 준용한다(지적측량시행규칙 제18조 제11항).

제1항부터 제11항까지에서 규정한 사항 외에 측량방법 및 절차에 관하여 필요한 사항은 국토교통부장관이 정한다(지적측량시행규칙 제18조 제12항).

지적측량수행자가 세부측량을 하고자 하는 때에는 지적측량자료부를 작성・비치하여야 한다. 다만, 측량성과결정에 지장이 없다고 판단되는 경우에는 그러하지 아니하다(규정 제19조 제1항).

〈지적업무처리규정 별지 서식 제5호〉

지적측량자료부

○ 토지소재고유번호 [ ]

측 량 연월일	측량종목	토 지 소 재		지 번	지 목	면 적 (m^2)	축 척	도면번호
		읍·면	동·리					

측 량 의뢰인	성 명		생년월일	-
	주 소	(전화번호)		

측량목적		용도지역		측량결과도번호	

1. 특이사항

2. 조사자 의견

3. 측량자 의견

지적측량기준점현황

점 명	번 호	좌 표 X	좌 표 Y
		m .	m .
		.	.
		.	.
		.	.
		.	.
		.	.
		.	.

4. 측량자 : 년 월 일 측량

팀장 지적 사 성명 , 팀원 지적 사 성명 , 팀원 지적 사 성명 또한 지적측량수행자는 지적측량정보를 처리할 수 있는 시스템에 측량준비파일을 등록하여 다음의 사항에 대한 자료를 조사하여야 한다(규정 제19조 제2항).

1. 경계 및 면적
2. 지적측량성과의 결정방법
3. 측량연혁
4. 지적기준점 성과
5. 그 밖에 필요한 사항

지적측량자료부를 작성할 경우에는 측량전에 토지이동측량결과도, 경계복원측량결과도 및 지적공부 등에 따라 측량대상토지의 토지표시 변동사항, 지적측량연혁, 측량성과 결정에 사용한 기지점, 측량대상토지 주위의 기지점 및 지적기준점 유무 등을 조사하여 측량시에 활용하여야 한다(규정 제19조 제3항).

지적소관청은 지적측량수행자가 지적측량 자료조사를 위하여 지적공부, 지적측량성과(지적측량을 실시하여 작성한 측량부, 측량결과도, 면적측정부 및 측량성과파일에 등재된 측량결과를 말한다) 및 관계자료 등을 항상 조사할 수 있도록 협조하여야 한다(규정 제19조 제4항).

그리고 지적소관청은 지적측량 민원처리 등에 필요한 경우에는 지적측량수행자에게 경계복원・지적현황측량결과도 등 관련자료의 제출을 요구할 수 있다(규정 제19조 제5항).

2) 신규등록측량

1950.12.1 법률 제165호로 제정된 「지적법」 제37조에 따른 신규등록시 누락된 도로・하천 및 구거 등의 토지를 등록하는 경우의 경계는 도면에 등록된 인접토지의 경계를 기준으로 하여 결정한다. 이 경우 토지의 경계와 이용현황 등을 조사하기 위한 측량을 하여야 한다(규정 제21조).

3) 등록전환측량

1필지 전체를 등록전환 할 경우에는 임야대장등록사항과 토지대장등록사항의 부합여부 등을 확인하고 토지의 경계와 이용현황 등을 조사하기 위한 측량을 하여야 한다(규정 제22조 제1항).

등록전환할 일단의 토지가 2필지 이상으로 분할되어야 할 토지의 경우에는 1필지로 등록전환 후 지목별로 분할하여야 한다. 이 경우 등록전환할 토지의 지목은 임야대장에 등록된 지목으로 설정하되, 분할 및 지목변경은 등록전환과 동시에 정리한다(규정 제22조 제2항).

경계점좌표등록부를 비치하는 지역과 연접되어 있는 토지를 등록전환 하려면 경계점좌표등록부에 등록하여야 한다(규정 제22조 제3항).

토지대장에 등록하는 면적은 등록전환측량의 결과에 따라야 하며, 임야대장의 면적을 그대로 정리할 수 없다(규정 제22조 제4항).

1필지의 일부를 등록전환 하려면 등록전환으로 인하여 말소하여야 할 필지의 면적은 반드시 임야분할측량결과도에서 측정하여야 한다(규정 제22조 제5항).

임야도에 도곽선 또는 도곽선수치가 없거나, 1필지 전체를 등록전환 할 경우에만 등록전환으로 인하여 말소해야 할 필지의 임야측량결과도를 등록전환측량결과도에 함께 작성할 수 있다(규정 제22조 제6항).

토지의 형질변경이 수반되는 등록전환측량은 토목공사 등이 완료 된 후에 실시하여야 하며, 제23조 제3항에 따라 측량성과를 결정하여야 한다(규정 제22조 제7항).

4) 분할측량

측량대상토지의 점유현황이 도면에 등록된 경계와 일치하지 않으면 분할 측량시에 그 분할 등록될 경계점을 지상에 복원하여야 한다(규정 제23조 제1항).

합병된 토지를 합병전의 경계대로 분할하려면 합병전 각 필지의 면적을 분할 후 각 필지의 면적으로 한다. 이 경우 분할되는 토지 중 일부가 등록사항정정대상토지이면 분할정리 후 그 토지에만 등록사항정정대상토지임을 등록하여야 한다(규정 제23조 제2항).

3.4 면적측정

1) 면적측정 대상

세부측량을 하는 경우 다음 각 호의 어느 하나에 해당하면 필지마다 면적을 측정하여야 한다(지적측량시행규칙 제19조 제1항).

1. 지적공부의 복구 · 신규등록 · 등록전환 · 분할 및 축척변경을 하는 경우
2. 법 제84조에 따라 면적 또는 경계를 정정하는 경우
3. 법 제86조에 따른 도시개발사업 등으로 인한 토지의 이동에 따라 토지의 표시를 새로 결정하는 경우
4. 경계복원측량 및 지적현황측량에 면적측정이 수반되는 경우

제1항에도 불구하고 법 제23조 제1항 제4호의 경계복원측량과 영 제18조의 지적현황측량을 하는 경우에는 필지마다 면적을 측정하지 아니한다(지적측량시행규칙 제19조 제2항).

2) 면적측정 방법

좌표면적계산법에 따른 면적측정은 다음 각 호의 기준에 따른다(지적측량시행규칙 제20조 제1항).

1. 경위의측량방법으로 세부측량을 한 지역의 필지별 면적측정은 경계점 좌표에 따를 것
2. 산출면적은 1천분의 1제곱미터까지 계산하여 10분의 1제곱미터 단위로 정할 것

전자면적측정기에 따른 면적측정은 다음 각 호의 기준에 따른다(지적측량시행규칙 제20조 제2항).

1. 도상에서 2회 측정하여 그 교차가 다음 계산식에 따른 허용면적 이하일 때에는 그 평균치를 측정면적으로 할 것

   $$A = 0.023^2 M \sqrt{F}$$

   (A는 허용면적, M은 축척분모, F는 2회 측정한 면적의 합계를 2로 나눈 수)

2. 측정면적은 1천분의 1제곱미터까지 계산하여 10분의 1제곱미터 단위로 정할 것

면적을 측정하는 경우 도곽선의 길이에 0.5밀리미터 이상의 신축이 있을 때에는 이를 보정하여야 한다. 이 경우 도곽선의 신축량 및 보정계수의 계산은 다음 각 호의 계산식에 따른다(지적측량시행규칙 제20조 제3항).

1. 도곽선의 신축량계산

   $$S = \frac{\triangle X_1 + \triangle X_2 + \triangle Y_1 + \triangle Y_2}{4}$$

   (S는 신축량, $\triangle X_1$는 왼쪽 종선의 신축된 차, $\triangle X_2$는 오른쪽 종선의 신축된 차, $\triangle Y_1$는 윗쪽 횡선의 신축된 차, $\triangle Y_2$는 아래쪽 횡선의 신축된 차)

   $$\text{이 경우 신축된 차(밀리미터)} = \frac{1{,}000(L - L_o)}{M}$$

   (L은 신축된 도곽선지상길이, L_o는 도곽선지상길이, M은 축척분모)

2. 도곽선의 보정계수계산

   $$Z = \frac{X \cdot Y}{\triangle X \cdot \triangle Y}$$

   (Z는 보정계수, X는 도곽선종선길이, Y는 도곽선횡선길이, $\triangle X$는 신축된 도곽선종선길이의 합/2, $\triangle Y$는 신축된 도곽선횡선길이의 합/2을 말한다)

면적이 5천제곱미터 이상인 필지를 분할하는 경우 분할 후의 면적이 분할 전 면적의 80퍼센트 이상이 되는 필지의 면적을 측정할 때에는 분할 전 면적의 20퍼센트 미만이 되는 필지의 면적을 먼저 측정한 후, 분할 전 면적에서 그 측정된 면적을 빼는 방법으로 할 수 있다. 다만, 동일한 측량결과도에서 측정할 수 있는 경우와 좌표면적계산법에 따라 면적을 측정하는 경우에는 그러하지 아니하다(지적측량시행규칙 제20조 제4항).

3.5 임야도를 갖춰 두는 지역의 세부측량

임야도를 갖춰 두는 지역의 세부측량은 위성기준점, 통합기준점, 삼각점, 지적삼각점, 지적삼각보조점 및 지적도근점에 따른다. 다만, 다음 각 호의 어느 하나에 해당하는 경우에는 위성기준점, 통합기준점, 삼각점, 지적삼각점, 지적삼각보조점 및 지적도근점에 따라 측량하지 아니하고 지적도의 축척으로 측량한 후 그 성과에 따라 임야측량결과도를 작성할 수 있다(지적측량시행규칙 제21조 제1항).

1. 측량대상토지가 지적도를 갖춰 두는 지역에 인접하여 있고 지적도의 기지점이 정확하다고 인정되는 경우
2. 임야도에 도곽선이 없는 경우

제1항 단서에 따라 측량할 때에는 임야도상의 경계는 제17조 제1항 제3호의 경계에 따라야 하며, 지적도의 축척에 따른 측량성과를 임야도의 축척으로 측량결과도에 표시할 때에는 지적도의 축척에 따른 측량결과도에 표시된 경계점의 좌표를 구하여 임야측량결과도에 전개하여야 한다. 다만, 다음 각 호의 어느 하나에 해당하는 경우에는 축척비율에 따라 줄여서 임야측량결과도를 작성한다(지적측량시행규칙 제21조 제2항).

1. 경계점의 좌표를 구할 수 없는 경우
2. 경계점의 좌표에 따라 줄여서 그리는 것이 부적당한 경우

3.6 지적확정측량

지적확정측량을 하는 경우 필지별 경계점은 위성기준점, 통합기준점, 삼각점, 지적삼각점, 지적삼각보조점 및 지적도근점에 따라 측정하여야 한다(지적측량시행규칙 제22조 제1항).

지적확정측량을 할 때에는 미리 규칙 제95조 제1항 제3호에 따른 사업계획도와 도면을 대조하여 각 필지의 위치 등을 확인하여야 한다(지적측량시행규칙 제22조 제2항).

도시개발사업 등으로 지적확정측량을 하려는 지역에 임야도를 갖춰 두는 지역의 토지가 있는 경우에는 등록전환을 하지 아니할 수 있다(지적측량시행규칙 제22조 제3항).

법 제6조 제1항의 기준에 따른 지적확정측량 방법과 절차에 대해서는 국토교통부장관이 정한다(지적측량시행규칙 제22조 제4항).

3.7 경계점좌표등록부를 갖춰 두는 지역의 측량

경계점좌표등록부를 갖춰 두는 지역에 있는 각 필지의 경계점을 측정할 때에는 도선법·방사법 또는 교회법에 따라 좌표를 산출하여야 한다. 다만, 필지의 경계점이 지형·지물에 가로막혀 경위의를 사용할 수 없는 경우에는 간접적인 방법으로 경계점의 좌표를 산출할 수 있다(지적측량시행규칙 제23조 제1항).

제1항에 따른 각 필지의 경계점 측점번호는 왼쪽 위에서부터 오른쪽으로 경계를 따라 일련번호를 부여한다(지적측량시행규칙 제23조 제2항).

기존의 경계점좌표등록부를 갖춰 두는 지역의 경계점에 접속하여 경위의측량방법 등으로 지적확정측량을 하는 경우 동일한 경계점의 측량성과가 서로 다를 때에는 경계점좌표등록부에 등록된 좌표를 그 경계점의 좌표로 본다. 이 경우 동일한 경계점의 측량성과의 차이는 제27조 제1항 제4호 가목의 허용범위 이내여야 한다(지적측량시행규칙 제23조 제3항).

3.8 경계복원측량 기준 등

경계점을 지상에 복원하기 위한 경계복원측량을 하려는 경우 경계를 지적공부에 등록할 당시 측량성과의 착오 또는 경계 오인 등의 사유로 경계가 잘못 등록되었다고 판단될 때에는 법 제84조 제1항에 따라 등록사항을 정정한 후 측량하여야 한다(지적측량시행규칙 제24조 제1항).

경계복원측량에 따라 지표상에 복원할 토지의 경계점에는 규칙 제60조 제2항에 따른 경계점표지를 설치하여야 한다. 다만, 건축물이 경계에 걸쳐 있거나 부득이 하여 경계점표지를 설치할 수 없는 경우에는 그러하지 아니하다(지적측량시행규칙 제24조 제2항).

3.9 지적현황측량

영 제18조에 따른 지적현황측량은 다음 각 호의 방법으로 실시한다(지적측량시행규칙 제25조).

1. 지상건축물 등에 대한 측량은 지상, 지표 및 지하에 대한 현황을 지적도, 임야도에 등록된 경계와 대비하여 표시할 것
2. 건축허가에 따라 처음으로 시공된 옹벽, 기둥 등 측량이 가능한 건축구조물에 대한 현황을 지적도, 임야도에 등록된 경계와 대비하여 표시할 것

3.10 현지측량 방법 등

현지측량 방법 등과 관련하여 지적업무처리규정 제20조를 살펴볼 필요가 있으며 이하와 같다.

지적측량을 할 때에는 토지소유자 및 이해관계인을 입회시켜 측량에 필요한 질문을 하거나 참고자료의 제시를 요구할 수 있다(규정 제20조 제1항).

지적측량결과도에는 토지소유자 및 이해관계인의 서명·전자서명 또는 날인을 받아야 한다. 다만, 토지소유자 및 이해관계인이 입회하지 못하는 경우와 입회는 하였으나 서명 또는 날인을 거부하는 때에는 그 사유를 기재하여야 한다(규정 제20제2항).

각종 인가·허가 등의 내용과 다르게 토지의 형질이 변경되었을 경우에는 그 변경된 토지의 현황대로 측량성과를 결정하여야 한다(규정 제20조 제3항).

세부측량성과를 결정하기 위하여 사용하는 기지점은 지적기준점이어야 한다. 다만, 도면의 기지점이 정확하고 보존이 양호하여 기지점을 이용하여도 측량에 지장이 없다고 인정되는 축척 1천분의 1 이하의 지역에는 그러하지 아니하다(규정 제23조 제4항). 그리고 제4항에 따른 지적기준점은 세부측량을 하기 전에 설치하여야 하며, 그 설치비용을 지적측량의뢰인에게 부담시켜서는 아니된다. 다만, 「지적측량 시행규칙」 제6조 제2항 제1호·제2호 또는 제4호에 해당하는 경우, 51필지 이상 연속지 또는 집단지 세부측량시에 지적기준점을 설치할 경우 및 제4항 단서에 따른 기지점에 따라 세부측량을 할 지역에서 지적측량의뢰인이 지적기준점의 설치를 요구할 경우에는 그러하지 아니하다(규정 제20조 제5항).

지적확정측량 지구안에서 지적측량을 하고자 할 경우에는 종전에 실시한 지적확정측량성과를 참고하여 성과를 결정하여야 한다(규정 제20조 제6항).

지적측량을 완료한 때에는 분할 등록될 경계점의 위치 또는 경계복원점의 위치를 지적기준점·담장모서리 및 전신주 등 주위 고정물로부터 거리를 측정하여 지적측량의뢰인 및 이해관계인에게 확인시키고, 측량결과도 여백에 그 거리를 기재하거나 경위의측량방법에 따른 평면직각종횡선좌표 등 측정점의 위치설명도를 지적측량결과도 작성 예시 목록과 같이 작성하여야 한다. 이 경우 주위 고정물이 없는 경우에는 평판점에서 경계점과 적정위치의 고정물까지 거리를 직·간접적으로 측정하거나, 경계점에서 평판점과 적정위치의 고정물까지 거리를 직·간접적으로 측정하여야 한다(규정 제20조 제7항).

지적측량수행자는 지적측량자료조사 또는 지적측량결과, 지적공부의 토지의 표시에 잘못이 있음을 발견한 때에는 지체 없이 지적소관청에 관계자료 등을 첨부하여 문서로 통보하고, 지적측량의뢰인에게 그 내용을 통지하여야 한다(규정 제20조 제8항).

법원의 감정측량을 할 때에는 법원감정측량 처리절차에 따른다(규정 제20조 제9항).

전자평판측량에 따른 세부측량은 지적기준점을 기준으로 실시하여야 하며, 면적측정은 전산처리 방법에 따른다(규정 제20조 제10항). 제10항에 따른 세부측량 시 평판점의 이동거리는 「지적측량 시행규칙」 제2조 제1항 제3호에서 정한 지적도근점표지의 점간거리 이내로 한다(규정 제23조 제11항).

지적기준점이 없는 지역에서 전자평판측량을 실시할 때에는 보존이 용이한 고정물을 선점하여 보조점으로 사용할 수 있다. 이 경우 설치된 보조점은 후속측량에 사용할 수 있도록 하여야 한다(규정 제20조 제12항).

현형법(現形法)으로 지적측량의 성과를 결정하려면 경계점은 반드시 지적공부 등록 당시의 축척으로 하며, 기지점을 기준으로 지상경계선과 도상경계의 부합여부를 확인하여야 한다(규정 제20조 제13항). 이미 작성되어 있는 지적측량파일을 이용하여 측량할 경우에는 기존 파일에서 지상경계선과 도상경계가 잘 부합되는 기지점과 신청토지 주변을 추가로 실측하여 성과를 결정하여야 한다(규정 제20조 제14항).

그리고 전자평판측량의 설치 및 표정방법은 다음에 따른다(규정 제20조 제15항).

1. 토탈스테이션을 지적기준점 또는 보조점 위에 거치한 후 다른 지적기준점이나 고정물을 시준하고 수평각을 전자평판에서 0° 0′ 0″로 세팅하여 관측을 준비한다.
2. 지적기준점 간의 거리는 2회 이상 측정하여 확인한다.
3. 연직각은 천정을 0으로 설정한다.

3.11 세부측량성과의 작성

1) 평판측량방법에 의한 세부측량

평판측량방법으로 세부측량을 한 경우 측량결과도에 다음 각 호의 사항을 적어야 한다. 다만, 1년 이내에 작성된 경계복원측량 또는 지적현황측량결과도와 지적도, 임야도의 도곽신축 차이가 0.5밀리미터 이하인 경우에는 종전의 측량결과도에 함께 작성할 수 있다(지적측량시행규칙 제26조 제1항).

1. 제17조 제1항 각 호의 사항
2. 측정점의 위치, 측량기하적 및 지상에서 측정한 거리
3. 측량대상 토지의 토지이동 전의 지번과 지목(2개의 붉은 선으로 말소한다)
4. 측량결과도의 제명 및 번호(연도별로 붙인다)와 도면번호
5. 신규등록 또는 등록전환하려는 경계선 및 분할경계선
6. 측량대상 토지의 점유현황선

7. 측량 및 검사의 연월일, 측량자 및 검사자의 성명·소속 및 자격등급 또는 기술등급

2) 경위의측량방법에 의한 세부측량

경위의측량방법으로 세부측량을 하였을 때에는 측량결과도 및 측량계산부에 그 성과를 적되, 측량결과도에는 다음 각 호의 사항을 적어야 한다(지적측량시행규칙 제26조 제2항).

1. 제17조 제2항 각 호의 사항
2. 측정점의 위치(측량계산부의 좌표를 전개하여 적는다), 지상에서 측정한 거리 및 방위각
3. 측량대상 토지의 경계점 간 실측거리
4. 측량대상 토지의 토지이동 전의 지번과 지목(2개의 붉은 색으로 말소한다)
5. 측량결과도의 제명 및 번호(연도별로 붙인다)와 지적도의 도면번호
6. 신규등록 또는 등록전환하려는 경계선 및 분할경계선
7. 측량대상 토지의 점유현황선
8. 측량 및 검사의 연월일, 측량자 및 검사자의 성명·소속 및 자격등급 또는 기술등급

제2항 제3호에 따른 측량대상 토지의 경계점 간 실측거리와 경계점의 좌표에 따라 계산한 거리의 교차는 $3+\frac{L}{10}$센티미터 이내여야 한다. 이 경우 L은 실측거리로서 미터 단위로 표시한 수치를 말한다(지적측량시행규칙 제26조 제3항).

3) 전자평판측량방법에 의한 세부측량

전자평판측량방법으로 세부측량을 한 경우에는 제1항 본문을 준용하여 측량성과 파일을 작성하여야 한다(지적측량시행규칙 제26조 제4항).

3.12 지적측량결과도 작성 및 관리 등

「지적측량 시행규칙」 제26조에 따른 측량결과도(세부측량을 실시한 결과를 작성한 측량도면을 말한다)는 도면용지 또는 전자측량시스템을 사용하여 지적측량결과도 작성 예시에 따라 작성하고, 측량결과도를 파일로 작성한 때에는 데이터베이스에 저장하여 관리할 수 있다(규정 제25조 제1항).

지적측량수행자 및 지적측량검사자는 지적측량결과도상의 측량준비도, 측량결과도, 측량성과도작성, 도면 등의 작성 및 확인란에 날인 또는 서명을 하여야 한다. 이 경우 서명은 정자(正字)로 하여야 한다(규정 제25조 제2항).

측량결과도의 보관은 지적소관청은 연도별, 측량종목별, 지적공부정리 일자별, 동·리별로, 지적측량수행자는 연도별, 동·리별로, 지번순으로 편철하여 보관하여야 한다(규정 제25조 제3항).

지적측량업자가 폐업하는 경우에는 보관중인 측량결과도 원본(전자측량시스템으로 작성한 전산파일을 포함한다)과 지적측량 프로그램을 시·도지사에게 제출하여야 하며, 시·도지사는 해당 지적소관청에 측량결과도 원본을 보내주어야 한다(규정 제25조 제4항).

지적측량수행자는 전자평판측량으로 측량을 하여 작성된 지적측량파일을 데이터베이스에 저장하여 후속 측량자료 및 민원업무에 활용할 수 있도록 관리하여야 하며, 지적측량파일은 월1회 이상 데이터를 백업하여 보관하여야 한다(규정 제25조 제5항).

4 지적측량 의뢰

4.1 지적측량의 의뢰

토지소유자 등 이해관계인은 제23조 제1항 제1호 및 제3호(자목은 제외한다)부터 제5호까지의 사유로 지적측량을 할 필요가 있는 경우에는 다음 각 호의 어느 하나에 해당하는 자(이하 "지적측량수행자"라 한다)에게 지적측량을 의뢰하여야 한다(법 제24조 제1항).

1. 제44조 제1항 제2호의 지적측량업의 등록을 한 자
2. 「국가공간정보 기본법」 제12조에 따라 설립된 한국국토정보공사(이하 "한국국토정보공사"라 한다)

지적측량수행자는 제1항에 따른 지적측량 의뢰를 받으면 지적측량을 하여 그 측량성과를 결정하여야 한다(법 제24조 제2항).

제1항 및 제2항에 따른 지적측량 의뢰 및 측량성과 결정 등에 필요한 사항은 국토교통부령으로 정한다(법 제24조 제3항).

지적측량수행자가 법 제24조 제1항에 따라 토지소유자 등 이해관계인으로부터 지적측량의뢰를 받은 때에는 법 제106조 제2항에 따른 지적측량수수료를 수납하고, 측량예정일자가 기재된 입금표를 측량의뢰인에게 발급하여야 한다. 다만, 소유자로부터 위임을 받은 자가 의뢰를 할 경우에는 소유자의 날인이 첨부된 별지 제3호 서식에 따른 위임장을 지적측량수행자에게 제출하여야 한다. 다만, 해당 토지가 국유지나 공유지일 경우는 그러하지 아니하다(규정 제16조 제1항).

그리고 지적측량수행자는 지적공부정리를 하여야 하는 지적측량의뢰를 받은 때에는 의뢰인에게 지적공부정리 및 지적공부등본발급신청을 지적소관청에 직접 신청하거나 지적측량수행자에게 위임할 수 있다는 설명을 하고, 의뢰인으로부터 위임을 받은 때에는 의뢰인이 하는 신청절차를 대행할 수 있다. 이 경우 의뢰서 여백에 "신청위임"이

라고 흑백의 반전으로 표시하거나 붉은색으로 기재하고, 소유자의 서명 또는 날인을 받아야 한다(규정 제16조 제2항).

측량의뢰인은 전화 또는 인터넷 등 정보통신망을 사용하여 측량을 의뢰할 수 있으며, 이 경우 지적측량수행자는 규칙 별지 제15호 서식에 의뢰내용을 기록하여 저장할 수 있고(규정 제16조 제3항), 기록내용은 측량의뢰서로 갈음한다(규정 제16조 제4항).

4.2 지적측량 의뢰 등

법 제24조 제1항에 따라 지적측량을 의뢰하려는 자는 별지 제15호 서식의 지적측량 의뢰서(전자문서로 된 의뢰서를 포함한다)에 의뢰 사유를 증명하는 서류(전자문서를 포함한다)를 첨부하여 지적측량수행자에게 제출하여야 한다(규칙 제25조 제1항).

지적측량수행자는 제1항에 따른 지적측량 의뢰를 받은 때에는 측량기간, 측량일자 및 측량 수수료 등을 적은 별지 제16호 서식의 지적측량 수행계획서를 그 다음 날까지 지적소관청에 제출하여야 한다. 제출한 지적측량 수행계획서를 변경한 경우에도 같다(규칙 제25조 제2항).

지적측량의 측량기간은 5일로 하며, 측량검사기간은 4일로 한다. 다만, 지적기준점을 설치하여 측량 또는 측량검사를 하는 경우 지적기준점이 15점 이하인 경우에는 4일을, 15점을 초과하는 경우에는 4일에 15점을 초과하는 4점마다 1일을 가산한다(규칙 제25조 제3항).

제3항에도 불구하고 지적측량 의뢰인과 지적측량수행자가 서로 합의하여 따로 기간을 정하는 경우에는 그 기간에 따르되, 전체 기간의 4분의 3은 측량기간으로, 전체 기간의 4분의 1은 측량검사기간으로 본다(규칙 제25조 제4항).

〈공간정보의 구축 및 관리 등에 관한 법률 시행규칙 별지 서식 제15호〉

지적측량 의뢰서

(앞쪽)

상담번호	상담일	측량 예정일	처리기간 아래참조

의뢰인	성명	주민등록번호(사업자등록번호)
	전화번호	소유자와의 관계
	전자메일주소	
	주소	

토지소재		지번	지목	원면적 (m^2)	분할후 예정 면적	축척	측량 종목	필지 수	단가	수수료	용도 지역
구 · 읍 · 면	동 · 리										
계											

측량목적 또는 요망사항

신청 방법	영수증 발급 구분	측량성과도 받는 방법	신청대행
[ ]방문 [ ]전화 [ ]팩스 [ ]인터넷 [ ]우편 [ ]기타	[ ]현금영수증 [ ]세금계산서	[ ]본인수령 [ ]우 송	[ ]공부정리신청 [ ]등본신청 대장 통

「공간정보의 구축 및 관리 등에 관한 법률」 제24조 제1항 및 같은 법 시행규칙 제25조 제1항에 따라 위와 같이 의뢰합니다.

년 월 일

의뢰인 (서명 또는 인)

상담자 (서명 또는 인)

귀하

첨부서류	의뢰 사유를 증명하는 서류	수수료 국토교통부장관의 고시에 따름

처리기간
1. 일반업무 • 측량 5일, 검사 4일(※ 지적측량기준점 설치 시 15점 이하는 4일, 15점을 초과할 때는 4점마다 1일 가산) 2. 계약업무 • 계약에 의한 경우에는 협의 또는 계약에 의한 기간

210mm×297mm[백상지 80g/㎡(재활용품)]

5 지적측량성과 검사, 보관 및 열람

5.1 지적측량성과의 검사, 보관 등

1) 지적측량성과의 검사

지적측량수행자가 제23조에 따라 지적측량을 하였으면 시·도지사, 대도시 시장(「지방자치법」 제175조에 따라 서울특별시·광역시 및 특별자치시를 제외한 인구 50만 이상의 시의 시장을 말한다. 이하 같다) 또는 지적소관청으로부터 측량성과에 대한 검사를 받아야 한다. 다만, 지적공부를 정리하지 아니하는 측량으로서 국토교통부령으로 정하는 측량의 경우에는 그러하지 아니하다(법 제25조 제1항).

제1항에 따른 지적측량성과의 검사방법 및 검사절차 등에 필요한 사항은 국토교통부령으로 정한다(법 제25조 제2항).

지적측량성과의 검사와 관련하여 시·도지사, 대도시 시장 또는 지적소관청은 별지 제4호 서식의 지적측량 성과검사 정리부를 작성·비치하고, 지적측량수행계획서를 받은 때와 지적측량성과검사 요청이 있는 때에는 그 처리내용을 기재하여야 한다(규정 제17조 제1항).

지적측량수행자가 지적도근점측량을 한 때에는 제12조 제1항에 따라 지적도근점측량성과와 경계가 부합하는지를 확인한 측량결과도를 지적도근점측량성과와 함께 지적소관청에 제출하여야 한다(규정 제17조 제2항).

시·도지사, 대도시 시장 또는 지적소관청은 지적측량수행계획서에 기재된 측량기간·측량일자 등을 확인하여 측량이 지연되는 일이 없도록 조치하여야 한다(규정 제17조 제3항). 그리고 지적측량수행자는 지적측량성과검사를 위하여 측량결과도의 작성에 관한 제 규정 이행여부를 확인하여 검사를 의뢰하여야 한다(규정 제17조 제4항).

〈지적업무처리규정 별지 서식 제4호〉

지적측량성과 검사정리부

결재	토지소재		지번(지번수 또는 지적측량 기준점수)	축척	측량의뢰		측량시행			측량성과 제출				측량성과검사				지적사항		측량성과도 교부		비고
	읍·면	동·리			월일	번호	착수 월일	완료 월일	측량자	월일	번호	측량부 또는 측량 결과도	면적 측정부	월일	실지	도상	검사자	월일	지시 내용	월일	번호	

297mm×210mm[보존용지(2종) 70g/㎡]

2) 지적측량성과의 결정

지적측량성과와 검사 성과의 연결교차가 다음 각 호의 허용범위 이내일 때에는 그 지적측량성과에 관하여 다른 입증을 할 수 있는 경우를 제외하고는 그 측량성과로 결정하여야 한다(지적측량시행규칙 제27조 제1항).

1. 지적삼각점 : 0.20미터
2. 지적삼각보조점 : 0.25미터
3. 지적도근점
   가. 경계점좌표등록부 시행지역 : 0.15미터
   나. 그 밖의 지역 : 0.25미터
4. 경계점
   가. 경계점좌표등록부 시행지역 : 0.10미터
   나. 그 밖의 지역 : 10분의 3M밀리미터(M은 축척분모)

지적측량성과를 전자계산기기로 계산하였을 때에는 그 계산성과자료를 측량부 및 면적측정부로 본다(지적측량시행규칙 제27조 제2항).

3) 지적측량성과의 검사방법 등

법 제25조 제1항 단서에서 "국토교통부령으로 정하는 측량의 경우"란 경계복원측량 및 지적현황측량을 하는 경우를 말한다(지적측량시행규칙 제28조 제1항).

법 제25조 제2항에 따른 지적측량성과의 검사방법과 검사절차는 다음 각 호와 같다(지적측량시행규칙 제28조 제2항).

1. 지적측량수행자는 측량부·측량결과도·면적측정부, 측량성과 파일 등 측량성과에 관한 자료(전자파일 형태로 저장한 매체 또는 인터넷 등 정보통신망을 이용하여 제출하는 자료를 포함한다)를 지적소관청에 제출하여 그 성과의 정확성에 관한 검사를 받아야 한다. 다만, 지적삼각점측량성과 및 경위의측량방법으로 실시한 지적확정측량성과인 경우에는 다음 각 목의 구분에 따른 검사를 받아야 한다.
   가. 국토교통부장관이 정하여 고시하는 면적 규모 이상의 지적확정측량성과 : 시·도지사 또는 대도시 시장(「지방자치법」 제175조에 따라 서울특별시·광역시 및 특별시를 제외한 인구 50만 이상 대도시의 시장을 말한다. 이하 같다).
   나. 국토교통부장관이 정하여 고시하는 면적 규모 미만의 지적확정측량 성과 : 지적소관청
2. 시·도지사 또는 대도시 시장은 제1호의 검사를 하였을 때에는 그 결과를 지적소관청에 통지하여야 한다.

3. 지적소관청은 「건축법」 등 관계 법령에 따른 분할제한 저촉 여부 등을 판단하여 측량성과가 정확하다고 인정하면 지적측량성과도를 지적측량수행자에게 발급하여야 하며, 지적측량수행자는 측량의뢰인에게 그 지적측량성과도를 포함한 지적측량 결과부를 지체 없이 발급하여야 한다. 이 경우 검사를 받지 아니한 지적측량성과도는 측량의뢰인에게 발급할 수 없다.

지적측량시행규칙 제28조 제2항에 따른 측량성과에 관한 자료의 제출방법 및 절차, 지적측량성과도의 작성방법 등에 관하여 필요한 사항은 국토교통부장관이 정한다(지적측량시행규칙 제28조 제2항).

(1) 지적측량성과의 검사항목

「지적측량 시행규칙」 제28조 제2항에 따른 지적측량성과검사를 할 때에는 다음 각 호의 사항을 검사하여야 한다(규정 제26조).

1. 기초측량
   - 가. 기지점사용의 적정여부
   - 나. 지적기준점설치망 구성의 적정여부
   - 다. 관측각 및 거리측정의 정확여부
   - 라. 계산의 정확여부
   - 마. 지적기준점 선점 및 표지설치의 정확여부
   - 바. 지적기준점성과와 기지경계선과의 부합여부
2. 세부측량
   - 가. 기지점사용의 적정여부
   - 나. 측량준비도 및 측량결과도 작성의 적정여부
   - 다. 기지점과 지상경계와의 부합여부
   - 라. 경계점 간 계산거리(도상거리)와 실측거리의 부합여부
   - 마. 면적측정의 정확여부
   - 바. 관계법령의 분할제한 등의 저촉 여부. 다만, 제20조 제3항은 제외한다.

(2) 지적측량성과의 검사방법 등

세부측량(지적공부를 정리하지 아니하는 세부측량을 포함한다)을 하기 전에 기초측량을 한 경우에는 미리 지적기준점성과에 대한 검사를 받은 후에 세부측량을 하여야 한다. 다만, 지적소관청과 사전 협의를 한 경우에는 지적기준점성과와 세부측량성과(지적공부를 정리하지 아니하는 세부측량은 제외한다)를 동시에 검사할 수 있다(규정 제27조 제1항).

전자평판측량에 따른 측량성과 파일은 도형자료와 속성자료 간의 일치성과 유효성

을 검증하기 위하여 다음 각 호의 사항을 실시하고 최종적으로 종번(終番) 검사를 실시하여야 한다(규정 제27조 제2항).

1. 면적공차 초과 검증
2. 누락필지 및 원필지 중복객체 검증
3. 지번중복 검증 및 도곽의 적정성 여부 검사
4. 법정 리·동계 및 축척 간 접합 중복 검사
5. 폐쇄도면 중첩검사
6. 성과레이어 중첩검사
7. 이격거리 측정 및 필계점 좌표 확인
8. 측정점위치설명도 작성의 적정 여부
9. 주위필지와의 부합여부
10. 그 밖에 필요한 사항

지적소관청은 지적측량검사가 완료된 측량성과 파일을 부동산종합공부시스템에 등록하여야 한다(규정 제27조 제3항).

「지적측량 시행규칙」 제28조에 따른 측량성과의 검사방법은 다음 각 호와 같다(규정 제27조 제4항).

1. 측량성과를 검사하는 때에는 측량자가 실시한 측량방법과 다른 방법으로 한다. 다만, 부득이한 경우에는 그러하지 아니한다.
2. 지적삼각점측량 및 지적삼각보조점측량은 신설된 점을, 지적도근점측량은 주요 도선별로 지적도근점을 검사한다. 이 경우 후방교회법으로 검사할 수 있다. 다만, 구하고자 하는 지적기준점이 기지점과 같은 원주상에 있는 경우에는 그러하지 아니하다.
3. 세부측량결과를 검사할 때에는 새로 결정된 경계를 검사한다. 이 경우 측량성과 검사시에 확인된 지역으로서 측량결과도만으로 그 측량성과가 정확하다고 인정되는 경우에는 현지측량검사를 하지 아니할 수 있다.
4. 면적측정검사는 필지별로 한다.
5. 측량성과 파일의 검사는 지적전산정보시스템(검사시스템을 포함한다)으로 한다.
6. 지적측량수행자와 동일한 전자측량시스템을 이용하여 세부측량시 측량성과의 정확성을 검사할 수 있다.

시·도지사, 대도시 시장 또는 지적소관청은 측량성과를 검사하여 그 측량성과가 정확하다고 인정되는 경우에는 측량부·측량결과도·면적측정부 및 측량성과도에 측량성과검사 필인을 각각 날인하여야 한다(규정 제27조 제5항).

시・도지사, 대도시 시장 또는 지적소관청은 측량성과 검사결과 측량성과가 부정확하다고 판단되는 경우에는 제17조에 따라 지적측량수행자가 제출한 측량성과를 보완하도록 조치하고, 측량성과검사정리부에 그 사유를 기재한다. 이 경우 측량성과 검사결과 제26조 제2호 바목 본문에 해당되는 경우에는 지적측량수행자에게 측량성과에 관한 자료를 되돌려 주고 그 사유를 지적측량 성과검사 정리부 비고란에 붉은색으로 기재한다(규정 제27조 제6항).

국토교통부장관은 법 제99조 제1항 제1호에 따라 지적측량수행자의 고의 또는 과실로 인한 지적측량 민원발생을 사전에 예방하고, 지적측량성과의 정확성을 확보하기 위하여 시・도지사에게는 표본검사를, 한국국토정보공사 사장에게는 기술검사를 실시하게 할 수 있다(규정 제27조 제7항).

시・도지사는 지적공부를 정리한 측량성과에 대하여 연 1회 이상 표본검사를 실시하여야 하며, 그 결과 검사사항이 법령 등에 위배된다고 판단되는 경우에는 국토교통부장관에게 보고하여야 한다(규정 제27조 제8항).

시・도지사는 지적측량업자가 법 제45조에서 정한 지적측량업무를 수행한 측량성과에 대하여는 정기적으로 표본검사를 시행하여야 하며, 그 결과 법령 등에 위배된다고 판단되는 경우에는 필요한 조치를 하여야 한다(규정 제27조 제9항).

공사 사장은 「지적측량 시행규칙」 제28조 제1항에 따른 경계복원측량 및 지적현황측량성과에 대하여 시・도본부별로 연 1회 이상 기술검사를 실시하여야 하며, 그 결과 법령 등에 위배된다고 판단되는 경우에는 필요한 조치를 취하고 그 내용을 국토교통부장관에게 보고하여야 한다(규정 제27조 제10항).

(3) 측량성과도의 작성방법

「지적측량 시행규칙」 제28조 제2항 제3호에 따른 측량성과도(측량결과도에 따라 작성한 측량성과도면을 말한다)의 문자와 숫자는 레터링 또는 전자측량시스템에 따라 작성하여야 한다(규정 제28조 제1항).

측량성과도의 명칭은 신규등록, 등록전환, 분할, 지적확정, 경계복원, 지적현황, 지적복구 또는 등록사항정정측량성과도로 한다. 이 경우 경계점좌표로 등록된 지역인 경우에는 명칭 앞에 "(좌표)"라 기재한다(규정 제28조 제2항).

경계점좌표로 등록된 지역의 측량성과도에는 경계점 간 계산거리를 기재하여야 한다(규정 제28조 제3항).

분할측량성과도를 작성하는 때에는 측량 대상토지의 분할선은 붉은색 실선으로, 점유현황선은 붉은색 점선으로 표시하여야 한다. 다만, 경계와 점유현황선이 같을 경우에는 그러하지 아니하다(규정 제28조 제4항).

규정 제20조 제3항에 따라 분할측량성과 등을 결정하였을 때에는 "인 · 허가 내용을 변경하여야 지적공부정리가 가능함"이라고 붉은색으로 표시하여야 한다(규정 제28조 제5항).

경계복원측량성과도를 작성하는 때에는 복원된 경계점은 직경 2밀리미터 이상 3밀리미터 이하의 붉은색 원으로 표시하고, 측량 대상토지의 점유현황선은 붉은색 점선으로 표시하여야 한다. 다만, 필지가 작아 식별하기 곤란한 경우에는 복원된 경계점을 직경 1밀리미터 이상 1.5밀리미터 이하의 붉은색 원으로 표시할 수 있다(규정 제28조 제6항).

복원된 경계점과 측량 대상토지의 점유현황선이 일치할 경우에는 제6항에 따른 점유현황선의 표시를 생략하고, 경계복원측량성과도를 현장에서 작성하여 지적측량 의뢰인에게 발급할 수 있다(규정 제28조 제7항).

지적현황측량성과도를 작성하는 때에는 별표 5의 도시방법에 따라 현황구조물의 위치 등을 판별할 수 있도록 표시하여야 한다(규정 제32조 제8항).

〈지적현황측량성과도의 도시방법(규정 제32조 제8항)〉

기호	기호
위성기준	벤치
1등삼각점	우체통
2등삼각점	가스수치기
3등삼각점	벨브
4등삼각점	분전함
지적삼각점	제어기
지적삼각보조점	공중전화
지적도근점	신호등
수준점 (BM)	전주
시·도계	가로등
시·군계	전신주
읍·면계	차단기
리·동계	경보기
지적선	**도로표식**
현황선(붉은선)	안내
고가부	규제
도로	지시
가로수도로	주의
지하부	반사거울
교차부	광고판
지하도입구	사적지
교량	공중화장실
터널	우물
육교	담장
주차장	가드레인
철도	
버스정류장	
택시정류장	
휴지통	

기호		호	
	철책		녹지
	철조망		기념비
	성벽		분수대
	계단		묘지
	출입문		논
	석축		밭
	부록옹벽		과수원
	콘크리트옹벽		지호
	암반노출		지하철역
	경사		동상
	보도부력	**건**	**물**
	지하철공기통		부력견물
∅	지름	C	철근콘크리트
	유수방향		목조건물
맨	**홀**		벽돌건물
Ⓦ W	상수도		무벽사
Ⓢ S	하수도	**노선경과**	
Ⓔ E	전기		기점
Ⓟ P	전화		종점
Ⓖ G	가스		통과
Ⓐ A	공동구	**노**	**면**
Ⓙ J	공업용수	C	콘크리트
	빗물받이	A	아스팔트
	소화전	K	부력
	급수탑	O	사다리
	철탑		
	활엽수		
	침엽수		
	독립수		

(4) 측량성과도의 발급

「지적측량 시행규칙」 제28조 제2항 제2호에 따라 시・도지사 및 대도시 시장으로부터 지적측량성과 검사결과 측량성과가 정확하다고 통지를 받은 지적소관청은 「지적측량 시행규칙」 제28조 제2항 제3호에 따라 측량성과 및 지적측량성과도를 지적측량수행자에게 발급하여야 한다(규정 제29조 제1항).

「지적측량 시행규칙」 제28조 제1항의 경계복원측량과 지적현황측량을 완료하고 발급한 측량성과와 「지적측량 시행규칙」 제28조 제2항 제3호 전단에 따라 지적측량수행자가 지적측량의뢰인에게 측량성과도를 송부하고자 하는 때에는 지체 없이 등기우편으로 송달하거나 직접 발급하여야 한다(규정 제29조 제2항).

측량성과도를 전자측량시스템으로 작성한 경우 측량의뢰인이 파일로 제공할 것을 요구하면 편집이 불가능한 파일형식으로 변환하여 측량성과를 파일로 제공할 수 있다(규정 제29조 제3항).

지적소관청은 제20조 제3항에 따라 측량성과를 결정한 경우에는 그 측량성과에 따라 각종 인가・허가 등이 변경되어야 지적공부정리신청을 할 수 있다는 뜻을 지적측량성과도에 표시하고, 지적측량의뢰인에게 알려야 한다(규정 제29조 제4항).

지적소관청은 지적측량성과도를 발급한 토지에는 지적공부정리 신청여부를 조사하여 필요한 조치를 하여야 한다(규정 제29조 제5호).

5.2 지적기준점성과의 보관 및 열람 등

시・도지사나 지적소관청은 지적기준점성과(지적기준점에 의한 측량성과를 말한다. 이하 같다)와 그 측량기록을 보관하고 일반인이 열람할 수 있도록 하여야 한다(법 제27조 제1항). 지적기준점성과의 등본이나 그 측량기록의 사본을 발급받으려는 자는 국토교통부령으로 정하는 바에 따라 시・도지사나 지적소관청에 그 발급을 신청하여야 한다(법 제27조 제2항).

법 제27조에 따라 지적측량기준점성과 또는 그 측량부를 열람하거나 등본을 발급받으려는 자는 지적삼각점성과에 대해서는 특별시장・광역시장・특별자치시장・도지사・특별자치도지사(이하 "시・도지사"라 한다) 또는 지적소관청에 신청하고, 지적삼각보조점성과 및 지적도근점성과에 대해서는 지적소관청에 신청하여야 한다(규칙 제26조 제1항).

지적측량기준점성과 또는 그 측량부의 열람 및 등본발급 신청서는 별지 제17호 서식과 같고(규칙 제26조 제2항), 지적측량기준점성과 또는 그 측량부의 열람이나 등본발급 신청을 받은 해당 기관은 이를 열람하게 하거나 별지 제18호 서식의 지적측량기준점성과 등본을 발급하여야 한다(규칙 제26조 제3항).

〈공간정보의 구축 및 관리 등에 관한 법률 시행규칙 별지 서식 제17호〉

지적측량기준점성과 등의 [ ]열람 [ ]등본발급 신청서

접수번호	접수일	발급일	처리기간 즉시

신청인	성명	전화번호
	주소	

지적측량 기준점 종류 (신청수량)	[ ]지 적 삼 각 점 ( )
	[ ]지적삼각보조점 ( )
	[ ]지 적 도 근 점 ( )
	명칭 및 번호

사용목적	

「공간정보의 구축 및 관리 등에 관한 법률」 제27조 및 같은 법 시행규칙 제26조 제2항에 따라 위와 같이 신청합니다.

년 월 일

신청인 (서명 또는 인)

시 · 도지사
시장 · 군수 · 구청장 귀하

첨부서류	수수료			
없음	열 람	지 적 삼 각 점	1점당	300원
		지적삼각보조점	1점당	300원
		지 적 도 근 점	1점당	200원
	등본발급	지 적 삼 각 점	1점당	500원
		지적삼각보조점	1점당	500원
		지 적 도 근 점	1점당	400원

처리절차

신청서 제출 → 접 수 → 민원사무 처리부 등재 → 검 토 → 성과표 작성 → 직인 날인 → 발 급

신청인 시 · 도 · 시 · 군 · 구 (지적업무 담당부서)

210㎜×297㎜[일반용지 60g/㎡]

규칙 제26조와 관련하여 지적기준점성과 또는 그 측량부의 열람신청이 있는 때에는 신청종류와 수수료금액을 확인하여 신청서에 첨부된 수입증지를 소인한 후 담당공무원이 열람시킨다. 그리고 지적기준점성과 또는 측량부의 등본은 복사하거나 부동산종합공부시스템으로 작성하여 발급한다(규정 제11조 제1・2항).

6 지적측량 관련 위원회

6.1 지적위원회

다음 각 호의 사항을 심의・의결하기 위하여 국토교통부에 중앙지적위원회를 둔다(법 제28조 제1항).

1. 지적 관련 정책 개발 및 업무 개선 등에 관한 사항
2. 지적측량기술의 연구・개발 및 보급에 관한 사항
3. 제29조 제6항에 따른 지적측량 적부심사(適否審査)에 대한 재심사(再審査)
4. 제39조에 따른 측량기술자 중 지적분야 측량기술자(이하 "지적기술자"라 한다)의 양성에 관한 사항
5. 제42조에 따른 지적기술자의 업무정지 처분 및 징계요구에 관한 사항

제29조에 따른 지적측량에 대한 적부심사 청구사항을 심의・의결하기 위하여 특별시・광역시・특별자치시・도 또는 특별자치도(이하 "시・도"라 한다)에 지방지적위원회를 둔다(법 제28조 제2항).

중앙지적위원회와 지방지적위원회의 구성 및 운영에 필요한 사항은 대통령령으로 정한다(법 제28조 제3항).

6.2 중앙지적위원회

1) 중앙지적위원회의 구성

법 제28조 제1항에 따른 중앙지적위원회(이하 "중앙지적위원회"라 한다)는 위원장 1명과 부위원장 1명을 포함하여 5명 이상 10명 이하의 위원으로 구성한다(영 제20조 제1항).

위원장은 국토교통부의 지적업무 담당 국장이, 부위원장은 국토교통부의 지적업무 담당 과장이 된다(영 제20조 제2항).

위원은 지적에 관한 학식과 경험이 풍부한 사람 중에서 국토교통부장관이 임명하거나 위촉한다(영 제20조 제3항).

위원장 및 부위원장을 제외한 위원의 임기는 2년으로 한다(영 제20조 제4항).

중앙지적위원회의 간사는 국토교통부의 지적업무 담당 공무원 중에서 국토교통부장관이 임명하며, 회의 준비, 회의록 작성 및 회의 결과에 따른 업무 등 중앙지적위원회의 서무를 담당한다(영 제20조 제5항).

중앙지적위원회의 위원에게는 예산의 범위에서 출석수당과 여비, 그 밖의 실비를 지급할 수 있다. 다만, 공무원인 위원이 그 소관 업무와 직접적으로 관련되어 출석하는 경우에는 그러하지 아니하다(영 제20조 제6항).

2) 중앙지적위원회의 회의 등

중앙지적위원회 위원장은 회의를 소집하고 그 의장이 된다(영 제21조 제1항).

위원장이 부득이한 사유로 직무를 수행할 수 없을 때에는 부위원장이 그 직무를 대행하고, 위원장 및 부위원장이 모두 부득이한 사유로 직무를 수행할 수 없을 때에는 위원장이 미리 지명한 위원이 그 직무를 대행한다(영 제21조 제2항).

중앙지적위원회의 회의는 재적위원 과반수의 출석으로 개의(開議)하고, 출석위원 과반수의 찬성으로 의결한다(영 제21조 제3항).

중앙지적위원회는 관계인을 출석하게 하여 의견을 들을 수 있으며, 필요하면 현지조사를 할 수 있다(영 제21조 제4항).

위원장이 중앙지적위원회의 회의를 소집할 때에는 회의 일시·장소 및 심의 안건을 회의 5일 전까지 각 위원에게 서면으로 통지하여야 한다(영 제21조 제5항).

위원이 법 제29조 제6항에 따른 재심사 시 그 측량 사안에 관하여 관련이 있는 경우에는 그 안건의 심의 또는 의결에 참석할 수 없다(영 제21조 제6항).

국토교통부장관, 시·도지사, 지적소관청은 토지등록업무의 개선 및 지적측량기술의 연구·개발 등의 장기계획안을 중앙지적위원회에 제출할 수 있다(규정 제32조 제1항).

중앙지적위원회는 제1항 및 제3항에 따른 안건이 접수된 때에는 영 제21조에 따라 위원회의 회의를 소집하여 안건 접수일로부터 30일 이내에 심의·의결하고, 그 의결 결과를 지체 없이 국토교통부장관에게 송부하여야 한다(규정 제32조 제4항). 그리고 국토교통부장관은 제4항에 따라 의결된 결과를 송부받은 때에는 이를 시행하기 위하여 필요한 조치를 하여야 하고, 중·단기계획 제출자에게는 그 의결 결과를 통지하여야 한다(규정 제32조 제5항).

3) 위원의 제척 · 기피 · 회피

중앙지적위원회의 위원이 다음 각 호의 어느 하나에 해당하는 경우에는 중앙지적위원회의 심의·의결에서 제척(除斥)된다(영 제20조의2 제1항).

1. 위원 또는 그 배우자나 배우자이었던 사람이 해당 안건의 당사자가 되거나 그 안건의 당사자와 공동권리자 또는 공동의무자인 경우
2. 위원이 해당 안건의 당사자와 친족이거나 친족이었던 경우
3. 위원이 해당 안건에 대하여 증언, 진술 또는 감정을 한 경우
4. 위원이나 위원이 속한 법인·단체 등이 해당 안건의 당사자의 대리인이거나 대리인이었던 경우
5. 위원이 해당 안건의 원인이 된 처분 또는 부작위에 관여한 경우

해당 안건의 당사자는 위원에게 공정한 심의·의결을 기대하기 어려운 사정이 있는 경우에는 중앙지적위원회에 기피 신청을 할 수 있고, 중앙지적위원회는 의결로 이를 결정한다. 이 경우 기피 신청의 대상인 위원은 그 의결에 참여하지 못한다(영 제20조의2 제2항).

위원이 제1항 각 호에 따른 제척 사유에 해당하는 경우에는 스스로 해당 안건의 심의·의결에서 회피(回避)하여야 한다(영 제20조의2 제3항).

4) 위원의 해임 · 해촉

국토교통부장관은 중앙지적위원회의 위원이 다음 각 호의 어느 하나에 해당하는 경우에는 해당 위원을 해임하거나 해촉(解囑)할 수 있다(영 제20조의3).

1. 심신장애로 인하여 직무를 수행할 수 없게 된 경우
2. 직무태만, 품위손상이나 그 밖의 사유로 인하여 위원으로 적합하지 아니하다고 인정되는 경우
3. 제20조의2제1항 각 호의 어느 하나에 해당하는 데에도 불구하고 회피하지 아니한 경우

6.3 지방지적위원회

1) 지방지적위원회의 구성 등

법 제28조 제2항에 따른 지방지적위원회의 구성 및 회의 등에 관하여는 제20조, 제20조의2, 제20조의3, 제21조 및 제22조를 준용한다. 이 경우 제20조, 제20조의2, 제20조의3, 제21조 및 제22조 중 "중앙지적위원회"는 "지방지적위원회"로, "국토교통부"는 "시·도"로, "국토교통부장관"은 "특별시장·광역시장·특별자치시장·도지사 또는 특

별자치도지사"로, "법 제29조 제6항에 따른 재심사"는 "법 제29조 제1항에 따른 지적측량 적부심사"로 본다(영 제23조).

7 지적측량 적부심사

7.1 지적측량 적부심사 신청 등

토지소유자, 이해관계인 또는 지적측량수행자는 지적측량성과에 대하여 다툼이 있는 경우에는 대통령령으로 정하는 바에 따라 관할 시·도지사를 거쳐 지방지적위원회에 지적측량 적부심사를 청구할 수 있다(법 제29조 제1항). 법 제29조 제1항에 따라 지적측량 적부심사(適否審査)를 청구하려는 자는 심사청구서에 다음 각 호의 구분에 따른 서류를 첨부하여 특별시장·광역시장·특별자치시장·도지사 또는 특별자치도지사(이하 "시·도지사"라 한다)를 거쳐 지방지적위원회에 제출하여야 한다(영 제24조 제1항).

1. 토지소유자 또는 이해관계인 : 지적측량을 의뢰하여 발급받은 지적측량성과
2. 지적측량수행자(지적측량수행자 소속 지적기술자가 청구하는 경우만 해당한다) : 직접 실시한 지적측량성과

제1항에 따른 지적측량 적부심사청구를 받은 시·도지사는 30일 이내에 다음 각 호의 사항을 조사하여 지방지적위원회에 회부하여야 한다(법 제29조 제2항).

1. 다툼이 되는 지적측량의 경위 및 그 성과
2. 해당 토지에 대한 토지이동 및 소유권 변동 연혁
3. 해당 토지 주변의 측량기준점, 경계, 주요 구조물 등 현황 실측도

시·도지사는 법 제29조 제2항 제3호에 따른 현황 실측도를 작성하기 위하여 필요한 경우에는 관계 공무원을 지정하여 지적측량을 하게 할 수 있으며, 필요하면 지적측량수행자에게 그 소속 지적기술자를 참여시키도록 요청할 수 있다(영 제24조 제2항).

제2항에 따라 지적측량 적부심사청구를 회부받은 지방지적위원회는 그 심사청구를 회부받은 날부터 60일 이내에 심의·의결하여야 한다. 다만, 부득이한 경우에는 그 심의기간을 해당 지적위원회의 의결을 거쳐 30일 이내에서 한 번만 연장할 수 있다(법 제29조 제3항).

〈공간정보의 구축 및 관리 등에 관한 법률 시행규칙 별지 서식 제19호〉

지적측량 적부심사 청구서

접수번호	접수일	처리기간 90일(30일 연장 가능)	
청구인	성명	생년월일(법인등록번호)	
	주소	전화번호	
대상 토지	지번	지목	면적(m^2)
	소재지		
청구 취지	※ 별지 작성 가능		
측량자	법인 명칭 또는 업체 명칭	성명	
	법인 명칭 또는 업체 명칭	성명	
	법인 명칭 또는 업체 명칭	성명	

「공간정보의 구축 및 관리 등에 관한 법률」 제29조 제1항, 같은 법 시행령 제24조 제1항 및 같은 법 시행규칙 제27조에 따라 위와 같이 심사청구 합니다.

년 월 일

청구인 (서명 또는 인)

시 · 도지사 귀하

첨부서류	1. 토지소유자 또는 이해관계인 : 지적측량을 의뢰하여 발급받은 지적측량성과 2. 지적측량수행자(지적측량수행자 소속 지적기술자가 청구하는 경우만 해당한다) : 직접 실시한 지적측량성과	수수료 없 음

처리절차

청구서 작성	→	접 수	→	청구서 검토 및 첨부서류 검토 (30일 이내)	→	지방지적위원회 회 부	→	위원회 소집	→	심의 · 의결 (60일 이내)
청구인		시 · 도		시 · 도		시 · 도		지방지적위원회		↓
				송 부	←	의결서 통지 (7일 이내)	←	의결 및 의결서 송부	←	필요시 조사측량
				청구인		시 · 도		지방지적위원회		지방지적위원회

210mm×297mm[백상지 80g/㎡(재활용품)]

지방지적위원회는 지적측량 적부심사를 의결하였으면 대통령령으로 정하는 바에 따라 의결서를 작성하여 시・도지사에게 송부하여야 한다(법 제29조 제4항).

시・도지사는 제4항에 따라 의결서를 받은 날부터 7일 이내에 지적측량 적부심사 청구인 및 이해관계인에게 그 의결서를 통지하여야 한다(법 제29조 제5항).

제5항에 따라 의결서를 받은 자가 지방지적위원회의 의결에 불복하는 경우에는 그 의결서를 받은 날부터 90일 이내에 국토교통부장관을 거쳐 중앙지적위원회에 재심사를 청구할 수 있다(법 제29조 제6항).

제6항에 따른 재심사청구에 관하여는 제2항부터 제5항까지의 규정을 준용한다. 이 경우 "시・도지사"는 "국토교통부장관"으로, "지방지적위원회"는 "중앙지적위원회"로 본다(법 제29조 제7항).

제7항에 따라 중앙지적위원회로부터 의결서를 받은 국토교통부장관은 그 의결서를 관할 시・도지사에게 송부하여야 한다(법 제29조 제8항).

시・도지사는 제4항에 따라 지방지적위원회의 의결서를 받은 후 해당 지적측량 적부심사 청구인 및 이해관계인이 제6항에 따른 기간에 재심사를 청구하지 아니하면 그 의결서 사본을 지적소관청에 보내야 하며, 제8항에 따라 중앙지적위원회의 의결서를 받은 경우에는 그 의결서 사본에 제4항에 따라 받은 지방지적위원회의 의결서 사본을 첨부하여 지적소관청에 보내야 한다(법 제29조 제9항).

제9항에 따라 지방지적위원회 또는 중앙지적위원회의 의결서 사본을 받은 지적소관청은 그 내용에 따라 지적공부의 등록사항을 정정하거나 측량성과를 수정하여야 한다(법 제29조 제10항).

제9항 및 제10항에도 불구하고 특별자치시장은 제4항에 따라 지방지적위원회의 의결서를 받은 후 해당 지적측량 적부심사 청구인 및 이해관계인이 제6항에 따른 기간에 재심사를 청구하지 아니하거나 제8항에 따라 중앙지적위원회의 의결서를 받은 경우에는 직접 그 내용에 따라 지적공부의 등록사항을 정정하거나 측량성과를 수정하여야 한다(법 제29조 제11항).

지방지적위원회의 의결이 있은 후 제6항에 따른 기간에 재심사를 청구하지 아니하거나 중앙지적위원회의 의결이 있는 경우에는 해당 지적측량성과에 대하여 다시 지적측량 적부심사청구를 할 수 없다(법 제29조 제12항).

7.2 지적측량 적부심사 의결

지방지적위원회는 법 제29조 제4항에 따라 지적측량 적부심사를 의결하였으면 위원장과 참석위원 전원이 서명 및 날인한 지적측량 적부심사 의결서를 지체 없이 시·도지사에게 송부하여야 한다(영 제25조 제1항).

시·도지사가 법 제29조 제5항에 따라 지적측량 적부심사 의결서를 지적측량 적부심사 청구인 및 이해관계인에게 통지할 때에는 법 제29조 제6항에 따른 재심사를 청구할 수 있음을 서면으로 알려야 한다(영 제25조 제2항).

7.3 지적측량 적부심사 재심사

법 제29조 제6항에 따른 지적측량 적부심사의 재심사 청구를 하려는 자는 재심사청구서에 지방지적위원회의 지적측량 적부심사 의결서 사본을 첨부하여 국토교통부장관을 거쳐 중앙지적위원회에 제출하여야 한다(영 제26조 제1항).

법 제29조 제7항에 따라 중앙지적위원회가 재심사를 의결하였을 때에는 위원장과 참석위원 전원이 서명 및 날인한 의결서를 지체 없이 국토교통부장관에게 송부하여야 한다(영 제26조 제2항).

〈공간정보의 구축 및 관리 등에 관한 법률 시행규칙 별지 서식 제20호〉

지적측량 적부재심사 청구서

접수번호	접수일	처리기간 90일(30일 연장 가능)

청구인	성명	생년월일(법인등록번호)
	주소	전화번호

대상 토지	지번	지목	면적(m^2)
	소재지		

청구 취지	※ 별지 작성 가능

측량자	법인 명칭 또는 업체 명칭	성명
	법인 명칭 또는 업체 명칭	성명
	법인 명칭 또는 업체 명칭	성명

「공간정보의 구축 및 관리 등에 관한 법률」 제29조 제6항, 같은 법 시행령 제26조 제1항 및 같은 법 시행규칙 제27조에 따라 위와 같이 재심사를 청구하오니 심사해 주시기 바랍니다.

년　　월　　일

청구인　　(서명 또는 인)

국토교통부장관 귀하

첨부서류	지적측량 적부심사 의결서 사본	수수료 없 음

처리절차

청구서 작성 (지방지적위원회의 의결서를 받은 날부터 90일 이내)	청구인
접 수	국토교통부
청구서 검토 및 첨부서류 검토 (30일 이내)	국토교통부
중앙지적 위원회 회 부	국토교통부
위원회 소집	중앙지적위원회
심의 · 의결 (60일 이내)	
필요시 조사측량	중앙지적위원회
의결 및 의결서 송부	중앙지적위원회
의결서 통지 (7일 이내)	국토교통부
송 부	청구인

210mm×297mm[백상지 80g/㎡(재활용품)]

〈공간정보의 구축 및 관리 등에 관한 법률 시행규칙 별지 서식 제21호〉

지적측량 적부(재)심사 의결서

청구인	성명	생년월일(법인등록번호)
	주소	
대상토지	시 군 구 / 읍 면 / 동 리 번지	
청구취지		
의결주문		
의결이유		

「공간정보의 구축 및 관리 등에 관한 법률 시행령」 제25조 · 제26조 및 같은 법 시행규칙 제28조에 따라 위와 같이 의결합니다.

년 월 일

중앙(지방)지적위원회위원장 직인

210mm×297mm[백상지 80g/㎡(재활용품)]

제4장 지적측량기술자 및 지적측량업

1. 측량기술자
2. 측량업
3. 협 회
4. 한국국토정보공사

제4장 지적측량기술자 및 지적측량업

1 측량기술자

1.1 측량기술자의 자격기준

이 법에서 정하는 측량(수로측량은 제외한다. 이하 이 절에서 같다)은 측량기술자가 아니면 할 수 없다(법 제39조 제1항).

측량기술자는 다음 각 호의 어느 하나에 해당하는 자로서 대통령령으로 정하는 자격기준에 해당하는 자이어야 하며, 대통령령으로 정하는 바에 따라 그 등급을 나눌 수 있다(법 제39조 제2항).

1. 「국가기술자격법」에 따른 측량 및 지형공간정보, 지적, 측량, 지도 제작, 도화(圖畵) 또는 항공사진 분야의 기술자격 취득자
2. 측량, 지형공간정보, 지적, 지도 제작, 도화 또는 항공사진 분야의 일정한 학력 또는 경력을 가진 자

측량기술자는 전문분야를 측량분야와 지적분야로 구분한다(법 제39조 제3항).

법 제39조 제2항에 따른 측량기술자의 자격기준과 등급은 별표 5와 같다(영 제32조).

측량기술자의 자격기준 등

1. 기술자
   「건설기술 진흥법」제2조 제8호에 따른 건설기술자인 측량기술자의 자격기준과 등급에 관하여는 「건설기술 진흥법 시행령」별표 1에서 정하는 바에 따른다.
2. 기능사
   「국가기술자격법」제9조 제1항 제1호에 따른 기능사인 측량기술자의 자격기준과 등급은 아래의 표와 같다.

기술등급	기술자격자	학력 · 경력자
고급기능사	• 기능사 자격을 취득한 사람으로서 7년 이상 해당 분야의 측량업무를 수행한 사람	
중급기능사	• 기능사 자격을 취득한 사람으로서 3년 이상 해당 분야의 측량업무를 수행한 사람	
초급기능사	• 기능사 자격을 가진 사람	가. 전문대학 졸업 이상의 학력을 가진 사람으로서 1년 이상 측량업무를 수행한 사람 나. 고등학교를 졸업한 사람으로서 3년 이상 측량업무를 수행한 사람 다. 국토교통부장관이 고시하는 교육기관에서 1년 이상 측량 관련 교육과정을 이수한 사람으로서 5년 이상 측량업무를 수행한 사람

비고

가. "기술자격자"는 「국가기술자격법」의 기술자격종목 측량 · 지도제작 · 도화(圖化) · 지적 또는 항공사진의 기술자격을 취득한 사람을 말한다.

나. "학력 · 경력자"는 다음 각 목의 어느 하나에 해당하는 사람을 말하며, 측량 및 지적 관련 학과의 범위, 경력 인정방법 및 절차 등은 국토교통부장관이 정한다.

1) 「초 · 중등교육법」 또는 「고등교육법」에 따른 해당 학교에서 측량 및 지적 관련 학과의 정해진 과정을 이수하고 졸업한 사람
2) 관계 법령에 따라 국내 또는 외국에서 1)과 같은 수준 이상의 이상의 학력이 있다고 인정되는 사람
3) 국토교통부장관이 고시하는 교육기관에서 정해진 측량 및 지적 관련 교육과정을 1년 이상 이수한 사람

다. "측량업무를 수행한 사람"은 측량 분야에서 계획 · 설계 · 실시 · 지도 · 감독 · 심사 · 감리 · 측량기기성능검사 · 조사 또는 연구업무를 수행한 사람과 측량분야 병과(兵科)에서 복무한 사람을 말한다.

라. 전문분야는 아래와 같이 구분한다.

구분	전문분야
측 량	측 량 지도제작 도 화 항공사진
지 적	지 적

마. 외국인의 기술자격 또는 학력 · 경력에 관하여는 해당 외국인의 국가와 우리나라 간 상호인정 협정 등에서 정하는 바에 따라 인정하되, 그 인정방법 및 등급에 관하여는 위 표의 기준을 준용한다.

1.2 측량기술자의 신고

측량업무에 종사하는 측량기술자(「건설기술 진흥법」 제2조 제8호에 따른 건설기술자인 측량기술자와 「기술사법」 제2조에 따른 기술사는 제외한다. 이하 이 조에서 같다)는 국토교통부령 또는 해양수산부령으로 정하는 바에 따라 근무처 · 경력 · 학력 및 자격 등(이하 "근무처 및 경력등"이라 한다)을 관리하는 데에 필요한 사항을 국토교통부장관 또는 해양수산부장관에게 신고할 수 있다. 신고사항의 변경이 있는 경우에도 같다(법 제40조 제1항).

법 제40조 제1항에 따라 신고 또는 변경신고를 하려는 측량기술자는 별지 제29호 서식의 측량기술자 경력신고서 또는 별지 제30호 서식의 측량기술자 경력변경신고서에 다음 각 호의 서류(전자문서를 포함한다)를 첨부하여 공간정보산업협회에 제출하여야 한다. 다만, 근무처의 퇴직 사실만을 신고하는 경우에는 제1호에 따른 서류는 생략할 수 있다(규칙 제43조 제1항).

1. 별지 제31호 서식의 측량기술자 경력확인서[사용자(대표자) 또는 발주자의 확인을 받은 것만 해당한다]
2. 국가기술자격증 사본(해당자만 첨부한다)
3. 졸업증명서(해당자만 첨부한다)
4. 사진(3×4센티미터) 1장(경력신고의 경우만 해당한다)
5. 경력 또는 경력변경사항을 증명할 수 있는 서류

국토교통부장관 또는 해양수산부장관은 제1항에 따른 신고를 받았으면 측량기술자의 근무처 및 경력 등에 관한 기록을 유지·관리하여야 한다(법 제40조 제2항).

국토교통부장관 또는 해양수산부장관은 측량기술자가 신청하면 근무처 및 경력등에 관한 증명서(이하 "측량기술경력증"이라 한다)를 발급할 수 있다(법 제40조 제3항). 공간정보산업협회는 측량기술경력증을 발급한 때에는 측량기술경력증 발급대장에 기록하고 관리하여야 하고(규칙 제43조 제3항), 측량기술자가 법 제40조 제3항에 따른 측량기술경력증을 발급, 갱신 또는 재발급받으려는 경우에는 별지 제34호 서식의 측량기술경력증 발급(신규·갱신·재발급) 신청서를 공간정보산업협회에 제출하여야 한다(규칙 제43조 제4항).

법 제40조 제5항에 따른 측량기술자의 근무처 및 경력등의 확인은 별지 제35호 서식의 측량기술자 경력증명서 및 별지 제36호 서식의 측량기술자 보유증명서에 따른다(규칙 제43조 제5항). 공간정보산업협회는 측량기술경력증 발급, 갱신 또는 재발급하거나 측량기술자 경력증명서 및 측량기술자 보유증명서를 발급하는 때에는 그 신청인으로부터 실비의 범위에서 수수료를 받을 수 있다(규칙 제43조 제6항). 공간정보산업협회는 제1항에 따른 신고 또는 변경신고를 받은 경우에는 관련 기관에 그 신고내용을 확인하여야 한다(규칙 제43조 제7항).

국토교통부장관 또는 해양수산부장관은 제1항에 따라 신고를 받은 내용을 확인하기 위하여 필요한 경우에는 중앙행정기관, 지방자치단체, 「초·중등교육법」 제2조 및 「고등교육법」 제2조의 학교, 신고를 한 측량기술자가 소속된 측량 관련 업체 등 관련 기관의 장에게 관련 자료를 제출하도록 요청할 수 있다. 이 경우 그 요청을 받은 기관의 장은 특별한 사유가 없으면 요청에 따라야 한다(법 제40조 제4항).

이 법이나 그 밖의 관계 법률에 따른 인가·허가·등록·면허 등을 하려는 행정기관의 장은 측량기술자의 근무처 및 경력등을 확인할 필요가 있는 경우에는 국토교통부장관 또는 해양수산부장관의 확인을 받아야 한다(법 제40조 제5항).

제1항부터 제5항까지에서 규정한 사항 외에 측량기술자의 신고, 기록의 유지·관리, 측량기술경력증의 발급 등에 필요한 사항은 국토교통부령 또는 해양수산부령으로 정한다(법 제40조 제6항).

1.3 측량기술자 의무

측량기술자는 신의와 성실로써 공정하게 측량을 하여야 하며, 정당한 사유 없이 측량을 거부하여서는 아니 된다(법 제41조 제1항).

측량기술자는 정당한 사유 없이 그 업무상 알게 된 비밀을 누설하여서는 아니 된다(법 제41조 제2항).

측량기술자는 둘 이상의 측량업자에게 소속될 수 없다(법 제41조 제3항).

측량기술자는 다른 사람에게 측량기술경력증을 빌려 주거나 자기의 성명을 사용하여 측량업무를 수행하게 하여서는 아니 된다(법 제41조 제4항).

1.4 측량기술자의 업무정지

국토교통부장관 또는 해양수산부장관은 측량기술자(「건설기술관리법」 제2조 제8호에 따른 건설기술자인 측량기술자는 제외한다)가 다음 각 호의 어느 하나에 해당하는 경우에는 1년(지적기술자의 경우에는 2년) 이내의 기간을 정하여 측량업무의 수행을 정지시킬 수 있다. 이 경우 지적기술자에 대하여는 대통령령으로 정하는 바에 따라 중앙지적위원회의 심의·의결을 거쳐야 한다(법 제42조 제1항).

1. 제40조 제1항에 따른 근무처 및 경력등의 신고 또는 변경신고를 거짓으로 한 경우
2. 제41조 제4항을 위반하여 다른 사람에게 측량기술경력증을 빌려 주거나 자기의 성명을 사용하여 측량업무를 수행하게 한 경우
3. 지적기술자가 제50조 제1항을 위반하여 신의와 성실로써 공정하게 지적측량을 하지 아니하거나 고의 또는 중대한 과실로 지적측량을 잘못하여 다른 사람에게 손해를 입힌 경우
4. 지적기술자가 제50조 제1항을 위반하여 정당한 사유 없이 지적측량 신청을 거부한 경우

국토교통부장관은 다음 각 호의 어느 하나에 해당하는 경우 법 제42조 제1항 각 호 외

의 부분 후단에 따라 중앙지적위원회에 지적기술자의 업무정지 처분에 관한 심의를 요청하여야 한다(영 제32조의2제1항).

1. 국토교통부장관이 법 제42조 제1항 각 호의 어느 하나에 해당하는 사항을 발견(지적소관청으로부터 통보받은 경우를 포함한다)한 경우
2. 시 · 도지사가 법 제42조 제1항 각 호의 위반 사실을 발견(지적소관청으로부터 통보받은 경우를 포함한다)하여 국토교통부장관에게 통보한 경우

중앙지적위원회는 제1항에 따른 심의 요청이 있는 경우 지적기술자의 업무정지에 관하여 심의 · 의결하고, 그 결과를 지체 없이 국토교통부장관에게 보내야 한다(영 제32조의2 제2항). 국토교통부장관은 제2항에 따른 심의 · 의결 결과를 받은 경우 지체 없이 처분하고, 그 사실을 시 · 도지사에게 통지하여야 한다(영 제32조의2제3항).

법 제42조 제1항에 따른 측량기술자(지적기술자는 제외한다)의 업무정지의 기준은 다음 각 호의 구분과 같다(규칙 제44조 제1항).

1. 법 제40조 제1항에 따른 근무처 및 경력등의 신고 또는 변경신고를 거짓으로 한 경우 : 1년
2. 법 제41조 제4항을 위반하여 다른 사람에게 측량기술경력증을 빌려 주거나 자기의 성명을 사용하여 측량업무를 수행하게 한 경우 : 1년

국토지리정보원장은 위반행위의 동기 및 횟수 등을 고려하여 다음 각 호의 구분에 따라 제1항에 따른 업무정지의 기간을 줄일 수 있다(규칙 제44조 제2항).

1. 최근 2년 이내에 업무정지처분을 받은 사실이 없는 경우 : 4분의 1 경감
2. 해당 위반행위가 과실 또는 상당한 이유에 의한 것으로서 보완이 가능한 경우 : 4분의 1 경감
3. 제1호와 제2호 모두에 해당할 경우 : 2분의 1 경감

법 제42조 제1항에 따른 지적기술자의 업무정지의 기준은 다음과 같다(규칙 제44조 제3항).

1. 일반기준

   국토교통부장관은 다음 각 목의 구분에 따라 업무정지의 기간을 줄일 수 있다.

   가. 최근 2년 이내에 업무정지 처분을 받은 사실이 없는 경우 : 4분의 1 경감

   나. 해당 위반행위가 과실 또는 상당한 이유에 의한 것으로서 보완이 가능한 경우 : 4분의 1 경감

   다. 가목과 나목 모두에 해당하는 경우 : 2분의 1 경감

2. 개별기준

위반사항	해당법조문	행정처분 기준
가. 법 제40조 제1항에 따른 근무처 및 경력 등의 신고 또는 변경신고를 거짓으로 한 경우	법 제42조 제1항 제1호	1년
나. 법 제41조 제4항을 위반하여 다른 사람에게 측량기술경력증을 빌려 주거나 자기의 성명을 사용하여 측량업무를 수행하게 한 경우	법 제42조 제1항 제2호	1년
다. 법 제50조 제1항을 위반하여 신의와 성실로써 공정하게 지적측량을 하지 아니한 경우 1) 지적측량수행자 소속 지적기술자가 영업정지기간 중에 이를 알고도 지적측량업무를 행한 경우 2) 지적측량수행자 소속 지적기술자가 법 제45조에 따른 업무범위를 위반하여 지적측량을 한 경우	법 제42조 제1항 제3호	 2년 2년
라. 고의 또는 중과실로 지적측량을 잘못하여 다른 사람에게 손해를 입힌 경우 1) 다른 사람에게 손해를 입혀 금고 이상의 형을 선고 받고 그 형이 확정된 경우 2) 다른 사람에게 손해를 입혀 벌금 이하의 형을 선고 받고 그 형이 확정된 경우 3) 그 밖에 고의 또는 중대한 과실로 지적측량을 잘못하여 다른 사람에게 손해를 입힌 경우	법 제42조 제1항 제3호	 2년 1년6개월 1년
마. 지적기술자가 법 제50조 제1항을 위반하여 정당한 사유 없이 지적측량 신청을 거부한 경우	법 제42조 제1항 제4호	3개월

영 제32조의2제1항에 따른 지적기술자 업무정지 심의요청서는 별지 제36호의2 서식과 같고, 같은 조 제2항에 따른 지적기술자 업무정지 의결서는 별지 제36호의3 서식과 같으며, 같은 조 제3항에 따른 지적기술자 업무정지 처분서는 별지 제36호의4 서식과 같다(규칙 제44조 제4항).

국토교통부장관은 지적기술자가 제1항 각 호의 어느 하나에 해당하는 경우 위반행위의 횟수, 정도, 동기 및 결과 등을 고려하여 지적기술자가 소속된 한국국토정보공사 또는 지적측량업자에게 해임 등 적절한 징계를 할 것을 요청할 수 있다(법 제42조 제2항).

제1항에 따른 업무정지의 기준과 그 밖에 필요한 사항은 국토교통부령 또는 해양수산부령으로 정한다(법 제42조 제3항).

2 측량업

2.1 측량업의 구분

측량업은 다음 각 호의 업종으로 구분한다(법 제44조 제1항).

1. 측지측량업
2. 지적측량업
3. 그 밖에 항공촬영, 지도제작 등 대통령령으로 정하는 업종(공공측량업, 일반측량업, 연안조사측량업, 항공촬영업, 공간영상도화업, 영상처리업, 수치지도제작업, 지도제작업, 지하시설물측량업)(영 제34조 제1항)

그리고 측량업의 종류별 업무 내용은 별표 7과 같다(영 제34조 제2항).

〈공간정보의 구축 및 관리 등에 관한 법률 시행령 별표 7〉

측량업의 종류별 업무 내용

종류	업무내용
측지측량업	• 기본측량으로서 국가기준점의 측량 및 지형·지물에 대한 측량 • 공공측량업 및 일반측량업 업무 범위에 해당하는 사항
공공측량업	• 공공측량으로서 토지 및 지형·지물에 대한 측량 • 일반측량업 업무 범위에 해당하는 사항
일반측량업	• 공공측량(설계금액이 3천만원 이하인 경우로 한정한다)으로서 토지 및 지형·지물에 대한 측량 • 일반측량으로서 토지 및 지형·지물에 대한 측량 • 설계에 수반되는 조사측량과 측량 관련 도면의 작성 • 각종 인허가 관련 측량도면 및 설계도서의 작성
연안조사측량업	• 하천, 내수면, 연안지역 및 댐에 대한 측량과 이에 수반되는 토지에 대한 측량 및 데이터베이스 구축 • 기본측량의 성과로서의 기본도의 연장을 위한 연안조사측량과 이에 수반되는 토지에 대한 측량
항공촬영업	• 항공기를 이용한 측량용 공간영상정보 등의 촬영·제작과 데이터베이스 구축
공간영상도화업	• 측량용 사진과 위성영상을 이용한 도화기상에서의 지형·지물의 측정 및 묘사와 그에 관련된 좌표측량, 영상판독 및 현지조사
영상처리업	• 측량용 공간영상정보를 이용한 데이터베이스 구축, 정사사진지도제작 및 입체영상지도의 제작과 그에 관련된 좌표측량, 영상분석·지리조사 및 제작, 데이터의 입력·출력 및 편집
수치지도제작업	• 지도(수치지도 포함) 제작을 위한 지리조사, 영상판독, 데이터의 입력·출력 및 편집, 지형공간정보체계의 구축
지도제작업	• 지도책자 등을 간행하거나 인터넷 등 통신매체를 통하여 지도를 제공하기 위한 지리조사, 데이터의 입력·출력 및 편집·제도(스크라이브 포함) • 지적편집도 제작
지하시설물측량업	• 지하시설물에 대한 측량과 데이터베이스 구축
지적측량업	• 법 제73조에 따른 경계점좌표등록부가 있는 지역에서의 지적측량 • 「지적재조사에 관한 특별법」에 따른 사업지구에서 실시하는 지적재조사측량 • 법 제86조에 따른 도시개발사업 등이 끝남에 따라 하는 지적확정측량 • 지적전산자료를 활용한 정보화사업

측량업을 하려는 자는 업종별로 대통령령으로 정하는 기술인력·장비 등의 등록기준을 갖추어 국토교통부장관 또는 시·도지사에게 등록하여야 한다. 다만, 제58조에 따른 한국국토정보공사는 측량업의 등록을 하지 아니하고 제1항 제2호의 지적측량업을 할 수 있다(법 제44조 제2항).

국토교통부장관 또는 시·도지사는 제2항에 따른 측량업의 등록을 한 자(이하 "측량업자"라 한다)에게 측량업등록증 및 측량업등록수첩을 발급하여야 한다(법 제44조 제3항).

측량업자는 등록사항이 변경된 경우에는 국토교통부장관 또는 시·도지사에게 신고하여야 한다(법 제44조 제4항).

측량업의 등록, 등록사항의 변경신고, 측량업등록증 및 측량업등록수첩의 발급절차 등에 필요한 사항은 대통령령으로 정한다(법 제44조 제5항).

2.2 측량업의 등록 및 등록사항 변경

1) 측량업의 등록 등

법 제44조 제1항 제1호의 측지측량업과 이 영 제34조 제1항 제3호부터 제9호까지의 측량업은 국토교통부장관에게 등록하고, 법 제44조 제1항 제2호의 지적측량업과 이 영 제34조 제1항 제1호 및 제2호의 측량업은 특별시장·광역시장·특별자치시장 또는 도지사에게 등록하여야 한다. 다만, 특별자치도의 경우에는 법 제44조 제1항 제1호 및 제2호와 이 영 제34조 제1항 각 호의 측량업을 특별자치도지사에게 등록하여야 한다(영 제35조 제1항).

제1항에 따라 측량업의 등록을 하려는 자는 국토교통부령으로 정하는 신청서(전자문서로 된 신청서를 포함한다)에 다음 각 호의 서류(전자문서를 포함한다)를 첨부하여 국토교통부장관 또는 시·도지사에게 제출하여야 한다(영 제35조 제2항).

1. 별표 8에 따른 기술능력을 갖춘 사실을 증명하기 위한 다음 각 호의 서류
   가. 보유하고 있는 측량기술자의 명단
   나. 가목의 인력에 대한 측량기술 경력증명서
2. 별표 8에 따른 장비를 갖춘 사실을 증명하기 위한 다음 각 호의 서류
   가. 보유하고 있는 장비의 명세서
   나. 가목의 장비의 성능검사서 사본
   다. 소유권 또는 사용권을 보유한 사실을 증명할 수 있는 서류

〈공간정보의 구축 및 관리 등에 관한 법률 시행규칙 별지 서식 제37호〉

측량업 등록신청서

접수번호	접수일	발급일	처리기간 10일

신청인	성명	
	전화번호	
	주소	

신청사항	상호	업종
	전화번호	
	주된 영업소 소재지	

「공간정보의 구축 및 관리 등에 관한 법률」 제44조 제2항, 같은 법 시행령 제35조 제2항 및 같은 법 시행규칙 제46조에 따라 측량업 등록을 신청합니다.

년 월 일

신청인 (서명 또는 인)

국토지리정보원장
시 · 도지사 귀하

신청인 제출서류	1. 보유하고 있는 측량기술자의 명단 2. 제1호의 인력에 대한 측량기술 경력증명서(발급일로부터 1개월 이내의 것으로 한정합니다) 3. 보유하고 있는 장비의 명세서 4. 제3호의 장비의 성능검사서 사본 5. 소유권 또는 사용권을 보유한 사실을 증명할 수 있는 서류	수수료 2만원
국토교통부장관 또는 시 · 도지사 확인사항	1. 사업자등록증 또는 법인 등기사항증명서(법인인 경우에만 해당합니다) 2. 「국가기술자격법」에 따른 국가기술자격증(정보처리기사의 경우만 해당합니다)	

행정정보 공동이용 동의서

본인은 이 건 업무처리와 관련하여 국토교통부장관 또는 시 · 도지사가 「전자정부법」 제36조 제1항에 따른 행정정보의 공동이용을 통하여 위의 사업자등록증 및 국가기술자격증을 확인하는 것에 동의합니다. *동의하지 않는 경우에는 신청인이 직접 해당 서류의 사본을 제출해야 합니다.

신청인(대표자) (서명 또는 인)

처리절차

신청서 제출 (신청인) → 접 수 (관할기관 담당부서) → 민원서류 처리부 등재 (관할기관 담당부서) → 서류심사 (관할기관 담당부서) → 실태조사 (관할기관 담당부서) → 기안 · 결재 → 등록증 및 등록수첩 (관할기관 담당부서) → 관인날인 (관할기관 담당부서) → 발 급

210mm×297mm[백상지 80g/㎡(재활용품)]

제1항에 따른 등록신청을 받은 국토교통부장관 또는 시·도지사는 「전자정부법」 제36조 제1항에 따른 행정정보의 공동이용을 통하여 다음 각 호의 행정정보를 확인하여야 한다. 다만, 사업자등록증 및 제2호의 서류에 대해서는 신청인으로부터 확인에 대한 동의를 받고, 신청인이 확인에 동의하지 아니하는 경우에는 해당 서류의 사본을 첨부하도록 하여야 한다(영 제35조 제3항).

1. 사업자등록증 또는 법인등기부 등본(법인인 경우만 해당한다)
2. 「국가기술자격법」에 따른 국가기술자격(정보처리기사의 경우만 해당한다)

항공촬영업의 등록을 하려는 자는 별표 8의 등록기준을 갖추는 외에 「항공법」에 따른 항공기사용사업의 등록을 하여야 한다(영 제36조 제2항).

III 측량업의 등록기준

구분	기술인력	장비
측지측량업	1. 특급기술자 1명 이상 2. 고급기술자 1명 이상 3. 중급기술자 2명 이상 4. 초급기술자 2명 이상 5. 측량 분야의 초급기능사 2명 이상	1. 데오드라이트(1급 이상) 2조 이상 2. 레벨(1급, 인바제표척 포함) 1조 이상 3. 거리측정기(2급 이상) 1조 이상 또는 GPS수신기(1급) 2조 이상
공공측량업	1. 고급기술자 1명 이상 2. 중급기술자 2명 이상 3. 초급기술자 2명 이상 4. 측량 분야의 초급기능사 1명 이상	1. 데오드라이트(1급 이상) 1조 이상 2. 레벨(2급) 1조 이상 3. 거리측정기(3급 이상) 1조 이상 또는 GPS수신기(2급) 2조 이상
일반측량업	1. 고급기술자 1명 이상 2. 측량 분야의 초급기능사 1명 이상	1. 트랜싯(3급 이상) 또는 데오드라이트(3급 이상) 1조 이상 또는 GPS수신기(2급 이상) 2조 이상 2. 레벨(3급 이상) 1조 이상
연안조사측량업	1. 고급기술자 1명 이상 2. 중급기술자 1명 이상 3. 초급기술자 2명 이상 4. 측량 분야의 초급기능사 2명 이상	1. 음향측심기 1조 이상 2. 지층탐사기 1조 이상 3. GPS수신기(2급 이상) 2조 이상 4. 데오드라이트(1급 이상) 1조 이상 5. 레벨(2급 이상) 1조 이상 6. 검조의 1조 이상
항공촬영업	1. 특급기술자 1명 이상 2. 고급기술자 1명 이상 3. 항공사진 분야의 초급기능사 1명 이상	1. 촬영용 카메라 1대 이상 2. 촬영용 비행기 1대 이상 3. 삭제 〈2014.1.17〉

공간영상도화업	1. 고급기술자 1명 이상 2. 중급기술자 1명 이상 3. 초급기술자 1명 이상 4. 도화 분야의 초급기능사 2명 이상	1. 도화기(1급) 또는 수치사진측량장비 2조 이상 2. 데오드라이트(1급 이상) 1조 이상 또는 GPS수신기(2급 이상) 2조 이상 3. 레벨(2급 이상) 1조 이상
영상처리업	1. 고급기술자 1명 이상 2. 중급기술자 1명 이상 3. 초급기술자 1명 이상 4. 정보처리산업기사 1명 이상 5. 도화 또는 지도제작 분야의 초급기능사 1명 이상	1. 영상처리 소프트웨어 1식 이상 2. 출력장치 1대 이상 • 해상도 : 600DPI 이상 • 출력범위 : 600밀리미터×900밀리미터 이상 3. 데오드라이트(1급) 1조 이상 또는 GPS수신기(2급 이상) 2조 이상 또는 토털 스테이션(각도측정부 1급 및 거리측정부 2급 이상) 1조 이상 4. 레벨(2급 이상) 1조 이상
수치지도제작업	1. 고급기술자 1명 이상 2. 도화 분야 또는 지도제작 분야의 초급기능사 1명이상 3. 정보처리기사 1명 이상	1. 자동독취기(스캐너) 1대 이상 • 해상도 : 800DPI • 독취범위 : 1000밀리미터×600밀리미터 이상 2. 출력장치 1대 이상 • 해상도 : 600DPI • 출력범위 : 600밀리미터×900밀리미터 이상 3. 입력·출력 소프트웨어
지도제작업	지도제작 분야의 초급기능사 1명 이상	지도제작 입력·출력 소프트웨어 1식 이상
지하시설물 측량업	1. 고급기술자 1명 이상 2. 중급기술자 1명 이상 3. 초급기술자 1명 이상 4. 측량 분야의 초급기능사 1명 이상	1. 금속관로탐지기(탐사깊이 3미터기준) • 탐사위치의 정확도 : ±20센티미터 이내 • 탐사깊이의 정확도 : ±30센티미터 이내 2. 맨홀탐지기 1대 이상 3. 트랜싯(3급 이상) 1조 이상 또는 데오드라이트(3급 이상) 1조 이상 또는 GPS수신기(2급 이상) 2조 이상
지적측량업	1. 특급기술자 1명 또는 고급기술자 2명 이상 2. 중급기술자 2명 이상 3. 초급기술자 1명 이상 4. 지적 분야의 초급기능사 1명 이상	1. 토털 스테이션 1대 이상 2. 출력장치 1대 이상 • 해상도 : 2400DPI×1200DPI • 출력범위 : 600밀리미터×1060밀리미터 이상

비고

1. 기술인력 중 측지측량업·공공측량업·일반측량업·연안조사측량업·항공촬영업·공간영상도화업·영상처리업·지하시설물측량업 및 수치지도제작업의 기술자는 별표 5 비고의 제4호에 따른 측량 분야 기술자 또는 「건설기술관리법 시행령」 별표 1의 토목 분야의 측량 및 지형공간정보 기술자로 하고, 지적측량업의 측량기술자는 별표 5 비고의 제4호에 따른 지적 분야 기술자 또는 「건설기술관리법 시행령」 별표 1의 국토개발 분야의 지적 기술자로 한다.
2. 기술인력에 해당하는 사람은 상시 근무하는 사람이어야 하며, 「국가기술자격법」에 따라 그 자격이 정지된 사람과 이 법 또는 「건설기술관리법」에 따라 업무정지처분 중인 사람은 제외한다.
3. 상위등급의 기술인력으로 하위등급의 기술인력을 대체할 수 있다. 다만, 기술인력 중 기술자와 기능사는 상호 대체할 수 없다.
4. 장비기준 중 촬영용 카메라, 촬영용 비행기 및 도화기 외에는 자기 소유이어야 한다.

5. 지점을 두는 경우에는 지점마다 위 표에 따른 등록기준의 2분의 1에 해당하는 기술인력과 장비기준을 갖추어야 하며, 지점운영은 직영 형태로 하여야 한다.
6. 측지측량업・공공측량업・일반측량업・연안조사측량업 및 지하시설물측량업을 중복하여 신청하거나 항공촬영업・공간영상도화업・영상처리업 및 수치지도제작업을 중복하여 신청하는 경우에는 가장 높은 수준의 등록기준을 요구하는 업종은 100퍼센트 이상의 기준을 갖추고, 낮은 수준의 업종은 50퍼센트 이상의 기준을 갖추어야 한다.
7. 외국인이 측량업등록을 신청하는 경우에는 「상법」 제614조에 따라 영업소를 설치하고 등기하여야 한다.
8. 기술인력에 해당하는 사람 또는 임원이 외국인인 경우에는 「출입국관리법 시행령」 별표 1에 따른 주재・기업투자 또는 무역경영의 체류자격을 갖춘 사람이어야 한다.
9. 장비의 등급별 성능기준은 법 제92조 제4항에 따른 성능기준에 따르며 장비의 성능은 검사유효기간 이내의 것을 인정한다.
10. 측지측량업의 장비기준 중 데오드라이트(1급 이상) 1조와 거리측정기(2급 이상) 1조는 토털 스테이션(각도측정부 1급 이상, 거리측정부 2급 이상) 1조로, 공공측량업의 장비기준 중 데오드라이트(1급이상) 1조와 거리측정기(3급 이상) 1조는 토털 스테이션(각도측정부 1급 이상, 거리측정부 3급 이상) 1조로, 일반측량업 및 지하시설물측량업의 장비기준 중 트랜싯(3급 이상) 1조와 데오드라이트(3급 이상) 1조를 토털 스테이션(각도측정부 3급 이상, 거리측정부 3급 이상) 1조로, 연안조사측량업 및 공간영상도화업의 장비기준 중 데오드라이트(1급 이상) 1조를 토털 스테이션(각도측정부 1급 이상, 거리측정부 3급 이상) 1조로 대체할 수 있다.
11. 수치사진측량용 장비는 도화기(1급) 수준의 정확도를 갖춘 장비를 말한다.
12. 「엔지니어링산업 진흥법」에 따른 엔지니어링사업자 중 측량・지적 전문분야로 신고한 자 또는 「기술사법」에 다라 측량・지적 전문분야로 기술사사무소를 등록한 자가 측량업 등록을 하는 경우 이미 보유하고 있는 기술인력은 위 기준에 포함한다.

제2항에 따른 측량업의 등록신청을 받은 국토교통부장관 또는 시・도지사는 신청받은 날부터 14일 이내에 법 제44조에 따른 등록기준에 적합한지와 법 제47조 각 호의 결격사유가 없는지를 심사한 후 적합하다고 인정할 때에는 측량업등록부에 기록하고, 측량업등록증과 측량업등록수첩을 발급하여야 한다(영 제35조 제4항). 그리고 영 제35조 제4항에 따라 시・도지사는 지적측량업등록신청에 관한 적합여부를 심사하는 때에는 다음에 따라 처리한다(규정 제15조 제1항).

1. 등록신청에 따른 서류를 심사할 경우에는 정본(등본 또는 증명서)은 서류 확인으로, 사본은 담당공무원이 원본과 대조하여 확인한다.
2. 지적측량업을 등록하려는 개인, 법인의 대표자와 임원에 관한 신원조회는 등록지 시장・구청장 또는 읍・면장에게 의뢰한다.
3. 지적측량업의 등록번호는 시・도명에 업종코드와 전국일련번호를 합하여 정한다.

국토교통부장관 또는 시・도지사는 제2항에 따른 측량업의 등록신청이 등록기준에 적합하지 아니하다고 인정할 때에는 신청인에게 그 뜻을 통지하여야 한다(영 제35조 제5항). 그리고 국토교통부장관 또는 시・도지사는 법 제44조 제2항에 따라 등록을 하였을 때에는 이를 해당 기관의 게시판이나 인터넷 홈페이지에 10일 이상 공고하여야 한다(영 제35조 제6항).

2) 등록사항 변경

측량업의 등록을 한 자는 등록사항 중 다음 각 호의 어느 하나에 해당하는 사항을 변경하였을 때에는 법 제44조 제4항에 따라 변경된 날부터 30일 이내에 국토교통부령으로 정하는 바에 따라 변경신고를 하여야 한다. 다만, 제4호에 해당하는 사항을 변경한 때에는 그 변경이 있은 날부터 90일 이내에 변경신고를 하여야 한다(영 제37조 제1항).

1. 주된 영업소 또는 지점의 소재지
2. 상호
3. 대표자
4. 기술능력 및 장비

둘 이상의 측량업에 등록한 자가 제1항 제1호부터 제3호까지의 등록사항을 변경한 경우로서 제35조 제1항에 따라 등록한 기관이 같은 경우에는 이를 한꺼번에 신고할 수 있다(영 제37조 제2항).

영 제37조에 따라 등록사항을 변경하려는 측량업자는 별지 제41호 서식의 신고서(전자문서로 된 신고서를 포함한다)에 다음 각 호의 구분에 따른 서류(전자문서를 포함한다)를 첨부하여 국토지리정보원장 또는 시・도지사에게 제출하여야 한다(규칙 제48조 제1항).

1. 측량업용 장비 변경의 경우
   가. 변경된 장비의 명세서 및 그 장비의 성능검사서 사본
   나. 소유권 또는 사용권을 보유한 사실을 증명할 수 있는 서류
2. 보유하고 있는 측량기술인력 변경의 경우
   가. 입사하거나 퇴사한 기술인력의 명단
   나. 입사한 기술인력의 측량기술 경력증명서
   다. 입사・퇴사한 기술인력의 재직・퇴직증명서

〈공간정보의 구축 및 관리 등에 관한 법률 시행규칙 별지 서식 제41호〉

측량업 등록사항 변경신고서

접수번호	접수일	발급일	처리기간 10일

신청인	성명	사업자등록번호	
	전화번호		
	주소		
등록사항	등록번호	등록연월일	
	상호	업종	
변경사항	변경내용		
	변경전	변경후	
	사유		

「공간정보의 구축 및 관리 등에 관한 법률」 제44조 제4항, 같은 법 시행령 제37조 및 같은 법 시행규칙 제48조에 따라 등록사항의 변경을 신고합니다.

년 월 일

신청인 (서명 또는 인)

국토지리정보원장
시 · 도지사 귀하

구 분	신청인 제출서류	국토지리정보원장 또는 시 · 도지사 확인사항	수수료
주된 영업소 또는 지점의 소재지 변경 및 상호 변경의 경우	없음	변경사항이 기재된 사업자등록증 또는 법인 등기사항증명서(법인인 경우만 해당)	없음
법인 대표자 변경의 경우	없음	법인 등기사항증명서	
측량업용 장비 변경의 경우	1. 변경된 장비의 명세서 및 그 장비의 성능검사서 사본 2. 소유권 또는 사용권을 보유한 사실을 증명할 수 있는 서류	없음	
보유하고 있는 측량기술인력 변경의 경우	1. 입사하거나 퇴사한 기술인력의 명단 2. 입사한 기술인력의 측량기술 경력증명서 3. 입사 · 퇴사한 기술인력의 재직 · 퇴직증명서	「국가기술자격법」에 따른 국가기술자격증(정보처리기사만 해당합니다)	

행정정보 공동이용 동의서

본인은 이 건 업무처리와 관련하여 국토지리정보원장 또는 시 · 도지사가 「전자정부법」 제36조 제1항에 따른 행정정보의 공동이용을 통하여 사업자등록증 및 국가기술자격증을 확인하는 것에 동의합니다.

* 동의하지 않는 경우에는 신청인이 직접 해당 서류의 사본을 제출해야 합니다.

신청인(대표자) (서명 또는 인)

210㎜×297㎜[일반용지 60g/㎡]

제1항에 따른 신고서를 제출받은 국토지리정보원장 또는 시·도지사는 「전자정부법」 제36조 제1항에 따른 행정정보의 공동이용을 통하여 다음 각 호의 정보를 확인하여야 한다. 이 경우 제1호(사업자등록증만 해당한다) 및 제3호의 서류에 대해서는 신청인으로부터 확인에 대한 동의를 받고, 신청인이 확인에 동의하지 아니하는 경우에는 해당 서류의 사본을 첨부하도록 하여야 한다(규칙 제48조 제2항).

1. 주된 영업소 또는 지점의 소재지 변경 및 상호 변경의 경우 : 변경사항이 기재된 사업자등록증 또는 법인 등기사항증명서(법인인 경우만 해당한다)
2. 법인 대표자 변경의 경우 : 법인 등기사항증명서
3. 「국가기술자격법」에 따른 국가기술자격증(정보처리기사만 해당한다)

국토지리정보원장 또는 시·도지사는 법 제44조 제2항에 따른 측량업의 등록, 법 제44조 제4항에 따른 변경신고, 법 제48조에 따른 측량업의 휴업·폐업 등 신고 또는 법 제52조에 따른 측량업의 등록취소가 있는 경우에는 이를 공간정보산업협회에 통보하여야 한다(규칙 제50조).

2.3 지적측량업자의 업무범위

제44조 제1항 제2호에 따른 지적측량업의 등록을 한 자(이하 "지적측량업자"라 한다)는 제23조 제1항 제1호 및 제3호부터 제5호까지의 규정에 해당하는 사유로 하는 지적측량 중 다음 각 호의 지적측량과 지적전산자료를 활용한 정보화사업을 할 수 있다(법 제45조).

1. 제73조에 따른 경계점좌표등록부가 있는 지역에서의 지적측량
2. 「지적재조사에 관한 특별법」에 따른 사업지구에서 실시하는 지적재조사측량
3. 제86조에 따른 도시개발사업 등이 끝남에 따라 하는 지적확정측량

법 제45조에 따른 지적전산자료를 활용한 정보화사업에는 다음 각 호의 사업을 포함한다(영 제39조).

1. 지적도·임야도, 연속지적도, 도시개발사업 등의 계획을 위한 지적도 등의 정보처리시스템을 통한 기록·저장 업무
2. 토지대장, 임야대장의 전산화 업무

2.4 측량업자의 지위 승계

측량업자가 그 사업을 양도하거나 사망한 경우 또는 법인인 측량업자의 합병이 있는 경우에는 그 사업의 양수인·상속인 또는 합병 후 존속하는 법인이나 합병에 따라 설

립된 법인은 종전의 측량업자의 지위를 승계한다(법 제46조 제1항).

제1항에 따라 측량업자의 지위를 승계한 자는 그 승계 사유가 발생한 날부터 30일 이내에 대통령령으로 정하는 바에 따라 국토교통부장관, 해양수산부장관 또는 시・도지사에게 신고하여야 한다(법 제46조 제2항). 그리고 법 제46조 제2항에 따른 측량업자의 지위승계 신고는 제35조 제1항에 따라 등록한 기관에 하여야 하며(영 제40조 제1항), 신고 절차는 국토교통부령으로 정한다(영 제40조 제2항).

법 제46조에 따라 측량업자의 지위를 승계한 자가 영 제40조 제1항에 따라 측량업자 지위승계의 신고를 하려는 경우에는 다음 각 호의 구분에 따라 신고서에 해당 서류(전자문서로 된 신고서와 서류를 포함한다)를 첨부하여 영 제35조 제1항에 따라 등록한 기관에 제출하여야 한다(규칙 제51조 제1항).

1. 측량업 양도・양수 신고의 경우 : 별지 제43호 서식
   가. 양도・양수 계약서 사본
   나. 영 제35조 제2항 제1호 및 제2호의 서류
2. 측량업 상속 신고의 경우 : 별지 제44호 서식
   가. 상속인임을 증명할 수 있는 서류
   나. 영 제35조 제2항 제1호 및 제2호의 서류
3. 측량업 법인 합병 신고의 경우 : 별지 제45호 서식
   가. 합병계약서 사본
   나. 합병공고문
   다. 합병에 관한 사항을 의결한 총회 또는 창립총회의 결의서 사본
   라. 영 제35조 제2항 제1호 및 제2호의 서류

규칙 제51조 제1항에 따른 신고서(상속신고서는 제외한다)를 제출받은 기관은 「전자정부법」 제36조 제1항에 따른 행정정보의 공동이용을 통하여 사업자등록증 또는 법인 등기사항증명서(신고인이 법인인 경우만 해당한다)를 확인하여야 한다. 이 경우 사업자등록증에 대해서는 신청인으로부터 확인에 대한 동의를 받고, 신청인이 확인에 동의하지 아니하는 경우에는 그 서류의 사본을 첨부하도록 하여야 한다(규칙 제51조 제2항).

2.5 측량업등록의 결격사유

다음 각 호의 어느 하나에 해당하는 자는 측량업의 등록을 할 수 없다(법 제47조).

1. 피성년후견인 또는 피한정후견인
2. 이 법이나 「국가보안법」 또는 「형법」 제87조부터 제104조까지의 규정을 위반하

여 금고 이상의 실형을 선고받고 그 집행이 끝나거나(집행이 끝난 것으로 보는 경우를 포함한다) 집행이 면제된 날부터 2년이 지나지 아니한 자

3. 이 법이나 「국가보안법」 또는 「형법」 제87조부터 제104조까지의 규정을 위반하여 금고 이상의 형의 집행유예를 선고받고 그 집행유예기간 중에 있는 자
4. 제52조에 따라 측량업의 등록이 취소된 후 2년이 지나지 아니한 자
5. 임원 중에 제1호부터 제4호까지의 어느 하나에 해당하는 자가 있는 법인

2.6 측량업의 휴업 및 폐업 등 신고

다음 각 호의 어느 하나에 해당하는 자는 국토교통부령 또는 해양수산부령으로 정하는 바에 따라 국토교통부장관, 해양수산부장관 또는 시・도지사에게 해당 각 호의 사실이 발생한 날부터 30일 이내에 그 사실을 신고하여야 한다(법 제48조).

1. 측량업자인 법인이 파산 또는 합병 외의 사유로 해산한 경우 : 해당 법인의 청산인
2. 측량업자가 폐업한 경우 : 폐업한 측량업자
3. 측량업자가 30일을 넘는 기간 동안 휴업하거나, 휴업 후 업무를 재개한 경우 : 해당 측량업자

법 제48조에 따라 측량업의 휴업 또는 폐업을 하려는 자는 다음 각 호의 구분에 따라 신고서(전자문서로 된 신고서를 포함한다)에 해당 서류를 첨부하여 영 제35조 제1항에 따라 등록한 기관에 제출하여야 한다(규칙 제52조 제1항).

1. 법 제48조 제1호에 따라 해산한 측량업자인 법인 및 같은 조 제2호에 따라 측량업을 폐업하려는 자 : 별지 제46호 서식의 측량업 폐업신고서, 측량업등록증 및 측량업등록수첩
2. 법 제48조 제3호에 따라 측량업을 휴업하려는 자 : 별지 제47호 서식의 측량업 휴업신고서, 측량업등록증 및 측량업등록수첩
3. 법 제48조 제3호에 따라 휴업 후 업무를 재개하려는 자 : 별지 제48호 서식의 측량업 재개신고서

규칙 제52조 제1항에 따른 신고를 받은 기관은 「전자정부법」 제36조 제1항에 따른 행정정보의 공동이용을 통하여 법인 등기사항증명서(신고인이 법인인 경우만 해당한다)를 확인하여야 한다(규칙 제52조 제2항).

법 제48조 및 규칙 제52조와 관련하여 지적측량업을 등록한 자가 폐업신고 시에는 측량업 폐업신고서 및 등록된 기술인력에 대한 자격상실증명원(4대 보험중 하나)을 시・도지사에게 제출하여야 하며(규정 제15조 제3항), 지적측량업을 등록한 자가 측량

업을 휴업할 경우, 휴업기간 중에도 등록기준에 미달되지 않도록 등록된 사항을 유지하여야 한다. 다만, 보증보험은 제외한다(규정 제15조 제4항).

2.7 측량업등록증의 대여 금지 등

측량업자는 다른 사람에게 자기의 측량업등록증 또는 측량업등록수첩을 빌려 주거나 자기의 성명 또는 상호를 사용하여 측량업무를 하게 하여서는 아니 된다(법 제49조 제1항).

누구든지 다른 사람의 등록증 또는 등록수첩을 빌려서 사용하거나 다른 사람의 성명 또는 상호를 사용하여 측량업무를 하여서는 아니 된다(법 제49조 제2항).

2.8 지적측량수행자의 성실의무 등

지적측량수행자(소속 지적기술자를 포함한다. 이하 이 조에서 같다)는 신의와 성실로써 공정하게 지적측량을 하여야 하며, 정당한 사유 없이 지적측량 신청을 거부하여서는 아니 된다(법 제50조 제1항).

지적측량수행자는 본인, 배우자 또는 직계 존속·비속이 소유한 토지에 대한 지적측량을 하여서는 아니 된다(법 제50조 제2항).

지적측량수행자는 제106조 제2항에 따른 지적측량수수료 외에는 어떠한 명목으로도 그 업무와 관련된 대가를 받으면 아니 된다(법 제50조 제3항).

2.9 손해배상 책임의 보장

지적측량수행자가 타인의 의뢰에 의하여 지적측량을 함에 있어서 고의 또는 과실로 지적측량을 부실하게 함으로써 지적측량의뢰인이나 제3자에게 재산상의 손해를 발생하게 한 때에는 지적측량수행자는 그 손해를 배상할 책임이 있다(법 제51조 제1항). 지적측량수행자는 제1항에 따른 손해배상책임을 보장하기 위하여 대통령령으로 정하는 바에 따라 보험가입 등 필요한 조치를 하여야 한다(법 제51조 제2항).

지적측량수행자는 법 제51조에 따라 손해배상책임을 보장하기 위하여 다음 각 호의 구분에 따른 보증보험에 가입하여야 한다(영 제41조 제1항).

1. 지적측량업자 : 보장기간이 10년 이상이고 보증금액이 1억원 이상인 보증보험
2. 「국가공간정보 기본법」 제12조에 따라 설립된 한국국토정보공사 : 보증금액이 20억원 이상인 보증보험

지적측량업자는 지적측량업 등록증을 발급받은 날부터 10일 이내에 제1항 제1호에 따른 보증보험에 가입하여야 하며, 보증보험에 가입하였을 때에는 이를 증명하는 서류

를 제35조 제1항에 따라 등록한 시・도지사에게 제출하여야 한다(영 제41조 제2항).

그리고 법 제51조에 따라 보증보험에 가입한 지적측량수행자가 그 보증보험을 다른 보증보험으로 변경하려는 경우에는 이미 가입한 보험의 효력이 있는 기간 중에 다른 보증보험에 가입하고 그 사실을 증명하는 서류를 제35조 제1항에 따라 등록한 시・도지사에게 제출하여야 한다(영 제42조 제1항). 보증보험에 가입한 지적측량수행자가 보증보험기간의 만료로 인하여 다시 보증보험에 가입하려는 경우에는 그 보증기간 만료일까지 다시 보증보험에 가입하고 그 사실을 증명하는 서류를 제35조 제1항에 따라 등록한 시・도지사에게 제출하여야 한다(영 제42조 제2항).

지적측량의뢰인은 법 제51조 제1항에 따른 손해배상으로 보험금을 지급받으려면 그 지적측량의뢰인과 지적측량수행자 간의 손해배상합의서, 화해조서, 확정된 법원의 판결문 사본 또는 이에 준하는 효력이 있는 서류를 첨부하여 보험회사에 손해배상금 지급을 청구하여야 한다(영 제43조 제1항). 지적측량수행자는 보험금으로 손해배상을 하였을 때에는 지체 없이 보증보험에 다시 가입하고 그 사실을 증명하는 서류를 제35조 제1항에 따라 등록한 시・도지사에게 제출하여야 한다(영 제43조 제2항). 그리고 지적소관청은 제1항에 따라 지적측량수행자가 지급하는 손해배상금의 일부를 지적소관청의 지적측량성과 검사 과실로 인하여 지급하여야 하는 경우에 대비하여 공제에 가입할 수 있다(영 제43조 제3항).

2.10 측량업의 등록 취소

국토교통부장관, 해양수산부장관 또는 시・도지사는 측량업자가 다음 각 호의 어느 하나에 해당하는 경우에는 측량업의 등록을 취소하거나 1년 이내의 기간을 정하여 영업의 정지를 명할 수 있다. 다만, 제2호・제4호・제7호・제8호 또는 제11호에 해당하는 경우에는 측량업의 등록을 취소하여야 한다(법 제52조 제1항).

1. 고의 또는 과실로 측량을 부정확하게 한 경우
2. 거짓이나 그 밖의 부정한 방법으로 측량업의 등록을 한 경우
3. 정당한 사유 없이 측량업의 등록을 한 날부터 1년 이내에 영업을 시작하지 아니하거나 계속하여 1년 이상 휴업한 경우
4. 제44조 제2항에 따른 등록기준에 미달하게 된 경우. 다만, 일시적으로 등록기준에 미달되는 등 대통령령으로 정하는 경우는 제외한다("일시적으로 등록기준에 미달되는 등 대통령령으로 정하는 경우"란 별표 8에 따른 기술능력에 해당하는 사람의 사망・실종 또는 퇴직으로 인하여 등록기준에 미달되는 기간이 90

일 이내인 경우를 말한다)(영 제44조).

5. 제44조 제4항을 위반하여 측량업 등록사항의 변경신고를 하지 아니한 경우
6. 지적측량업자가 제45조에 따른 업무 범위를 위반하여 지적측량을 한 경우
7. 제47조 각 호의 어느 하나에 해당하게 된 경우
8. 제49조 제1항을 위반하여 다른 사람에게 자기의 측량업등록증 또는 측량업등록수첩을 빌려 주거나 자기의 성명 또는 상호를 사용하여 측량업무를 하게 한 경우
9. 지적측량업자가 제50조를 위반한 경우
10. 제51조를 위반하여 보험가입 등 필요한 조치를 하지 아니한 경우
11. 영업정지기간 중에 계속하여 영업을 한 경우
12. 지적측량업자가 제106조 제2항에 따른 지적측량수수료를 같은 조 제3항에 따라 고시한 금액보다 과다 또는 과소하게 받은 경우
13. 다른 행정기관이 관계 법령에 따라 등록취소 또는 영업정지를 요구한 경우

측량업자의 지위를 승계한 상속인이 제47조에 따른 측량업등록의 결격사유에 해당하는 경우에는 그 결격사유에 해당하게 된 날부터 6개월이 지난 날까지는 제1항 제7호를 적용하지 아니한다(법 제52조 제2항).

국토교통부장관, 해양수산부장관 또는 시・도지사는 제1항에 따라 측량업등록을 취소하거나 영업정지의 처분을 하였으면 그 사실을 공고하여야 한다(법 제52조 제3항).

측량업등록의 취소 및 영업정지 처분에 관한 세부 기준은 국토교통부령 또는 해양수산부령으로 정한다(법 제52조 제4항).

그리고 법 제52조 제1항에 따른 측량업의 등록취소 또는 영업정지 처분의 기준은 별표 4와 같다(규칙 제53조).

III 측량업의 등록취소 또는 영업정지 처분의 기준

1. 일반 기준
   가. 위반행위의 횟수에 따른 행정처분의 기준은 최근 3년간 같은 위반행위로 행정처분을 받은 경우에 적용한다. 이 경우 행정처분의 기준 적용은 같은 위반행위에 대한 행정처분일과 그 처분 후의 재적발일을 기준으로 한다.
   나. 위반행위가 둘 이상인 경우로서 그에 해당하는 각각의 처분기준이 다른 경우에는 그 중 무거운 처분기준에 따른다. 다만, 둘 이상의 처분기준이 모두 영업정지인 경우에는 각 처분기준을 합산한 기간을 넘지 아니하는 범위에서 무거운 처분기준의 2분의 1의 범위까지 가중하되, 그 가중한 기간을 합산한 기간은 6개월을 초과할 수 없다.
   다. 가목 및 나목에 따른 행정처분이 영업정지인 경우에는 고의나 중대한 과실 여부 또는 공중에 미치는 피해의 규모 등 위반행위의 동기・내용 및 위반의 정도 등을 고려하여 그 처분기준의 2분의 1의 범위에서 가중하거나 감경할 수 있다. 이 경우 그 가중한 기간을 합산한 기간은 6개월을 초과할 수 없다.

2. 개별 기준

위반행위	해당 법조문	행정처분기준		
		1차 위반	2차 위반	3차 위반
가. 고의로 측량을 부정확하게 한 경우	법 제52조 제1항 제1호	등록취소		
나. 과실로 측량을 부정확하게 한 경우	법 제52조 제1항 제1호	영업정지 4개월	등록취소	
다. 정당한 사유 없이 측량업의 등록을 한 날부터 1년 이내에 영업을 시작하지 아니하거나 계속하여 1년 이상 휴업한 경우	법 제52조 제1항 제3호	경고	영업정지 6개월	등록취소
라. 법 제44조 제4항을 위반해서 측량업 등록사항의 변경신고를 하지 아니한 경우	법 제52조 제1항 제5호	경고	영업정지 3개월	등록취소
마. 지적측량업자가 법 제45조의 업무범위를 위반하여 지적측량을 한 경우	법 제52조 제1항 제6호	영업정지 3개월	영업정지 6개월	등록취소
바. 지적측량업자가 법 제50조에 따른 성실의무를 위반한 경우	법 제52조 제1항 제9호	영업정지 1개월	영업정지 3개월	영업정지6개월 또는 등록취소
사. 법 제51조를 위반해서 보험가입 등 필요한 조치를 하지 않은 경우	법 제52조 제1항 제10호	영업정지 2개월	영업정지 6개월	등록취소
아. 지적측량업자가 법 제106조 제2항에 따른 지적측량수수료를 같은 조 제3항에 따라 고시한 금액보다 과다 또는 과소하게 받은 경우	법 제52조 제1항 제12호	영업정지 3개월	영업정지 6개월	등록취소
자. 다른 행정기관이 관계 법령에 따라 영업정지를 요구한 경우	법 제52조 제1항 제13호	영업정지 3개월	영업정지 6개월	등록취소
차. 다른 행정기관이 관계 법령에 따라 등록취소를 요구한 경우	법 제52조 제1항 제13호	등록취소		

2.11 측량업자의 행정처분 효과의 승계 등

법 제48조에 따라 폐업신고한 측량업자가 폐업신고 당시와 동일한 측량업을 다시 등록한 때에는 폐업신고 전의 측량업자의 지위를 승계한다(법 제52조의2제1항).

제1항의 경우 폐업신고 전의 측량업자에 대하여 제52조 제1항 및 제111조 제1항 각 호의 위반행위로 인한 행정처분의 효과는 그 폐업일부터 6개월 이내에 다시 측량업의 등록을 한 자(이하 이 조에서 "재등록 측량업자"라 한다)에게 승계된다(법 제52조의2제2항). 제1항의 경우 재등록 측량업자에 대하여 폐업신고 전의 제52조 제1항 각 호의 위반행위에 대한 행정처분을 할 수 있다. 다만, 다음 각 호의 어느 하나에 해당하는 경우는 제외한다(법 제52조의2제3항).

1. 폐업신고를 한 날부터 다시 측량업의 등록을 한 날까지의 기간(이하 이 조에서

"폐업기간"이라 한다)이 2년을 초과한 경우

2. 폐업신고 전의 위반행위에 대한 행정처분이 영업정지에 해당하는 경우로서 폐업기간이 1년을 초과한 경우

제3항에 따라 행정처분을 할 때에는 폐업기간과 폐업의 사유를 고려하여야 한다(법 제52조의2제4항).

2.12 등록취소 등의 처분 후 측량업자의 업무 수행

등록취소 또는 영업정지 처분을 받거나 제48조에 따라 폐업신고를 한 측량업자 및 그 포괄승계인은 그 처분 및 폐업신고 전에 체결한 계약에 따른 측량업무를 계속 수행할 수 있다. 다만, 등록취소 또는 영업정지 처분을 받은 지적측량업자나 그 포괄승계인의 경우에는 그러하지 아니하다(법 제53조 제1항).

제1항에 따른 측량업자 또는 포괄승계인은 등록취소 또는 영업정지 처분을 받은 사실을 지체 없이 해당 측량의 발주자에게 알려야 한다(법 제53조 제2항).

제1항에 따라 측량업무를 계속하는 자는 그 측량이 끝날 때까지 측량업자로 본다(법 제53조 제3항).

측량의 발주자는 특별한 사유가 있는 경우를 제외하고는 그 측량업자로부터 제2항에 따른 통지를 받거나 등록취소 또는 영업정지의 처분이 있은 사실을 안 날부터 30일 이내에만 그 측량에 관한 계약을 해지할 수 있다(법 제53조 제4항).

3 협회

공간정보사업자와 공간정보기술자는 공간정보산업의 건전한 발전과 구성원의 공동이익을 도모하기 위하여 공간정보산업협회(이하 "협회"라 한다) 설립할 수 있다(공간정보산업 진흥법 제24조 제1항).

협회는 법인으로 하며(공간정보산업 진흥법 제24조 제2항), 주된 사무소의 소재지에서 설립등기를 함으로써 성립한다(공간정보산업 진흥법 제24조 제3항).

협회를 설립하려는 자는 공간정보기술자 300명 이상 또는 공간정보사업자 10분의 1 이상을 발기인으로 하여 정관을 작성한 후 창립총회의 의결을 거쳐 국토교통부장관의 인가를 받아야 한다(공간정보산업 진흥법 제24조 제4항). 국토교통부장관은 법 제24조 제4항에 따라 협회의 설립을 인가하였을 때에는 그 주요 내용을 국토교통부의 인터넷 홈페이지에 공고하여야 한다(공간정보산업 진흥법 시행령 제16조의4).

공간정보산업협회는 다음의 업무를 행한다(공간정보산업 진흥법 제24조 제5항).

1. 공간정보산업에 관한 연구 및 제도 개선의 건의
2. 공간정보사업자의 저작권・상표권 등의 보호활동 지원에 관한 사항
3. 공간정보 등 관련 기술에 관한 각종 자문
4. 공간정보기술자의 교육 등 전문인력의 양성
5. 이 법 또는 다른 법률의 규정에 따라 협회가 위탁받아 수행할 수 있는 사업
6. 그 밖에 협회의 설립목적을 달성하는데 필요한 사업으로서 정관으로 정하는 사업

협회에 관하여 이 법에서 규정되어 있는 것을 제외하고는 민법 중 사단법인에 관한 규정을 준용한다(공간정보산업 진흥법 제24조 제6항).

그리고 제1항부터 제6항까지에서 정한 것 외에 협회의 정관, 설립인가 및 감독 등에 필요한 사항은 대통령령으로 정한다(공간정보산업 진흥법 제24조 제7항). 법 제24조 제1항에 따른 공간정보산업협회(이하 "협회"라 한다) 같은 조 제7항에 따라 정관에 기재하여야 하는 사항은 다음 각 호와 같다(공간정보산업 진흥법 시행령 제16조의3).

1. 설립목적
2. 명칭
3. 주된 사무소의 소재지
4. 사업의 내용 및 그 집행에 관한 사항
5. 회원의 자격, 가입과 탈퇴 및 권리・의무에 관한 사항
6. 임원의 정원・임기 및 선출방법에 관한 사항
7. 총회의 구성 및 의결사항
8. 이사회, 분회 및 지회에 관한 사항
9. 재정 및 회계에 관한 사항

4 한국국토정보공사

4.1 한국국토정보공사의 설립

공간정보체계의 구축 지원, 공간정보와 지적제도에 관한 연구, 기술 개발 및 지적측량 등을 수행하기 위하여 한국국토정보공사(이하 이 장에서 "공사"라 한다)를 설립한다.
(국가공간정보기본법 제12조 제1항).

공사는 법인으로 하며(국가공간정보기본법 제12조 제2항), 그 주된 사무소의 소재지에

서 설립등기를 함으로써 성립된다(국가공간정보기본법 제12조 제3항). 그리고 공사의 설립등기에 필요한 사항은 대통령령으로 정하며(국가공간정보기본법 제12조 제4항), 다음과 같다(국가공간정보기본법 시행령 제14조의2).

1. 목적
2. 명칭
3. 주된 사무소의 소재지
4. 이사 및 감사의 성명과 주소
5. 자산에 관한 사항
6. 공고의 방법

4.2 한국국토정보공사의 정관

공사의 정관에는 다음 각 호의 사항이 포함되어야 하며(국가공간정보기본법 제13조 제1항), 공사는 정관을 변경하려면 미리 국토교통부장관의 인가를 받아야 한다(국가공간정보기본법 제13조 제2항).

1. 목적
2. 명칭
3. 주된 사무소의 소재지
4. 조직 및 기구에 관한 사항
5. 업무 및 그 집행에 관한 사항
6. 이사회에 관한 사항
7. 임직원에 관한 사항
8. 재산 및 회계에 관한 사항
9. 정관의 변경에 관한 사항
10. 공고의 방법에 관한 사항
11. 규정의 제정, 개정 및 폐지에 관한 사항
12. 해산에 관한 사항

4.3 한국국토정보공사의 사업

공사는 다음 각 호의 사업을 한다(국가공간정보 기본법 제14조).

1. 다음 각 목을 제외한 공간정보체계 구축 지원에 관한 사업으로서 대통령령으로 정하는 사업

   가. 「공간정보의 구축 및 관리 등에 관한 법률」에 따른 측량업(지적측량업은 제외

한다)의 범위에 해당하는 사업

나. 「중소기업제품 구매촉진 및 판로지원에 관한 법률」에 따른 중소기업자간 경쟁 제품에 해당하는 사업

이때, 법 제14조 제1호 각 목 외의 부분에서 "대통령령으로 정하는 사업"이란, ① 국가공간정보체계 구축 및 활용 관련 계획수립에 관한 지원, ② 국가공간정보체계 구축 및 활용에 관한 지원, ③ 공간정보체계 구축과 관련한 출자(出資) 및 출연(出捐) 등의 사업을 말한다(국가공간정보 기본법 시행령 제14조의3).

2. 공간정보・지적제도에 관한 연구, 기술 개발, 표준화 및 교육사업
3. 공간정보・지적제도에 관한 외국 기술의 도입, 국제 교류・협력 및 국외 진출 사업
4. 「공간정보의 구축 및 관리 등에 관한 법률」 제23조 제1항 제1호 및 제3호부터 제5호까지의 어느 하나에 해당하는 사유로 실시하는 지적측량
5. 「지적재조사에 관한 특별법」에 따른 지적재조사사업
6. 다른 법률에 따라 공사가 수행할 수 있는 사업
7. 그 밖에 공사의 설립 목적을 달성하기 위하여 필요한 사업으로서 정관으로 정하는 사업

4.4 한국국토정보공사의 임원

공사에는 임원으로 사장 1명과 부사장 1명을 포함한 11명 이내의 이사와 감사 1명을 두며, 이사는 정관으로 정하는 바에 따라 상임이사와 비상임이사로 구분한다(국가공간정보기본법 제15조 제1항).

사장은 공사를 대표하고 공사의 사무를 총괄한다(국가공간정보기본법 제15조 제2항). 그리고 감사는 공사의 회계와 업무를 감사한다(국가공간정보기본법 제15조 제3항).

4.5 한국국토정보공사에 대한 감독

국토교통부장관은 공사의 사업 중 다음 각 호의 사항에 대하여 지도・감독한다(국가공간정보 기본법 제16조 제1항).

1. 사업실적 및 결산에 관한 사항
2. 제14조에 따른 사업의 적절한 수행에 관한 사항
3. 그 밖에 관계 법령에서 정하는 사항

국토교통부장관은 제1항에 따른 감독 결과 위법 또는 부당한 사항이 발견된 경우 공사에 그 시정을 명하거나 필요한 조치를 취할 수 있다(국가공간정보 기본법 제16조 제2항).

4.6 다른 법률의 준용 등

공사가 아닌 자는 한국국토정보공사 또는 이와 유사한 명칭을 사용하지 못한다(국가공간정보 기본법 제17조).

그리고 공사에 관하여는 이 법 및 「공공기관의 운영에 관한 법률」에서 규정한 사항을 제외하고는 「민법」 중 재단법인에 관한 규정을 준용한다(국가공간정보 기본법 제18조).

제5장

토지의 등록

1. 토지의 조사 및 등록
2. 지번
3. 지목
4. 면적

제 5 장 토지의 등록

1 토지의 조사 및 등록

1.1 토지의 조사 · 등록 등

국토교통부장관은 모든 토지에 대하여 필지별로 소재 · 지번 · 지목 · 면적 · 경계 또는 좌표 등을 조사 · 측량하여 지적공부에 등록하여야 한다(법 제64조 제1항).

지적공부에 등록하는 지번 · 지목 · 면적 · 경계 또는 좌표는 토지의 이동이 있을 때 토지소유자(법인이 아닌 사단이나 재단의 경우에는 그 대표자나 관리인을 말한다. 이하 같다)의 신청을 받아 지적소관청이 결정한다. 다만, 신청이 없으면 지적소관청이 직권으로 조사 · 측량하여 결정할 수 있다(법 제64조 제2항).

법 제64조 제2항 단서에 따른 조사 · 측량의 절차 등에 필요한 사항은 국토교통부령으로 정한다(법 제64조 제3항).

지적소관청은 법 제64조 제2항 단서에 따라 토지의 이동현황을 직권으로 조사 · 측량하여 토지의 지번 · 지목 · 면적 · 경계 또는 좌표를 결정하려는 때에는 토지이동현황 조사계획을 수립하여야 한다. 이 경우 토지이동현황 조사계획은 시 · 군 · 구별로 수립하되, 부득이한 사유가 있는 때에는 읍 · 면 · 동별로 수립할 수 있다(규칙 제59조 제1항).

지적소관청은 제1항에 따른 토지이동현황 조사계획에 따라 토지의 이동현황을 조사한 때에는 별지 제55호 서식의 토지이동 조사부에 토지의 이동현황을 적어야 한다(규칙 제59조 제2항).

지적소관청은 제2항에 따른 토지이동현황 조사 결과에 따라 토지의 지번 · 지목 · 면적 · 경계 또는 좌표를 결정한 때에는 이에 따라 지적공부를 정리하여야 한다(규칙 제59조 제3항).

지적소관청은 제3항에 따라 지적공부를 정리하려는 때에는 제2항에 따른 토지이동 조사부를 근거로 별지 제56호 서식의 토지이동 조서를 작성하여 별지 제57호 서식의 토지이동정리결의서에 첨부하여야 하며, 토지이동조서의 아래 부분 여백에 "「공간정보의 구축 및 관리 등에 관한 법률」 제64조 제2항 단서에 따른 직권정리"라고 적어야 한다(규칙 제59조 제4항).

〈공간정보의 구축 및 관리 등에 관한 법률 시행규칙 별지 서식 제55호〉

토 지 이 동 조 사 부

○ 토지이동 종목 :

토지 소재		이 동 전			이 동 후			조 사 연월일	현 실 태 (이동현황)	토지 소유자		비고
읍 · 면	동 · 리	지 번	지목	면적(㎡)	지 번	지목	면적(㎡)			주 소	성 명	

297㎜×210㎜ (보존용지(1종) 70g/㎡)

〈공간정보의 구축 및 관리 등에 관한 법률 시행규칙 별지 서식 제56호〉

토 지 이 동 조 서

토 지 소 재		이 동 전			이 동 후			토 지 이 동		축척	토 지 소 유 자		토지이동 사유 및 연 월 일
고 유 번 호		대장코드	지목코드	면 적 (㎡)	대장코드	지목코드	면적 (㎡)	사유 코드	결의일	도면 번호	주 소	등록번호	
읍 · 면	동 · 리	지 번	지 목		지 번	지 목						성 명	

297㎜×210㎜ (보존용지(1종) 70g/㎡)

〈공간정보의 구축 및 관리 등에 관한 법률 시행규칙 별지 서식 제57호〉

토지이동정리 결의서

번 호	제 - 호	토지이동정리종목	결재				
결 의 일	년 월 일						
보 존 기 간	영 구						

관계공부정리		토지 소재	이동 전			이동 후			증감		비 고
확인			지목	면적(㎡)	지번 수	지목	면적(㎡)	지번 수	면적(㎡)	지번 수	
토지대장정리											
임야대장정리											
경계점좌표등록부정리											
지적도정리											
임야도정리											
등기촉탁대장정리											
소유자통지											

297㎜×210㎜ (보존용지(1종) 70g/㎡)

1.2 1필지로 정할 수 있는 기준

법 제2조 제21호에 따라 지번부여지역의 토지로서 소유자와 용도가 같고 지반이 연속된 토지는 1필지로 할 수 있다(영 제5조 제1항).

영 제5조 제1항에도 불구하고 다음의 어느 하나에 해당하는 토지는 주된 용도의 토지에 편입하여 1필지로 할 수 있다(영 제5조 제2항).

1. 주된 용도의 토지의 편의를 위하여 설치된 도로·구거(구거 : 도랑) 등의 부지
2. 주된 용도의 토지에 접속되거나 주된 용도의 토지로 둘러싸인 토지로서 다른 용도로 사용되고 있는 토지

다만, 종된 용도의 토지의 지목(地目)이 "대"(垈)인 경우와 종된 용도의 토지 면적이 주된 용도의 토지 면적의 10퍼센트를 초과하거나 330제곱미터를 초과하는 경우에는 그러하지 아니하다.

1.3 지상경계의 구분 등

토지의 지상경계는 둑, 담장이나 그 밖에 구획의 목표가 될 만한 구조물 및 경계점표지 등으로 구분한다(법 제65조 제1항).

지적소관청은 토지의 이동에 따라 지상경계를 새로 정한 경우에는 ① 토지의 소재, ② 지번, ③ 경계점좌표(경계점좌표등록부 시행지역에 한정), ④ 경계점 위치 설명도, ⑤ 그 밖에 국토교통부령으로 정하는 사항을 등록한 지상경계점등록부를 작성·관리

하여야 한다(법 제65조 제2항).

법 제65조 제2항 제4호에 따른 경계점 위치 설명도의 작성 등에 관하여 필요한 사항은 국토교통부령이 정한다(규칙 제60조 제1항). 그리고 법 제65조 제2항 제5호에서 "그 밖에 국토교통부령으로 정하는 사항"이란 다음 각 호의 사항을 말한다(규칙 제60조 제2항).

1. 공부상 지목과 실제 토지이용 지목
2. 경계점의 사진 파일
3. 경계점표지의 종류 및 경계점 위치

법 제65조 제2항에 따른 지상경계점등록부는 별지 제58호 서식과 같다(규칙 제60조 제3항).

〈공간정보의 구축 및 관리 등에 관한 법률 시행규칙 별지 서식 제58호〉

지상경계점등록부

(3쪽 중 제1쪽)

<table>
<tr><td rowspan="2">토지의 소재</td><td>시 · 도</td><td>시 · 군 · 구</td><td colspan="2">읍 · 면</td><td colspan="2">동 · 리</td></tr>
<tr><td>지번</td><td>공부상 지목</td><td>실제 토지 이용 지목</td><td></td><td>면적 (m²)</td><td></td></tr>
</table>

<table>
<tr><td rowspan="8">위치도

(토지의 위치를 나타낼 수 있는 개략적 도면)</td><td>토지이용계획</td><td></td></tr>
<tr><td>개별공시지가</td><td></td></tr>
<tr><td rowspan="2">측 량 자</td><td>년 월 일</td></tr>
<tr><td></td></tr>
<tr><td rowspan="2">검 사 자</td><td>년 월 일</td></tr>
<tr><td></td></tr>
<tr><td rowspan="2">입 회 인</td><td>측량의뢰인:</td></tr>
<tr><td>이해관계인:</td></tr>
</table>

부호도

경계점 부호	표지 종류	경계점 위치	경계점 부호	표지 종류	경계점 위치

210㎜×297㎜[백상지 80g/㎡(재활용품)]

(3쪽 중 제2쪽)

경계점좌표(경계점좌표 등록부 시행지역만 해당함)

부호	좌표		부호	좌표	
	X	Y		X	Y
	m	m		m	m

경계점 위치 설명도 및 경계점의 사진 파일

부호	경계점 위치 설명도			경계점의 사진 파일
	측 점		측정거리(m)	
	ㄱ			
	ㄴ			
	ㄷ			
	측 점		측정거리(m)	
	ㄱ			
	ㄴ			
	ㄷ			

(3쪽 중 제3쪽)

<table>
<tr><th colspan="5">경계점 위치 설명도 및 경계점의 사진 파일</th></tr>
<tr><th>부호</th><th colspan="3">경계점 위치 설명도</th><th>경계점의 사진 파일</th></tr>
<tr><td rowspan="5"></td><td colspan="3"></td><td rowspan="5"></td></tr>
<tr><td colspan="2">측 점</td><td>측정거리(m)</td></tr>
<tr><td>ㄱ</td><td></td><td></td></tr>
<tr><td>ㄴ</td><td></td><td></td></tr>
<tr><td>ㄷ</td><td></td><td></td></tr>
<tr><td rowspan="5"></td><td colspan="3"></td><td rowspan="5"></td></tr>
<tr><td colspan="2">측 점</td><td>측정거리(m)</td></tr>
<tr><td>ㄱ</td><td></td><td></td></tr>
<tr><td>ㄴ</td><td></td><td></td></tr>
<tr><td>ㄷ</td><td></td><td></td></tr>
<tr><td rowspan="5"></td><td colspan="3"></td><td rowspan="5"></td></tr>
<tr><td colspan="2">측 점</td><td>측정거리(m)</td></tr>
<tr><td>ㄱ</td><td></td><td></td></tr>
<tr><td>ㄴ</td><td></td><td></td></tr>
<tr><td>ㄷ</td><td></td><td></td></tr>
</table>

법 제65조 제1항에 따른 지상경계의 결정 기준 등 지상경계의 결정에 필요한 사항은 대통령령으로 정하고, 경계점표지의 규격과 재질 등에 필요한 사항은 국토교통부령으로 정한다(법 제65조 제3항).

〈공간정보의 구축 및 관리 등에 관한 법률 시행규칙 별표 6〉

경계점표지의 규격과 재질

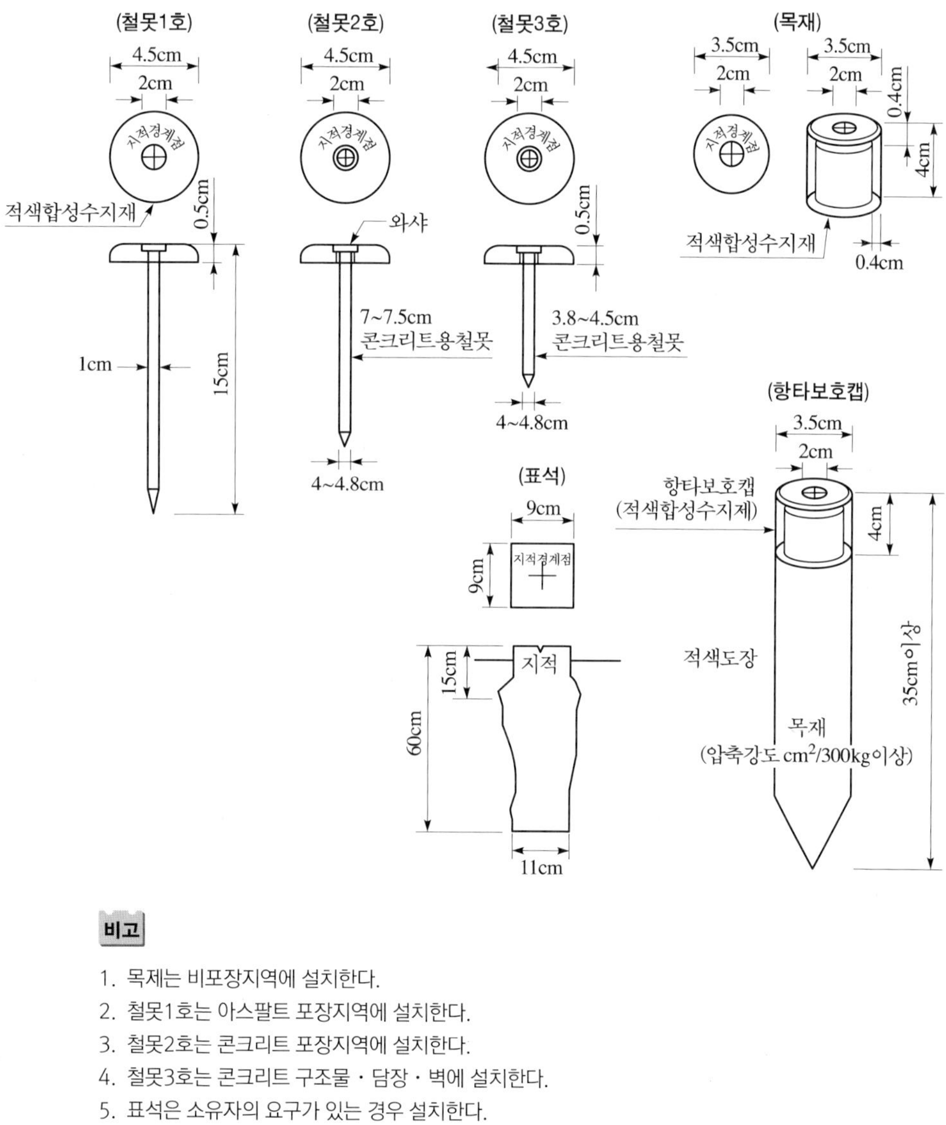

비고

1. 목제는 비포장지역에 설치한다.
2. 철못1호는 아스팔트 포장지역에 설치한다.
3. 철못2호는 콘크리트 포장지역에 설치한다.
4. 철못3호는 콘크리트 구조물 · 담장 · 벽에 설치한다.
5. 표석은 소유자의 요구가 있는 경우 설치한다.

1.4 지상경계의 결정

1) 경계의 설정기준

신규등록·등록전환·분할 및 경계정정 등을 하는 때에는 새로이 측량하여 각 필지의 경계를 정하여야 하며, 토지합병을 하고자 하는 때의 경계는 합병전의 각 필지의 경계가 합병으로 인하여 필요 없게 된 부분을 말소하여 정한다.

법 제65조 제1항에 따른 지상 경계의 결정기준은 다음 각 호의 구분에 따른다(영 제55조 제1항).

1. 연접되는 토지 간에 높낮이 차이가 없는 경우 : 그 구조물 등의 중앙

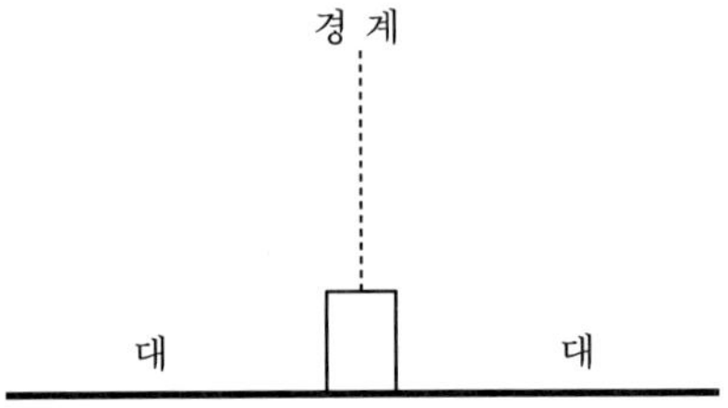

2. 연접되는 토지 간에 높낮이 차이가 있는 경우 : 그 구조물 등의 하단부

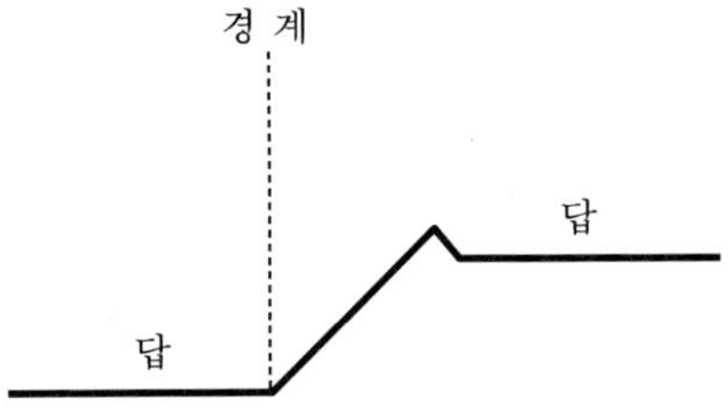

3. 도로·구거 등의 토지에 절토(切土)된 부분이 있는 경우 : 그 경사면의 상단부

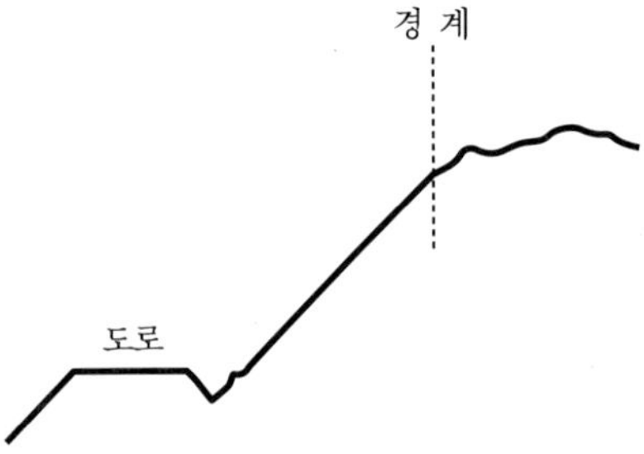

4. 토지가 해면 또는 수면에 접하는 경우 : 최대만조위 또는 최대만수위가 되는 선

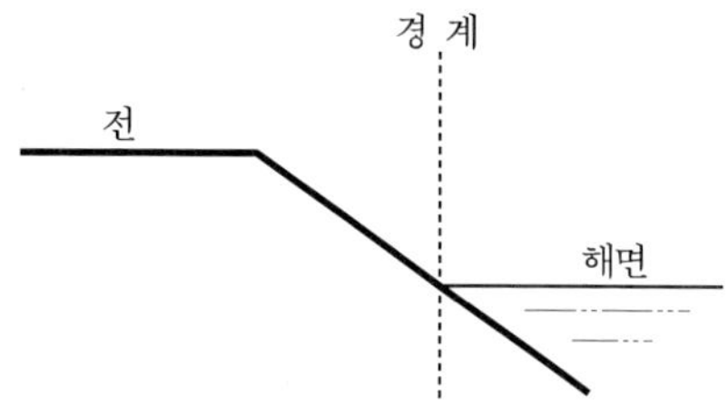

5. 공유수면매립지의 토지 중 제방 등을 토지에 편입하여 등록하는 경우 : 바깥쪽 어깨부분

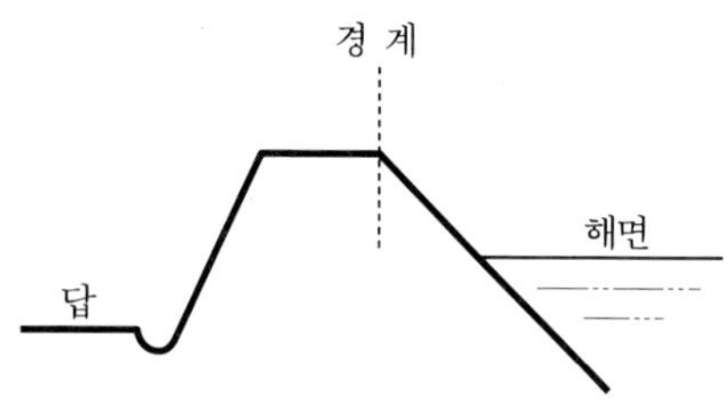

지상 경계의 구획을 형성하는 구조물 등의 소유자가 다른 경우에는 제1항 제1호부터 제3호까지의 규정에도 불구하고 그 소유권에 따라 지상 경계를 결정한다(영 제55조 제2항).

다음 각 호의 어느 하나에 해당하는 경우에는 지상 경계점에 제65조 제1항에 따른 경계점표지를 설치한 후 측량할 수 있다(영 제55조 제3항).

1. 법 제86조 제1항에 따른 도시개발사업 등의 사업시행자가 사업지구의 경계를 결정하기 위하여 토지를 분할하려는 경우
2. 법 제87조 제1호 및 제2호에 따른 사업시행자와 행정기관의 상 또는 지방자치단체의 장이 토지를 취득하기 위하여 분할하려는 경우
3. 「국토의 계획 및 이용에 관한 법률」 제30조 제6항에 따른 도시·군관리계획 결정고시와 같은 법 제32조 제4항에 따른 지형도면 고시가 된 지역의 도시·군관리계획선에 따라 토지를 분할하려는 경우
4. 제65조 제1항에 따라 토지를 분할하려는 경우
5. 관계 법령에 따라 인가·허가 등을 받아 토지를 분할하려는 경우

분할에 따른 지상 경계는 지상건축물을 걸리게 결정해서는 아니 된다. 다만, 다음 각 호의 어느 하나에 해당하는 경우에는 그러하지 아니하다(영 제55조 제4항).

1. 법원의 확정판결이 있는 경우

2. 법 제87조 제1호에 해당하는 토지를 분할하는 경우
3. 제3항 제1호 또는 제3호에 따라 토지를 분할하는 경우

지적확정측량의 경계는 공사가 완료된 현황대로 결정하되, 공사가 완료된 현황이 사업계획도와 다를 때에는 미리 사업시행자에게 그 사실을 통지하여야 한다(영 제55조 제5항).

2) 행정구역경계의 설정

행정관할구역이 변경되거나 새로운 행정구역이 설치되는 경우의 행정관할구역 경계선은 다음 각 호에 따라 등록한다(규정 제56조 제1항).

1. 도로, 구거, 하천은 그 중앙
2. 산악은 분수선(分水線)
3. 해안은 만조시에 있어서 해면과 육지의 분계선

행정관할구역 경계를 결정할 때 공공시설의 관리 등의 이유로 제1항 각 호를 경계선으로 등록하는 것이 불합리한 경우에는 해당 시・군・구와 합의하여 행정구역경계를 설정할 수 있다(규정 제56조 제2항).

행정구역경계를 등록하여야 하는 경우에는 직접측량방법에 따라 등록하여야 한다. 다만 하천의 중앙 등 직접측량이 곤란한 경우에는 항공정사영상 또는 1/1000 수치지형도 등을 이용한 간접측량방법에 따라 등록할 수 있다(규정 제56조 제3항).

2 지번

2.1 지번의 부여

지번은 지적소관청이 지번부여지역별로 차례대로 부여한다(법 제66조 제1항).

지적소관청은 지적공부에 등록된 지번을 변경할 필요가 있다고 인정하면 시・도지사나 대도시 시장의 승인을 받아 지번부여지역의 전부 또는 일부에 대하여 지번을 새로 부여할 수 있다(법 제66조 제2항).

제1항과 제2항에 따른 지번의 부여방법 및 부여절차 등에 필요한 사항은 대통령령으로 정한다(법 제66조 제3항).

2.2 지번의 구성 및 부여 방법

1) 지번의 구성 및 부여

지번(地番)은 아라비아숫자로 표기하되, 임야대장 및 임야도에 등록하는 토지의 지번

은 숫자 앞에 "산"자를 붙인다(영 제56조 제1항).

지번은 본번(本番)과 부번(副番)으로 구성하되, 본번과 부번 사이에 "-" 표시로 연결한다. 이 경우 "-" 표시는 "의"라고 읽는다(영 제56조 제2항).

법 제66조에 따른 지번의 부여방법은 다음 각 호와 같다(영 제56조 제3항).

1. 지번은 북서에서 남동으로 순차적으로 부여할 것
2. 신규등록 및 등록전환의 경우에는 그 지번부여지역에서 인접토지의 본번에 부번을 붙여서 지번을 부여할 것. 다만, 다음 각 목의 어느 하나에 해당하는 경우에는 그 지번부여지역의 최종 본번의 다음 순번부터 본번으로 하여 순차적으로 지번을 부여할 수 있다.
   가. 대상토지가 그 지번부여지역의 최종 지번의 토지에 인접하여 있는 경우
   나. 대상토지가 이미 등록된 토지와 멀리 떨어져 있어서 등록된 토지의 본번에 부번을 부여하는 것이 불합리한 경우
   다. 대상토지가 여러 필지로 되어 있는 경우
3. 분할의 경우에는 분할 후의 필지 중 1필지의 지번은 분할 전의 지번으로 하고, 나머지 필지의 지번은 본번의 최종 부번 다음 순번으로 부번을 부여할 것. 이 경우 주거·사무실 등의 건축물이 있는 필지에 대해서는 분할 전의 지번을 우선하여 부여하여야 한다.
4. 합병의 경우에는 합병 대상 지번 중 선순위의 지번을 그 지번으로 하되, 본번으로 된 지번이 있을 때에는 본번 중 선순위의 지번을 합병 후의 지번으로 할 것. 이 경우 토지소유자가 합병 전의 필지에 주거·사무실 등의 건축물이 있어서 그 건축물이 위치한 지번을 합병 후의 지번으로 신청할 때에는 그 지번을 합병 후의 지번으로 부여하여야 한다.
5. 지적확정측량을 실시한 지역의 각 필지에 지번을 새로 부여하는 경우에는 다음 각 목의 지번을 제외한 본번으로 부여할 것. 다만, 부여할 수 있는 종전 지번의 수가 새로 부여할 지번의 수보다 적을 때에는 블록 단위로 하나의 본번을 부여한 후 필지별로 부번을 부여하거나, 그 지번부여지역의 최종 본번 다음 순번부터 본번으로 하여 차례로 지번을 부여할 수 있다.
   가. 지적확정측량을 실시한 지역의 종전의 지번과 지적확정측량을 실시한 지역 밖에 있는 본번이 같은 지번이 있을 때에는 그 지번
   나. 지적확정측량을 실시한 지역의 경계에 걸쳐 있는 지번
6. 다음 각 목의 어느 하나에 해당할 때에는 제5호를 준용하여 지번을 부여할 것

가. 법 제66조 제2항에 따라 지번부여지역의 지번을 변경할 때
나. 법 제85조 제2항에 따른 행정구역 개편에 따라 새로 지번을 부여할 때
다. 제72조 제1항에 따라 축척변경 시행지역의 필지에 지번을 부여할 때

법 제86조에 따른 도시개발사업 등이 준공되기 전에 사업시행자가 지번부여 신청을 하면 국토교통부령으로 정하는 바에 따라 지번을 부여할 수 있으며(법 제56조 제4항), 규칙 제95조 제1항 제3호의 사업계획도에 따르되, 영 제56조 제3항 제5호에 따라 부여하여야 한다(규칙 제61조).

2) 기타 부여 방법

법 제66조 등의 지번 부여 방법 외에 지번을 부여하는 방법으로는 기번위치에 따른 분류, 진행방향에 따른 분류, 설정단위에 따른 분류로 대분할 수 있다.

(1) 기번위치에 따른 분류

먼저, '북서기번법'은 북서쪽에서 기번하여 남동쪽으로 순차적으로 지번을 부여하는 방식으로 아라비아 숫자로 지번을 부여하는데 적합한 방식으로 다음 그림과 같다.

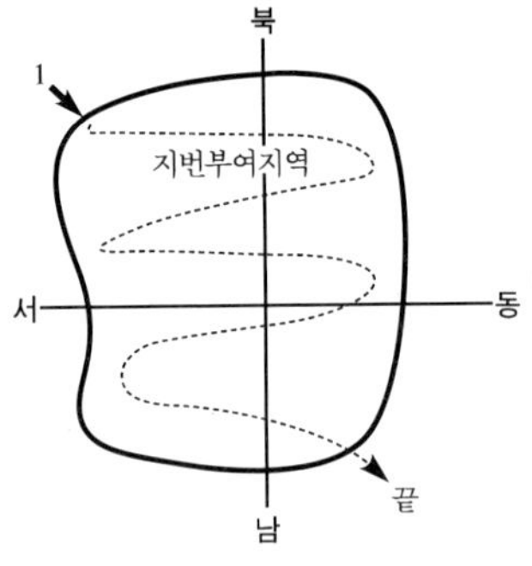

둘째, '북동기번법'은 북동쪽에서 기번하여 남서쪽으로 순차적으로 지번을 부여(附與)하는 방식으로 한자로 지번을 부여하는데 적합한 방식이다.

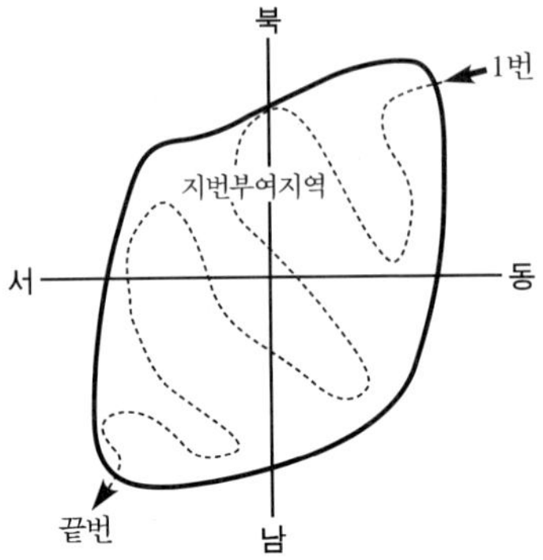

(2) 진행방향에 따른 분류

필지마다 지번을 하나하나 부여하는 방식으로 사행식, 기우식, 단지식으로 분류할 수 있다.

먼저, '사행식(蛇行式)은 필지의 배열이 불규칙한 지역에서 진행 순서에 따라 지번을 부여하는 방법으로 농촌지역에 적합한 지번부여방식이다.

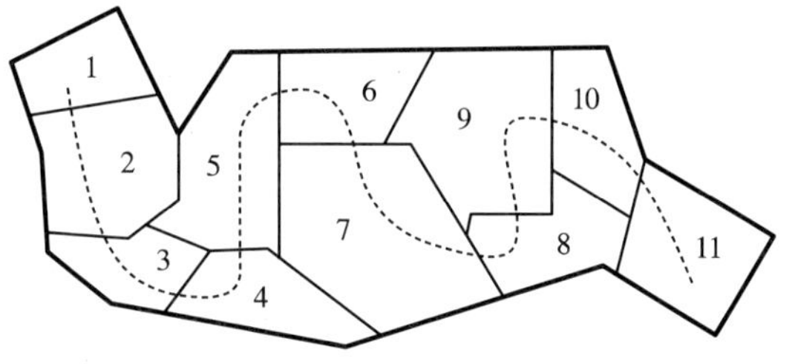

둘째, '기우식(奇偶式)'은 도로를 중심으로 한쪽은 홀수인 기수(1, 3, 5, …)로 그 반대쪽은 짝수인 우수(2, 4, 6, …)로 지번을 부여하는 방식으로 교호식(交互式)이라고도 불리우며, 시가지 지역에 적합한 지번부여방식이다.

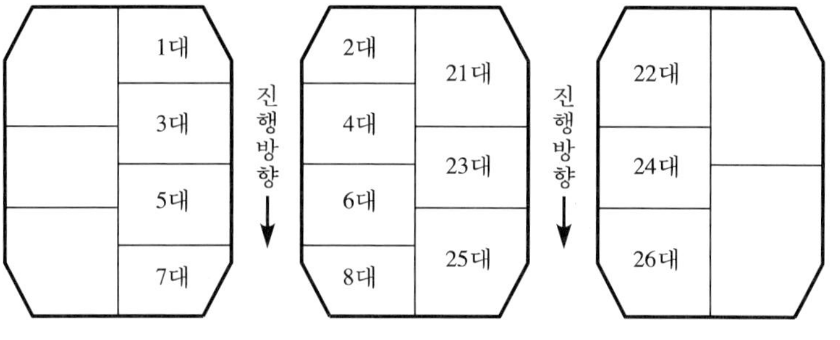

셋째, '단지식(團地式)'은 1단지마다 지번을 부여하고 단지내 필지마다 부번을 부여하는 방식으로 일명 블록식(BLOCK)이라 불리우며, 도시개발사업지역 및 농어촌정비사업시행지역에 적합한 지번부여방식이다.

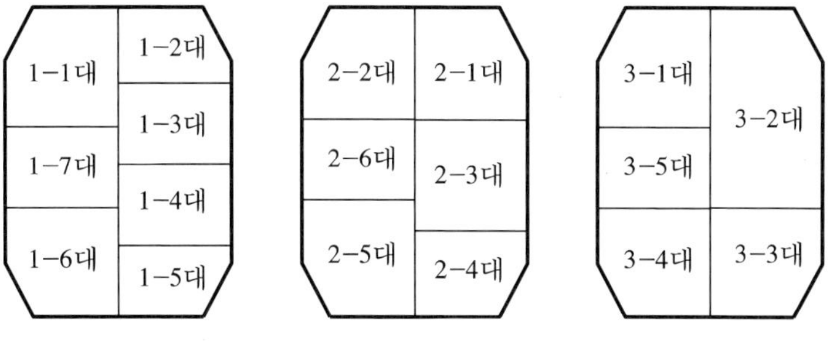

(3) 설정단위에 따른 분류

지번부여지역의 지번을 순차적으로 부여함으로써 지번부여지역의 도면을 배열하는 방식으로 도엽단위법, 단지단위법, 지역단위법으로 분류할 수 있다.

첫째, '도엽단위법(圖葉單位法)'은 1개의 지번부여지역을 지적도 또는 임야도의 도엽 순서에 따라 순차적으로 지번을 부여하는 방식으로 지번부여지역이 넓거나 지적도 또는 임야도의 장수가 많은 지역에 적합한 방식이다.

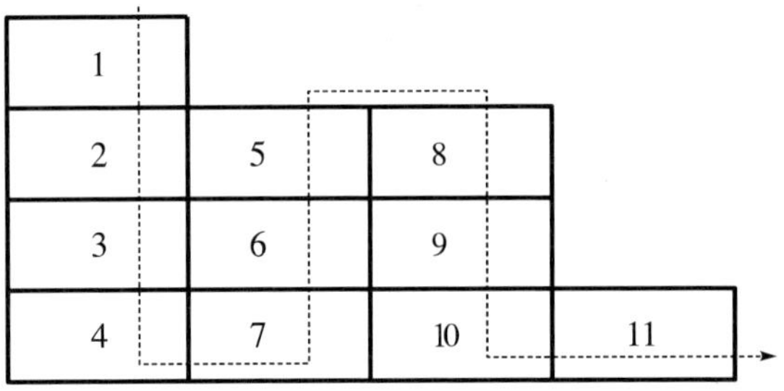

둘째, '지역단위법(地域單位法)'은 1개의 지번부여지역 전체를 대상으로 순차적으로 지번을 부여하는 방식으로, 지번부여지역이 넓지 않거나 지적도 또는 임야도의 장수가 적은 지역에 적합하다.

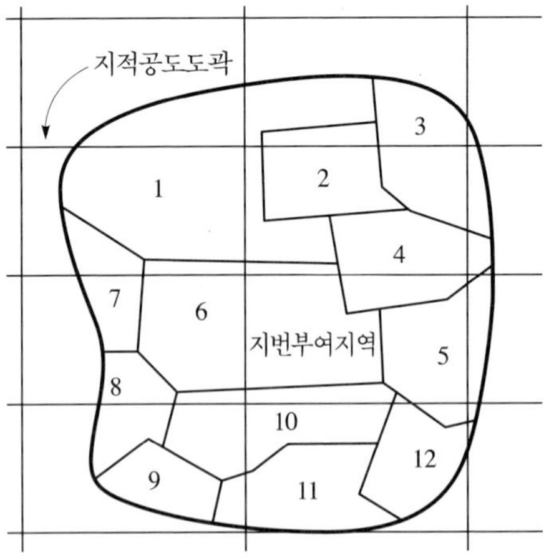

셋째, '단지단위법(團地單位法)'은 1개의 지번부여지역을 단지 단위로 구분하고 단지의 순서에 따라 순차적으로 지번을 부여하는 방식으로 다수의 소규모 단지로 구성된 도시개발사업 및 농어촌정비사업 시행지역 등에 적합한 방식이다.

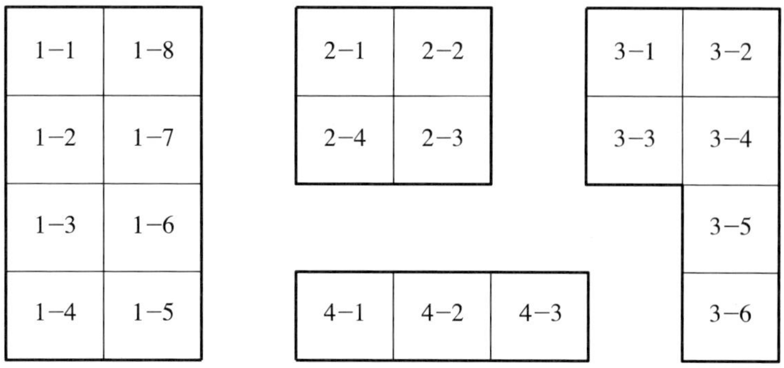

2.3 지번변경 승인 신청

지적소관청은 법 제66조 제2항에 따라 지번을 변경하려면 지번변경 사유를 적은 승인 신청서에 지번변경 대상지역의 지번 · 지목 · 면적 · 소유자에 대한 상세한 내용(이하 "지번등 명세"라 한다)을 기재하여 시 · 도지사 또는 대도시 시장(법 제25조 제1항의 대도시 시장을 말한다. 이하 같다)에게 제출하여야 한다. 이 경우 시 · 도지사 또는 대도시 시장은 「전자정부법」 제36조 제1항에 따른 행정정보의 공동이용을 통하여 지번변경 대상지역의 지적도 및 임야도를 확인하여야 한다(영 제57조 제1항).

그리고 제1항에 따라 신청을 받은 시 · 도지사 또는 대도시 시장은 지번변경 사유 등을 심사한 후 그 결과를 지적소관청에 통지하여야 한다(영 제57조 제2항).

〈공간정보의 구축 및 관리 등에 관한 법률 시행규칙 별지 제59호〉

행 정 기 관 명

수신자
(경유)
제 목 지번변경 승인신청

「공간정보의 구축 및 관리 등에 관한 법률 시행령」 제57조 제1항 및 같은 법 시행규칙 제62조에 따라 다음과 같이 지번을 변경하려 하니 승인해 주시기 바랍니다.

토지소재		지번 수	면적(m^2)	최종지번	변경 후		비고
읍 · 면	동 · 리				최종지번	결번 수	
변경사유 :							
첨부서류	지번등 명세 지적도 및 임야도 사본						

발 신 기 관 장 직인

기안자 직위(직급) 서명 검토자 직위(직급)서명 결재권자 직위 (직급)서명

협조자

시행 처리과-일련번호(시행일자) 접수 처리과명-일련번호(접수일자)

우 주소 / 홈페이지 주소

전화( ) 전송( ) / 기안자의 공식전자우편주소 / 공개구분

210㎜×297㎜ (일반용지 60g/㎡)

2.4 결번대장 비치

지적소관청은 행정구역의 변경, 도시개발사업의 시행, 지번변경, 축척변경, 지번정정 등의 사유로 지번에 결번이 생긴 때에는 지체 없이 그 사유를 별지 제61호 서식의 결번대장에 적어 영구히 보존하여야 한다(규칙 제63조).

결번의 발생원인으로서는 [별지 제61호 서식]에서 확인할 수 있듯이, 행정구역변경, 도시개발사업(지적확정측량), 지번변경, 축척변경, 지번정정 등이 있다. 그리고 합병, 등록전환, 바다로 된 토지의 말소 등이 해당된다.

〈공간정보의 구축 및 관리 등에 관한 법률 시행규칙 별지 서식 제61호〉

결 번 대 장

구 읍 면

결 재			동·리	지 번	결 번		비 고
					연월일	사 유	
							(결번사유) 1. 행정구역변경 2. 도시개발사업 3. 지번변경 4. 축척변경 5. 지번정정 등

210㎜×297㎜ (보존용지(2종) 70g/㎡)

3 지목

3.1 지목의 종류 및 구분

1) 지목의 종류

지목은 전 · 답 · 과수원 · 목장용지 · 임야 · 광천지 · 염전 · 대(垈) · 공장용지 · 학교용지 · 주차장 · 주유소용지 · 창고용지 · 도로 · 철도용지 · 제방(堤防) · 하천 · 구거(溝渠) · 유지(溜池) · 양어장 · 수도용지 · 공원 · 체육용지 · 유원지 · 종교용지 · 사적지 · 묘지 · 잡종지로 구분하여 정한다(법 제67조 제1항). 그리고 지목의 구분 및 설정방법 등에 필요한 사항은 대통령령으로 정한다(법 제67조 제2항).

2) 지목의 구분

법 제67조 제1항에 따른 지목의 구분은 다음 각 호의 기준에 따른다(영 제58조).

1. 전 : 물을 상시적으로 이용하지 않고 곡물 · 원예작물(과수류는 제외한다) · 약초 · 뽕나무 · 닥나무 · 묘목 · 관상수 등의 식물을 주로 재배하는 토지와 식용(食用)으로 죽순을 재배하는 토지
2. 답 : 물을 상시적으로 직접 이용하여 벼 · 연(蓮) · 미나리 · 왕골 등의 식물을 주로 재배하는 토지
3. 과수원 : 사과 · 배 · 밤 · 호두 · 귤나무 등 과수류를 집단적으로 재배하는 토지와 이에 접속된 저장고 등 부속시설물의 부지. 다만, 주거용 건축물의 부지는 "대"로 한다.
4. 목장용지 : 다음 각 목의 토지. 다만, 주거용 건축물의 부지는 "대"로 한다.
   가. 축산업 및 낙농업을 하기 위하여 초지를 조성한 토지
   나. 「축산법」 제2조 제1호에 따른 가축을 사육하는 축사 등의 부지
   다. 가목 및 나목의 토지와 접속된 부속시설물의 부지
5. 임야 : 산림 및 원야(原野)를 이루고 있는 수림지(樹林地) · 죽림지 · 암석지 · 자갈땅 · 모래땅 · 습지 · 황무지 등의 토지
6. 광천지 : 지하에서 온수 · 약수 · 석유류 등이 용출되는 용출구(湧出口)와 그 유지(維持)에 사용되는 부지. 다만, 온수 · 약수 · 석유류 등을 일정한 장소로 운송하는 송수관 · 송유관 및 저장시설의 부지는 제외한다.
7. 염전 : 바닷물을 끌어들여 소금을 채취하기 위하여 조성된 토지와 이에 접속된 제염장(製鹽場) 등 부속시설물의 부지. 다만, 천일제염 방식으로 하지 아니하고

동력으로 바닷물을 끌어들여 소금을 제조하는 공장시설물의 부지는 제외한다.

8. 대
   가. 영구적 건축물 중 주거·사무실·점포와 박물관·극장·미술관 등 문화시설과 이에 접속된 정원 및 부속시설물의 부지
   나. 「국토의 계획 및 이용에 관한 법률」 등 관계 법령에 따른 택지조성공사가 준공된 토지
9. 공장용지
   가. 제조업을 하고 있는 공장시설물의 부지
   나. 「산업집적활성화 및 공장설립에 관한 법률」 등 관계 법령에 따른 공장부지 조성공사가 준공된 토지
   다. 가목 및 나목의 토지와 같은 구역에 있는 의료시설 등 부속시설물의 부지
10. 학교용지 : 학교의 교사(校舍)와 이에 접속된 체육장 등 부속시설물의 부지
11. 주차장 : 자동차 등의 주차에 필요한 독립적인 시설을 갖춘 부지와 주차전용 건축물 및 이에 접속된 부속시설물의 부지. 다만, 다음 각 목의 어느 하나에 해당하는 시설의 부지는 제외한다.
   가. 「주차장법」 제2조 제1호 가목 및 다목에 따른 노상주차장 및 부설주차장(「주차장법」 제19조 제4항에 따라 시설물의 부지 인근에 설치된 부설주차장은 제외한다)
   나. 자동차 등의 판매 목적으로 설치된 물류장 및 야외전시장
12. 주유소용지 : 다음 각 목의 토지. 다만, 자동차·선박·기차 등의 제작 또는 정비공장 안에 설치된 급유·송유시설 등의 부지는 제외한다.
   가. 석유·석유제품 또는 액화석유가스 등의 판매를 위하여 일정한 설비를 갖춘 시설물의 부지
   나. 저유소(貯油所) 및 원유저장소의 부지와 이에 접속된 부속시설물의 부지
13. 창고용지 : 물건 등을 보관하거나 저장하기 위하여 독립적으로 설치된 보관시설물의 부지와 이에 접속된 부속시설물의 부지
14. 도로 : 다음 각 목의 토지. 다만, 아파트·공장 등 단일 용도의 일정한 단지 안에 설치된 통로 등은 제외한다.
   가. 일반 공중(公衆)의 교통 운수를 위하여 보행이나 차량운행에 필요한 일정한 설비 또는 형태를 갖추어 이용되는 토지
   나. 「도로법」 등 관계 법령에 따라 도로로 개설된 토지

다. 고속도로의 휴게소 부지

라. 2필지 이상에 진입하는 통로로 이용되는 토지

15. 철도용지 : 교통 운수를 위하여 일정한 궤도 등의 설비와 형태를 갖추어 이용되는 토지와 이에 접속된 역사(驛舍)·차고·발전시설 및 공작창(工作廠) 등 부속시설물의 부지

16. 제방 : 조수·자연유수(自然流水)·모래·바람 등을 막기 위하여 설치된 방조제·방수제·방사제·방파제 등의 부지

17. 하천 : 자연의 유수(流水)가 있거나 있을 것으로 예상되는 토지

18. 구거 : 용수(用水) 또는 배수(排水)를 위하여 일정한 형태를 갖춘 인공적인 수로·둑 및 그 부속시설물의 부지와 자연의 유수(流水)가 있거나 있을 것으로 예상되는 소규모 수로부지

19. 유지(溜池) : 물이 고이거나 상시적으로 물을 저장하고 있는 댐·저수지·소류지(沼溜地)·호수·연못 등의 토지와 연·왕골 등이 자생하는 배수가 잘 되지 아니하는 토지

20. 양어장 : 육상에 인공으로 조성된 수산생물의 번식 또는 양식을 위한 시설을 갖춘 부지와 이에 접속된 부속시설물의 부지

21. 수도용지 : 물을 정수하여 공급하기 위한 취수·저수·도수(導水)·정수·송수 및 배수 시설의 부지 및 이에 접속된 부속시설물의 부지

22. 공원 : 일반 공중의 보건·휴양 및 정서생활에 이용하기 위한 시설을 갖춘 토지로서 「국토의 계획 및 이용에 관한 법률」에 따라 공원 또는 녹지로 결정·고시된 토지

23. 체육용지 : 국민의 건강증진 등을 위한 체육활동에 적합한 시설과 형태를 갖춘 종합운동장·실내체육관·야구장·골프장·스키장·승마장·경륜장 등 체육시설의 토지와 이에 접속된 부속시설물의 부지. 다만, 체육시설로서의 영속성과 독립성이 미흡한 정구장·골프연습장·실내수영장 및 체육도장, 유수(流水)를 이용한 요트장 및 카누장, 산림 안의 야영장 등의 토지는 제외한다.

24. 유원지 : 일반 공중의 위락·휴양 등에 적합한 시설물을 종합적으로 갖춘 수영장·유선장(遊船場)·낚시터·어린이놀이터·동물원·식물원·민속촌·경마장 등의 토지와 이에 접속된 부속시설물의 부지. 다만, 이들 시설과의 거리 등으로 보아 독립적인 것으로 인정되는 숙식시설 및 유기장(遊技場)의 부지와 하천·구거 또는 유지[공유(公有)인 것으로 한정한다]로 분류되는 것은 제외한다.

25. 종교용지 : 일반 공중의 종교의식을 위하여 예배·법요·설교·제사 등을 하기 위한 교회·사찰·향교 등 건축물의 부지와 이에 접속된 부속시설물의 부지
26. 사적지 : 문화재로 지정된 역사적인 유적·고적·기념물 등을 보존하기 위하여 구획된 토지. 다만, 학교용지·공원·종교용지 등 다른 지목으로 된 토지에 있는 유적·고적·기념물 등을 보호하기 위하여 구획된 토지는 제외한다.
27. 묘지 : 사람의 시체나 유골이 매장된 토지, 「도시공원 및 녹지 등에 관한 법률」에 따른 묘지공원으로 결정·고시된 토지 및 「장사 등에 관한 법률」 제2조 제9호에 따른 봉안시설과 이에 접속된 부속시설물의 부지. 다만, 묘지의 관리를 위한 건축물의 부지는 "대"로 한다.
28. 잡종지 : 다음 각 목의 토지. 다만, 원상회복을 조건으로 돌을 캐내는 곳 또는 흙을 파내는 곳으로 허가된 토지는 제외한다.
    가. 갈대밭, 실외에 물건을 쌓아두는 곳, 돌을 캐내는 곳, 흙을 파내는 곳, 야외시장, 비행장, 공동우물
    나. 영구적 건축물 중 변전소, 송신소, 수신소, 송유시설, 도축장, 자동차운전학원, 쓰레기 및 오물처리장 등의 부지
    다. 다른 지목에 속하지 않는 토지

3.2 지목의 표기

지목을 지적도 및 임야도(이하 "지적도면"이라 한다)에 등록하는 때에는 다음의 부호로 표기하여야 한다(규칙 제64조).

지목	부호	지목	부호	지목	부호
전	전	주차장	차	양어장	양
답	답	주유소용지	주	수도용지	수
과수원	과	창고용지	창	공원	공
목장용지	목	도로	도	체육용지	체
임야	임	철도용지	철	유원지	원
광천지	광	제방	제	종교용지	종
염전	염	하천	천	사적지	사
대	대	구거	구	묘지	묘
공장용지	장	유지	유	잡종지	잡
학교용지	학				

3.3 지목의 설정 방법

법 제67조 제1항에 따른 지목의 설정은 다음 각 호의 방법에 따른다(영 제59조 제1항).

1. 필지마다 하나의 지목을 설정할 것
2. 1필지가 둘 이상의 용도로 활용되는 경우에는 주된 용도에 따라 지목을 설정할 것

토지가 일시적 또는 임시적인 용도로 사용될 때에는 지목을 변경하지 아니한다(영 제59조 제2항).

4 면적

4.1 면적의 단위

면적의 단위는 제곱미터로 한다(법 제68조 제1항).

그리고 면적의 결정방법 등에 필요한 사항은 대통령령으로 정한다(법 제68조 제2항).

4.2 면적의 결정

면적의 결정은 다음 각 호의 방법에 따른다(영 제60조 제1항).

1. 토지의 면적에 1제곱미터 미만의 끝수가 있는 경우 0.5제곱미터 미만일 때에는 버리고 0.5제곱미터를 초과하는 때에는 올리며, 0.5제곱미터일 때에는 구하려는 끝자리의 숫자가 0 또는 짝수이면 버리고 홀수이면 올린다. 다만, 1필지의 면적이 1제곱미터 미만일 때에는 1제곱미터로 한다.
2. 지적도의 축척이 600분의 1인 지역과 경계점좌표등록부에 등록하는 지역의 토지 면적은 제1호에도 불구하고 제곱미터 이하 한 자리 단위로 하되, 0.1제곱미터 미만의 끝수가 있는 경우 0.05제곱미터 미만일 때에는 버리고 0.05제곱미터를 초과할 때에는 올리며, 0.05제곱미터일 때에는 구하려는 끝자리의 숫자가 0 또는 짝수이면 버리고 홀수이면 올린다. 다만, 1필지의 면적이 0.1제곱미터 미만일 때에는 0.1제곱미터로 한다.

제6장 지적공부

1. 지적공부 보존
2. 지적정보 전담관리기구
3. 지적공부의 등록사항
4. 지적공부 복구 및 절차
5. 지적공부의 열람 및 등본 발급
6. 지적전산자료 이용
7. 부동산종합공부의 관리 및 운영 등

제 6 장 지적공부

1 지적공부 보존

1.1 지적공부의 보존 등

지적소관청은 해당 청사에 지적서고를 설치하고 그 곳에 지적공부(정보처리시스템을 통하여 기록·저장한 경우는 제외한다. 이하 이 항에서 같다)를 영구히 보존하여야 하며, 다음 각 호의 어느 하나에 해당하는 경우 외에는 해당 청사 밖으로 지적공부를 반출할 수 없다(법 제69조 제1항).

1. 천재지변이나 그 밖에 이에 준하는 재난을 피하기 위하여 필요한 경우
2. 관할 시·도지사 또는 대도시 시장의 승인을 받은 경우

지적공부를 정보처리시스템을 통하여 기록·저장한 경우 관할 시·도지사, 시장·군수 또는 구청장은 그 지적공부를 지적정보관리체계에 영구히 보존하여야 한다(법 제69조 제2항).

국토교통부장관은 제2항에 따라 보존하여야 하는 지적공부가 멸실되거나 훼손될 경우를 대비하여 지적공부를 복제하여 관리하는 정보관리체계를 구축하여야 한다(법 제69조 제3항).

법 제69조 제3항에서의 '복제'와 관련하여 시장·군수·구청장은 법 제69조 제3항에 따라 지적공부를 복제할 때에는 2부를 복제하여야 한다(규정 제34조 제1항). 그리고 제1항에 따라 복제된 지적공부 1부는 법 제69조 제2항에 따라 보관하고, 나머지 1부는 시·도지사가 지정하는 안전한 장소에 이중문이 설치된 내화금고 등에 6개월 이상 보관하여야 한다(규정 제34조 제2항).

지적서고의 설치기준, 지적공부의 보관방법 및 반출승인 절차 등에 필요한 사항은 국토교통부령으로 정한다(법 제69조 제4항).

1.2 지적서고의 설치 및 관리

1) 지적서고의 설치

법 제69조 제1항에 따른 지적서고는 지적사무를 처리하는 사무실과 연접(連接)하여 설치하여야 하며(규칙 제65조 제1항), 지적서고의 구조는 다음 각 호의 기준에 따라야 한다(규칙 제65조 제2항).

1. 골조는 철근콘크리트 이상의 강질로 할 것
2. 지적서고의 면적은 별표 7의 기준면적에 따를 것

지적서고의 기준면적

지적공부 등록 필지 수	지적서고의 기준면적
10만필지 이하	80제곱미터
10만필지 초과 20만필지 이하	110제곱미터
20만필지 초과 30만필지 이하	130제곱미터
30만필지 초과 40만필지 이하	150제곱미터
40만필지 초과 50만필지 이하	165제곱미터
50만필지 초과	180제곱미터에 60만필지를 초과하는 10만필지마다 10제곱미터를 가산한 면적

3. 바닥과 벽은 2중으로 하고 영구적인 방수설비를 할 것
4. 창문과 출입문은 2중으로 하되, 바깥쪽 문은 반드시 철제로 하고 안쪽 문은 곤충·쥐 등의 침입을 막을 수 있도록 철망 등을 설치할 것
5. 온도 및 습도 자동조절장치를 설치하고, 연중 평균온도는 섭씨 20±5도를, 연중 평균습도는 65±5퍼센트를 유지할 것
6. 전기시설을 설치하는 때에는 단독퓨즈를 설치하고 소화장비를 갖춰 둘 것
7. 열과 습도의 영향을 받지 아니하도록 내부공간을 넓게 하고 천장을 높게 설치할 것

지적서고는 다음 각 호의 기준에 따라 관리하여야 한다(규칙 제65조 제3항).

1. 지적서고는 제한구역으로 지정하고, 출입자를 지적사무담당공무원으로 한정할 것
2. 지적서고에는 인화물질의 반입을 금지하며, 지적공부, 지적 관계 서류 및 지적측량장비만 보관할 것

지적공부 보관상자는 벽으로부터 15센티미터 이상 띄워야 하며, 높이 10센티미터 이상의 깔판 위에 올려놓아야 한다(규칙 제65조 제4항).

2) 지적서고의 관리

지적소관청은 지적부서 실·과장을 지적공부 보관 정책임자로, 지적업무담당을 부책

임자로 지정하여 관리한다(규정 제35조 제1항).

지적서고의 자물쇠는 바깥쪽문과 안쪽문에 각각 설치하고 열쇠는 2조를 마련하되, 1조는 지적소관청이 봉인하여 관리하고, 다른 1조는 지적부서 실·과장이 관리한다(규정 제35조 제2항).

지적서고의 출입문이 자동으로 개폐되는 경우에는 보안관리의 책임자는 지적부서 실·과장이 되고 담당자는 보안관리 책임자가 별도로 지정한다(규정 제35조 제3항).

1.3 지적공부의 관리 및 보관

1) 지적공부 관리

법 제2조 제19호에서 설명하고 있는 지적공부의 관리방법은 부동산종합공부시스템에 따른 방법을 제외하고는 다음 각 호와 같다(규정 제33조).

1. 지적공부는 지적업무담당공무원 외에는 취급하지 못한다.
2. 지적공부 사용을 완료한 때에는 즉시 보관 상자에 넣어야 한다. 다만, 간이보관 상자를 비치한 경우에는 그러하지 아니하다.
3. 지적공부를 지적서고 밖으로 반출하고자 할 때에는 훼손이 되지 않도록 보관·운반함 등을 사용한다.
4. 도면은 항상 보호대에 넣어 취급하되, 말거나 접지 못하며 직사광선을 받게 하거나 건습이 심한 장소에서 취급하지 못한다.

2) 지적공부 보관

부책(簿冊)으로 된 토지대장·임야대장 및 공유지연명부는 지적공부 보관상자에 넣어 보관하고, 카드로 된 토지대장·임야대장·공유지연명부·대지권등록부 및 경계점좌표등록부는 100장 단위로 바인더(binder)에 넣어 보관하여야 한다(규칙 제66조 제1항).

일람도·지번색인표 및 지적도면은 지번부여지역별로 도면번호순으로 보관하되, 각 장별로 보호대에 넣어야 한다(규칙 제66조 제2항).

법 제69조 제2항에 따라 지적공부를 정보처리시스템을 통하여 기록·보존하는 때에는 그 지적공부를 「공공기관의 기록물 관리에 관한 법률」 제19조 제2항에 따라 기록물관리기관에 이관할 수 있다(규칙 제66조 제3항).

1.4 지적공부 반출

지적소관청이 법 제69조 제1항에 따라 지적공부를 그 시·군·구의 청사 밖으로 반출하려는 경우에는 시·도지사 또는 대도시 시장(법 제25조 제1항의 대도시 시장을 말한다. 이하 같다)에게 지적공부 반출사유를 적은 별지 제62호 서식의 승인신청서를 제출하여야 한다(규칙 제67조 제1항).

〈공간정보의 구축 및 관리 등에 관한 법률 시행규칙 별지 서식 제62호〉

행 정 기 관 명

수신자
(참 조)
제 목 지적공부 반출 승인신청

「공간정보의 구축 및 관리 등에 관한 법률」 제69조 제1항 및 같은 법 시행규칙 제67조에 따라 다음과 같이 지적공부를 반출하려 하니 승인해 주시기 바랍니다.

토지소재		공부구분	수 량	지번 또는 도면번호	반출장소	반출기간	비 고
읍·면	동·리						
반출사유 :							

발 신 기 관 장 직인

기안자 직위(직급) 서명 검토자 직위(직급)서명 결재권자 직위 (직급)서명
협조자
시행 처리과-일련번호(시행일자) 접수 처리과명-일련번호(접수일자)
우 주소 / 홈페이지 주소
전화( ) 전송( ) / 기안자의 공식전자우편주소 / 공개구분

210㎜×297㎜ (일반용지 60g/㎡(재활용품)

제1항에 따른 신청을 받은 시·도지사 또는 대도시 시장은 지적공부 반출사유 등을 심사한 후 그 승인 여부를 지적소관청에 통지하여야 한다(규칙 제67조 제2항).

2 지적정보 전담관리기구

국토교통부장관은 지적공부의 효율적인 관리 및 활용을 위하여 지적정보 전담관리기구를 설치·운영한다(법 제70조 제1항).

국토교통부장관은 지적공부를 과세나 부동산정책자료 등으로 활용하기 위하여 주민등록전산자료, 가족관계등록전산자료, 부동산등기전산자료 또는 공시지가전산자료 등을 관리하는 기관에 그 자료를 요청할 수 있으며 요청을 받은 관리기관의 장은 특별한 사정이 없는 한 이에 응하여야 한다(법 제70조 제2항).

제1항에 따른 지적정보 전담관리기구의 설치·운영에 관한 세부사항은 대통령령으로 정한다(법 제70조 제3항).

3 지적공부의 등록사항

3.1 토지대장 등의 등록사항

1) 토지대장과 임야대장

토지대장과 임야대장에는 다음 각 호의 사항을 등록하여야 한다(법 제71조 제1항).

1. 토지의 소재
2. 지번
3. 지목
4. 면적
5. 소유자의 성명 또는 명칭, 주소 및 주민등록번호(국가, 지방자치단체, 법인, 법인 아닌 사단이나 재단 및 외국인의 경우에는 「부동산등기법」 제49조에 따라 부여된 등록번호를 말한다. 이하 같다)
6. 그 밖에 국토교통부령으로 정하는 사항(① 토지의 고유번호(각 필지를 서로 구별하기 위하여 필지마다 붙이는 고유한 번호를 말한다. 이하 같다), ② 지적도 또는 임야도의 번호와 필지별 토지대장 또는 임야대장의 장번호 및 축척, ③ 토지의 이동사유, ④ 토지소유자가 변경된 날과 그 원인, ⑤ 토지등급 또는 기준수확량등급과 그 설정·수정 연월일, ⑥ 개별공시지가와 그 기준일, ⑦ 그 밖에 국토교통부장관이 정하는 사항)(규칙 제68조 제2항)

1	2	3	4	5	6	7	8	9	10	1	2	3	4	5	6	7	8	9	10	11	12	13	14	15	16	17	18	19	20	21	22	23	24	25

토 지 대 장

고유번호			도면번호		장번호	
토지 소재		지번	축 척		비 고	

토지 표시			소유자		
지 목	면 적 ㎡	사 유	변 동 일 변 동 원 인	주 소	등 록 번 호 성명 또는 명칭
			년 월 일		
			년 월 일		

등 급 수 정 연 월 일													
토 지 등 급 (기준수확량등급)	( )	( )	( )	( )	( )	( )	( )	( )	( )	( )	( )	( )	( )	( )
개별공시지가 기준일												용도지역 등	
개별공시지가(원/㎡)													

0	1	2	3	4	5	6	7	8	9	10	1	2	3	4	5	6	7	8	9	10	11	12	13	14	15	16	17	18	19	20	21	22	23	24	25

270㎜×190㎜ (켄트특수합지 15g/장)

0	1	2	3	4	5	6	7	8	9	10	1	2	3	4	5	6	7	8	9	10	11	12	13	14	15	16	17	18	19	20	21	22	23	24	25

임 야 대 장

고유번호			도면번호		장번호	
토지 소재		지번	축 척		비 고	

토지 표시			소유자		
지 목	면 적 ㎡	사 유	변 동 일 변 동 원 인	주 소	등 록 번 호 성명 또는 명칭
			년 월 일		
			년 월 일		

등 급 수 정 연 월 일														
토 지 등 급 (기준수확량등급)	( )	( )	( )	( )	( )	( )	( )	( )	( )	( )	( )	( )	( )	( )
개별공시지가 기준일												용도지역 등		
개별공시지가(원/㎡)														

0	1	2	3	4	5	6	7	8	9	10	1	2	3	4	5	6	7	8	9	10	11	12	13	14	15	16	17	18	19	20	21	22	23	24	25

270㎜×190㎜ (켄트특수합지 15g/장)

2) 공유지연명부

제1항 제5호의 소유자가 둘 이상이면 공유지연명부에 다음 각 호의 사항을 등록하여야 한다(법 제71조 제2항).

1. 토지의 소재
2. 지번

3. 소유권 지분
4. 소유자의 성명 또는 명칭, 주소 및 주민등록번호
5. 그 밖에 국토교통부령으로 정하는 사항(① 토지의 고유번호, ② 필지별 공유지 연명부의 장번호, ③ 토지소유자가 변경된 날과 그 원인)(규칙 제68조 제3항).

0 1 2 3 4 5 6 7 8 9 10 1 2 3 4 5 6 7 8 9 10 11 12 13 14 15 16 17 18 19 20 21 22 23 24 25

공 유 지 연 명 부

고유번호			장번호				
토지 소재		지 번	비 고				
변 동 일 변 동 원 인	소유권 지 분	소유자 주 소	소유자 등 록 번 호 성명 또는 명칭	변 동 일 변 동 원 인	소유권 지 분	소유자 주 소	소유자 등 록 번 호 성명 또는 명칭
년 월 일				년 월 일			
년 월 일				년 월 일			
년 월 일				년 월 일			
년 월 일				년 월 일			
년 월 일				년 월 일			
년 월 일				년 월 일			
년 월 일				년 월 일			
년 월 일				년 월 일			

0 1 2 3 4 5 6 7 8 9 10 1 2 3 4 5 6 7 8 9 10 11 12 13 14 15 16 17 18 19 20 21 22 23 24 25

270㎜×190㎜ (켄트특수합지 15g/장)

3) 대지권등록부

토지대장이나 임야대장에 등록하는 토지가 「부동산등기법」에 따라 대지권 등기가 되어 있는 경우에는 대지권등록부에 다음 각 호의 사항을 등록하여야 한다(법 제71조 제3항).

1. 토지의 소재
2. 지번
3. 대지권 비율
4. 소유자의 성명 또는 명칭, 주소 및 주민등록번호
5. 그 밖에 국토교통부령으로 정하는 사항(① 토지의 고유번호, ② 전유부분(專有部分)의 건물표시, ③ 건물의 명칭, ④ 집합건물별 대지권등록부의 장번호, ⑤ 토지소유자가 변경된 날과 그 원인, ⑥ 소유권 지분)(규칙 제68조 제4항)

0 1 2 3 4 5 6 7 8 9 10 1 2 3 4 5 6 7 8 9 10 11 12 13 14 15 16 17 18 19 20 21 22 23 24 25

고유번호		대지권등록부		전유부분의 건물표시		건물명칭	
토지소재		지번		대지권비율		장번호	

지번										
대지권비율	——	——	——	——	——	——	——	——	——	——

변동일	소유권	소유자		변동일	소유권	소유자	
변동원인	지분	주소	등록번호 성명 또는 명칭	변동원인	지분	주소	등록번호 성명 또는 명칭
년 월 일				년 월 일			
년 월 일				년 월 일			
년 월 일				년 월 일			
년 월 일				년 월 일			

0 1 2 3 4 5 6 7 8 9 10 1 2 3 4 5 6 7 8 9 10 11 12 13 14 15 16 17 18 19 20 21 22 23 24 25

270㎜×190㎜ (켄트특수합지 15g/장)

토지의 고유번호를 붙이는 데에 필요한 사항은 국토교통부장관이 정하며(규칙 제68조 제5항), 고유번호는 행정구역코드 10자리(시·도 2, 시·군·구 3, 읍·면·동 3, 리 2), 대장구분 1자리, 본번 4자리, 부번 4자리를 합한 19자리로 구성한다(규정 제65조 제1항).

3.2 지적도 등의 등록사항

1) 지적도와 임야도

지적도 및 임야도에는 다음 각 호의 사항을 등록하여야 한다(법 제72조).

1. 토지의 소재
2. 지번
3. 지목
4. 경계
5. 그 밖에 국토교통부령으로 정하는 사항(① 지적도면의 색인도(인접도면의 연결 순서를 표시하기 위하여 기재한 도표와 번호를 말한다), ② 지적도면의 제명 및 축척, ③ 도곽선(圖廓線)과 그 수치, ④ 좌표에 의하여 계산된 경계점 간의 거리(경계점좌표등록부를 갖춰 두는 지역으로 한정한다), ⑤ 삼각점 및 지적기준점의 위치, ⑥ 건축물 및 구조물 등의 위치, ⑦ 그 밖에 국토교통부장관이 정하는 사항)(규칙 제69조 제2항).

지 적 도

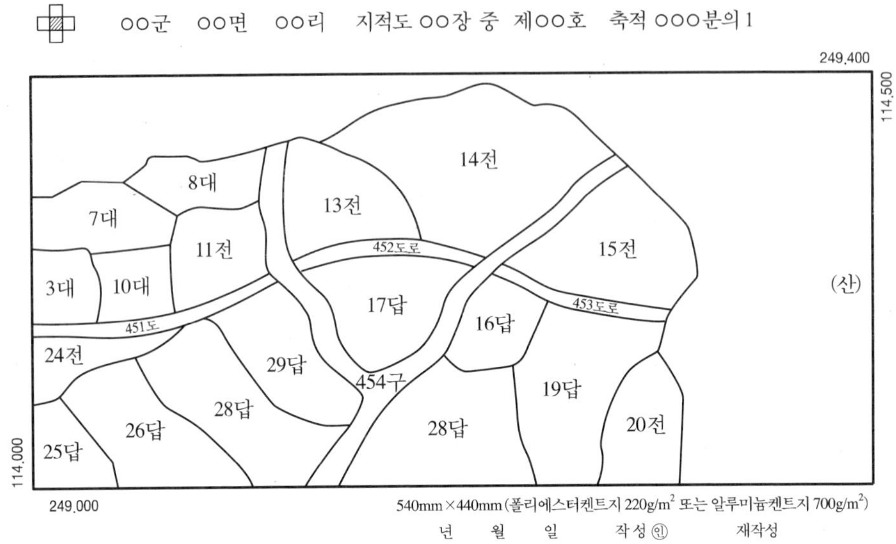

임 야 도

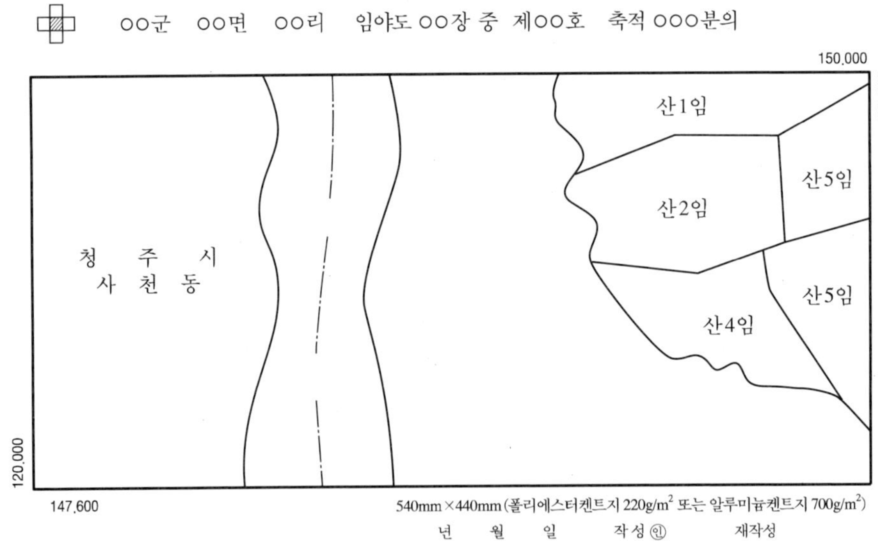

경계점좌표등록부를 갖춰 두는 지역의 지적도에는 해당 도면의 제명 끝에 "(좌표)"라고 표시하고, 도곽선의 오른쪽 아래 끝에 "이 도면에 의하여 측량을 할 수 없음"이라고 적어야 한다(규칙 제69조 제3항).

지적도면에는 지적소관청의 직인을 날인하여야 한다. 다만, 정보처리시스템을 이용하여 관리하는 지적도면의 경우에는 그러하지 아니하다(규칙 제69조 제4항).

지적소관청은 지적도면의 관리에 필요한 경우에는 지번부여지역마다 일람도와 지번색인표를 작성하여 갖춰 둘 수 있다(규칙 제69조 제5항).

지적도면의 축척은 다음 각 호의 구분에 따른다(규칙 제69조 제6항).

1. 지적도 : 1/500, 1/600, 1/1000, 1/1200, 1/2400, 1/3000, 1/6000
2. 임야도 : 1/3000, 1/6000

2) 일람도 및 지번색인표

규칙 제69조 제5항에 따른 일람도 및 지번색인표에는 다음 각 호의 사항을 등재하여야 한다(규정 제37조).

1. 일람도
   가. 지번부여지역의 경계 및 인접지역의 행정구역명칭
   나. 도면의 제명 및 축척
   다. 도곽선과 그 수치
   라. 도면번호
   마. 도로·철도·하천·구거·유지·취락 등 주요 지형·지물의 표시
2. 지번색인표
   가. 제명
   나. 지번·도면번호 및 결번

3) 일람도의 제도

규칙 제69조 제5항에 따라 일람도를 작성할 경우 일람도의 축척은 그 도면축척의 10분의 1로 한다. 다만, 도면의 장수가 많아서 한 장에 작성할 수 없는 경우에는 축척을 줄여서 작성할 수 있으며, 도면의 장수가 4장 미만인 경우에는 일람도의 작성을 하지 아니할 수 있다(규정 제38조 제1항).

제명 및 축척은 일람도 윗부분에 "○○시·도 ○○시·군·구 ○○읍·면 ○○동·리 일람도 축척 ○○○○ 분의 1"이라 제도한다. 이 경우 경계점좌표등록부시행지역은 제명 중 일람도 다음에 "(좌표)"라 기재하며, 그 제도방법은 다음 각 호와 같다(규정 제38조 제2항).

1. 글자의 크기는 9밀리미터로 하고 글자사이의 간격은 글자크기의 2분의 1정도 띄운다.
2. 제명의 일람도와 축척사이는 20밀리미터를 띄운다.

도면번호는 지번부여지역·축척 및 지적도·임야도·경계점좌표등록부시행지별로 일련번호를 부여한다. 이 경우 신규등록 및 등록전환으로 새로 도면을 작성할 경우의 도면번호는 그 지역 마지막 도면번호의 다음 번호로 부여한다. 다만, 제44조 제12항에

따라 도면을 작성할 경우에는 종전 도면번호에 "−1"과 같이 부호를 부여한다(규정 제38조 제3항).

일람도의 제도방법은 다음 각 호와 같다(규정 제38조 제4항).

1. 도곽선과 그 수치는 제40조 제5항을 준용한다.
2. 도면번호는 3밀리미터의 크기로 한다.
3. 인접 동·리 명칭은 4밀리미터, 그 밖의 행정구역 명칭은 5밀리미터의 크기로 한다.
4. 지방도로 이상은 검은색 0.2밀리미터 폭의 2선으로, 그 밖의 도로는 0.1밀리미터의 폭으로 제도한다.
5. 철도용지는 붉은색 0.2밀리미터 폭의 2선으로 제도한다.
6. 수도용지 중 선로는 남색 0.1밀리미터 폭의 2선으로 제도한다.
7. 하천·구거(溝渠)·유지(溜池)는 남색 0.1밀리미터의 폭의 2선으로 제도하고, 그 내부를 남색으로 엷게 채색한다. 다만, 적은 양의 물이 흐르는 하천 및 구거는 0.1밀리미터의 남색선으로 제도한다.
8. 취락지·건물 등은 검은색 0.1밀리미터의 폭으로 제도하고, 그 내부를 검은색으로 엷게 채색한다.
9. 삼각점 및 지적기준점의 제도는 제46조를 준용한다.
10. 도시개발사업·축척변경 등이 완료된 때에는 지구경계를 붉은색 0.1밀리미터 폭의 선으로 제도한 후 지구 안을 붉은색으로 엷게 채색하고, 그 중앙에 사업명 및 사업완료연도를 기재한다.

4) 지번색인표의 제도

제명은 지번색인표 윗부분에 9밀리미터의 크기로 "○○시·도 ○○시·군·구 ○○읍·면 ○○동·리 지번색인표"라 제도한다(규정 제39조 제1항).

지번색인표에는 도면번호별로 그 도면에 등록된 지번을, 토지의 이동으로 결번이 생긴 때에는 결번란에 그 지번을 제도한다(규정 제39조 제2항).

5) 도곽선의 제도

도면의 윗방향은 항상 북쪽이 되어야 한다(규정 제40조 제1항).

지적도의 도곽 크기는 가로 40센티미터, 세로 30센티미터의 직사각형으로 한다(규정 제43조 제2항). 도곽의 구획은 영 제7조 제3항 각 호에서 정한 좌표의 원점을 기준으로 하여 정하되, 그 도곽의 종횡선수치는 좌표의 원점으로부터 기산하여 영 제7조 제3항에서 정한 종횡선수치를 각각 가산한다(규정 제40조 제3항). 이미 사용하고 있는 도면의 도곽크기는 제2항에도 불구하고 종전에 구획되어 있는 도곽과 그 수치로 한다(규정 제40조 제4항).

도면에 등록하는 도곽선은 0.1밀리미터의 폭으로, 도곽선의 수치는 도곽선 왼쪽 아래부분과 오른쪽 윗부분의 종횡선교차점 바깥쪽에 2밀리미터 크기의 아라비아숫자로 제도한다(규정 제40조 제5항).

6) 경계의 제도

경계는 0.1밀리미터 폭의 선으로 제도한다(규정 제41조 제1항).

1필지의 경계가 도곽선에 걸쳐 등록되어 있으면 도곽선 밖의 여백에 경계를 제도하거나, 도곽선을 기준으로 다른 도면에 나머지 경계를 제도한다. 이 경우 다른 도면에 경계를 제도할 때에는 지번 및 지목은 붉은색으로 표시한다(규정 제41조 제2항).

규칙 제69조 제2항 제4호에 따른 경계점좌표등록부 등록지역의 도면(경계점 간 거리등록을 하지 아니한 도면을 제외한다)에 등록할 경계점 간 거리는 검은색의 1.5밀리미터 크기의 아라비아숫자로 제도한다. 다만, 경계점 간 거리가 짧거나 경계가 원을 이루는 경우에는 거리를 등록하지 아니할 수 있다(규정 제41조 제3항).

지적기준점 등이 매설된 토지를 분할할 경우 그 토지가 작아서 제도하기가 곤란한 때에는 그 도면의 여백에 그 축척의 10배로 확대하여 제도할 수 있다(규정 제41조 제4항).

7) 지번 및 지목의 제도

지번 및 지목은 경계에 닿지 않도록 필지의 중앙에 제도한다. 다만, 1필지의 토지의 형상이 좁고 길어서 필지의 중앙에 제도하기가 곤란한 때에는 가로쓰기가 되도록 도면을 왼쪽 또는 오른쪽으로 돌려서 제도할 수 있다(규정 제42조 제1항).

지번 및 지목을 제도할 때에는 지번 다음에 지목을 제도한다. 이 경우 2밀리미터 이상 3밀리미터 이하 크기의 명조체로 하고, 지번의 글자 간격은 글자크기의 4분의 1정도, 지번과 지목의 글자 간격은 글자크기의 2분의 1정도 띄어서 제도한다. 다만, 부동산종합공부시스템이나 레터링으로 작성할 경우에는 고딕체로 할 수 있다(규정 제42조 제2항).

1필지의 면적이 작아서 지번과 지목을 필지의 중앙에 제도할 수 없는 때에는 ㄱ, ㄴ, ㄷ, …, ㄱ^1, ㄴ^1, ㄷ^1, …, ㄱ^2, ㄴ^2, ㄷ^2, …, 등으로 부호를 붙이고, 도곽선 밖에 그 부호·지번 및 지목을 제도한다. 이 경우 부호가 많아서 그 도면의 도곽선 밖에 제도할 수 없는 때에는 별도로 부호도를 작성할 수 있다(규정 제42조 제3항).

부동산종합공부시스템에 따라 지번 및 지목을 제도할 경우에는 제2항 중 글자의 크기에 대한 규정과 제3항을 적용하지 아니할 수 있다(규정 제42조 제4항).

8) 지적기준점 등의 제도

삼각점 및 지적기준점(제4조에 따라 지적측량수행자가 설치하고, 그 지적기준점성과를 지적소관청이 인정한 지적기준점을 포함한다)은 0.2밀리미터 폭의 선으로 다음 각 호와 같이 제도한다(규정 제43조 제1항).

1. 위성기준점은 직경 2밀리미터 및 3밀리미터의 2중원 안에 십자선을 표시하여 제도한다.

• 위성기준점

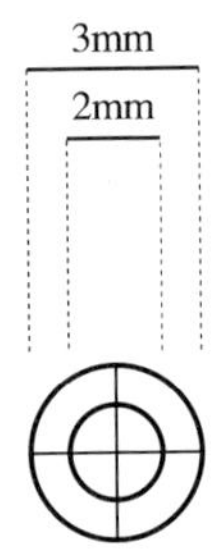

2. 1등 및 2등삼각점은 직경 1밀리미터, 2밀리미터 및 3밀리미터의 3중원으로 제도한다. 이 경우 1등삼각점은 그 중심원 내부를 검은색으로 엷게 채색한다.

• 1등삼각점

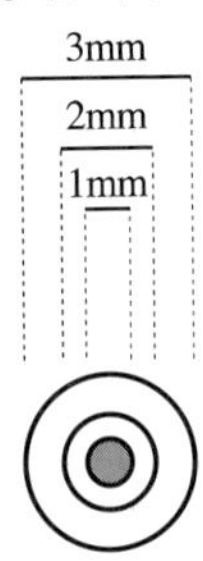

• 2등삼각점

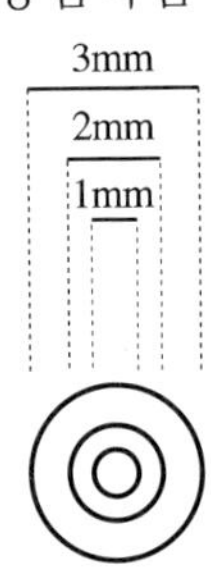

3. 3등 및 4등삼각점은 직경 1밀리미터 및 2밀리미터의 2중원으로 제도한다. 이 경우 3등삼각점은 그 중심원 내부를 검은색으로 엷게 채색한다.

• 3등삼각점

• 4등삼각점

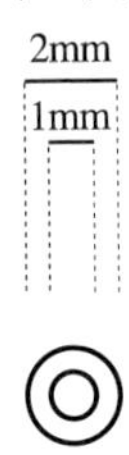

4. 지적삼각점 및 지적삼각보조점은 직경 3밀리미터의 원으로 제도한다. 이 경우 지적삼각점은 원안에 십자선을 표시하고, 지적삼각보조점은 원안에 검은색으로 엷게 채색한다.

• 지적삼각점 • 지적삼각보조점

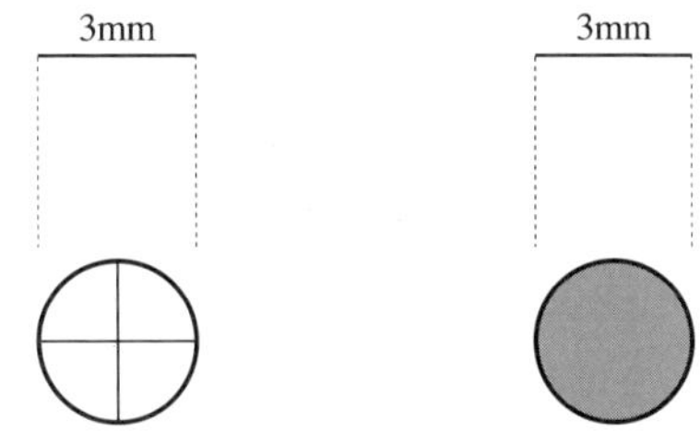

5. 지적도근점은 직경 2밀리미터의 원으로 다음과 같이 제도한다.

• 지적도근점

6. 지적기준점의 명칭과 번호는 그 지적기준점의 윗부분에 2밀리미터 이상 3밀리미터 이하 크기의 명조체로 제도한다. 다만, 레터링으로 작성할 경우에는 고딕체로 할 수 있으며 경계에 닿는 경우에는 다른 위치에 제도할 수 있다.

「지적측량 시행규칙」 제2조 제2항 후단에 따라 지적기준점표지를 폐기한 때에는 도면에 등록된 그 지적기준점 표시사항을 말소한다(규정 제43조 제2항).

9) 행정구역선의 제도

도면에 등록할 행정구역선은 0.4밀리미터 폭으로 다음 각 호와 같이 제도한다. 다만, 동・리의 행정구역선은 0.2밀리미터 폭으로 한다(규정 제44조 제1항).

1. 국계는 실선 4밀리미터와 허선 3밀리미터로 연결하고 실선 중앙에 실선과 직각으로 교차하는 1밀리미터의 실선을 긋고, 허선에 직경 0.3밀리미터의 점 2개를 제도한다.

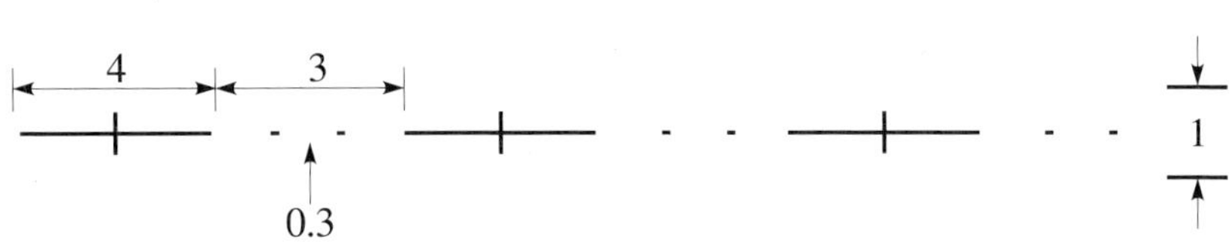

2. 시・도계는 실선 4밀리미터와 허선 2밀리미터로 연결하고 실선 중앙에 실선과 직각으로 교차하는 1밀리미터의 실선을 긋고, 허선에 직경 0.3밀리미터의 점 1개를 제도한다.

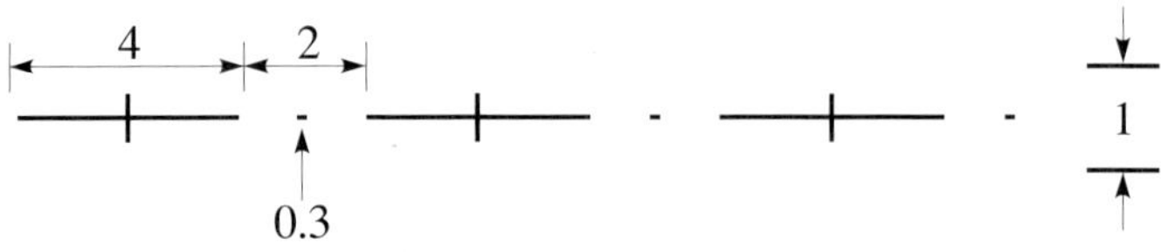

3. 시・군계는 실선과 허선을 각각 3밀리미터로 연결하고, 허선에 0.3밀리미터의 점 2개를 제도한다.

4. 읍・면・구계는 실선 3밀리미터와 허선 2밀리미터로 연결하고, 허선에 0.3밀리미터의 점 1개를 제도한다.

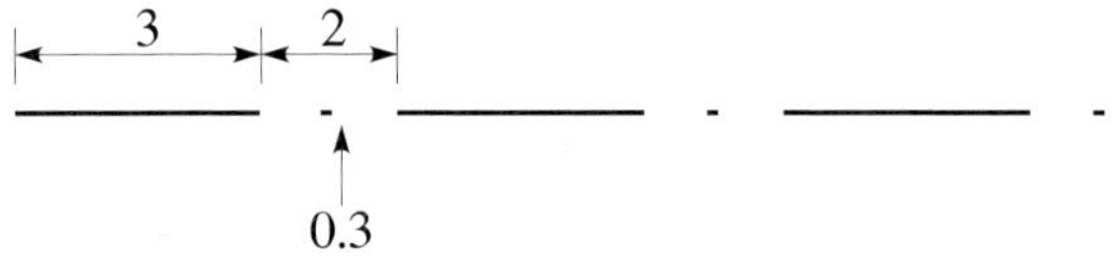

5. 동・리계는 실선 3밀리미터와 허선 1밀리미터로 연결하여 제도한다.

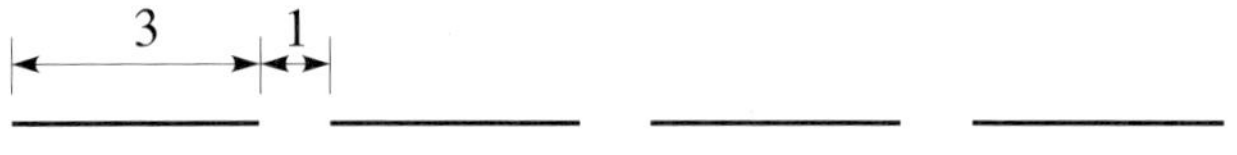

6. 행정구역선이 2종 이상 겹치는 경우에는 최상급 행정구역선만 제도한다.
7. 행정구역선은 경계에서 약간 띄워서 그 외부에 제도한다.

행정구역의 명칭은 도면여백의 넓이에 따라 4밀리미터 이상 6밀리미터 이하의 크기로 경계 및 지적기준점 등을 피하여 같은 간격으로 띄어서 제도한다(규정 제44조 제2항). 그리고 도로・철도・하천・유지 등의 고유명칭은 3밀리미터 이상 4밀리미터 이하의 크기로 같은 간격으로 띄어서 제도한다(규정 제44조 제3항).

10) 색인도 등의 제도

색인도는 도곽선의 왼쪽 윗부분 여백의 중앙에 다음 각 호와 같이 제도한다(규정 제45조 제1항).

1. 가로 7밀리미터, 세로 6밀리미터 크기의 직사각형을 중앙에 두고 그의 4변에 접하여 같은 규격으로 4개의 직사각형을 제도한다.
2. 1장의 도면을 중앙으로 하여 동일 지번부여지역안 윗쪽 · 아래쪽 · 왼쪽 및 오른쪽의 인접 도면번호를 각각 3밀리미터의 크기로 제도한다.

제명 및 축척은 도곽선 윗부분 여백의 중앙에 "○○시 · 군 · 구 ○○읍 · 면 ○○동 · 리 지적도 또는 임야도 ○○장중 제○○호 축척○○○○분의 1"이라 제도한다. 이 경우 그 제도방법은 다음 각 호와 같다(규정 제45조 제2항).

1. 글자의 크기는 5밀리미터로 하고, 글자사이의 간격은 글자크기의 2분의 1정도 띄어 쓴다.
2. 축척은 제명끝에서 10밀리미터를 띄어 쓴다.

11) 토지의 이동에 따른 도면의 제도

토지의 이동으로 지번 및 지목을 제도하는 경우에는 이동전 지번 및 지목을 말소하고, 새로 설정된 지번 및 지목을 가로쓰기로 제도한다(규정 제46조 제1항).

경계를 말소할 때에는 해당 경계선을 말소한다(규정 제46조 제2항). 그리고 말소된 경계를 다시 등록할 때에는 말소정리 이전의 자료로 원상회복 정리한다(규정 제46조 제3항).

신규등록 · 등록전환 및 등록사항정정으로 도면에 경계, 지번 및 지목을 새로 등록할 때에는 이미 비치된 도면에 제도한다. 다만, 이미 비치된 도면에 정리할 수 없는 때에는 새로 도면을 작성한다(규정 제46조 제4항).

등록전환 할 때에는 임야도의 그 지번 및 지목을 말소한다(규정 제46조 제5호).

필지를 분할할 경우에는 분할전 지번 및 지목을 말소하고, 분할경계를 제도한 후 필지마다 지번 및 지목을 새로 제도한다(규정 제46조 제6항). 도곽선에 걸쳐 있는 필지가 분할되어 도곽선 밖에 분할경계가 제도된 때에는 도곽선 밖에 제도된 필지의 경계를 말소하고, 그 도곽선 안에 필지의 경계, 지번 및 지목을 제도한다(규정 제46조 제7항).

합병할 때에는 합병되는 필지 사이의 경계 · 지번 및 지목을 말소한 후 새로 부여하는 지번과 지목을 제도한다(규정 제46조 제8항).

지번 또는 지목을 변경할 때에는 지번 또는 지목만 말소하고, 새로 설정된 지번 또는 지목을 제도한다(규정 제46조 제9항).

지적공부에 등록된 토지가 바다가 된 때에는 경계 · 지번 및 지목을 말소한다(규정 제46조 제10항).

행정구역이 변경된 때에는 변경전 행정구역선과 그 명칭 및 지번을 말소하고, 변경후의 행정구역선과 그 명칭 및 지번을 제도한다(규정 제46조 제11항).

도시개발사업·축척변경 등의 시행지역으로서 시행전과 시행후의 도면축척이 같고 시행전 도면에 등록된 필지의 일부가 사업지구안에 편입된 때에는 이미 비치된 도면에 경계·지번 및 지목을 제도하거나, 남아 있는 일부 필지를 포함하여 도면을 작성한다. 다만, 도면과 확정측량결과도의 도곽선 차이가 0.5밀리미터 이상인 경우에는 확정측량결과도에 따라 새로이 도면을 작성한다(규정 제46조 제12항).

도시개발사업·축척변경 등의 완료로 새로 도면을 작성한 지역의 종전도면의 지구안의 지번 및 지목을 말소한다(규정 제46조 제13항).

부동산종합공부시스템으로 제1항부터 제13항까지를 정리한 경우에는 변동 전·후의 내용을 관리하여야 하며, 필요한 경우 필지별로 폐쇄 전·후의 내용을 열람 및 발급할 수 있어야 한다(규정 제46조 제14항).

3.3 경계점좌표등록부의 등록사항 등

1) 경계점좌표등록부의 등록사항

지적소관청은 법 제86조에 따른 도시개발사업 등에 따라 새로이 지적공부에 등록하는 토지에 대하여는 다음 각 호의 사항을 등록한 경계점좌표등록부를 작성하고 갖춰 두어야 한다(법 제73조).

1. 토지의 소재
2. 지번
3. 좌표
4. 그 밖에 국토교통부령으로 정하는 사항(토지의 고유번호, 지적도면의 번호, 필지별 경계점좌표등록부의 장번호, 부호 및 부호도)(규칙 제71조 제3항)

법 제73조에 따라 경계점좌표등록부를 갖춰 두는 토지는 지적확정측량 또는 축척변경을 위한 측량을 실시하여 경계점을 좌표로 등록한 지역의 토지로 한다(규칙 제71조 제2항).

0 1 2 3 4 5 6 7 8 9 10 1 2 3 4 5 6 7 8 9 11 12 13 14 15 16 17 18 19 20 21 22 23 24 25

고유번호		경 계 점 좌 표 등 록 부			도면번호		장번호		
토지 소재		지 번			비 고				
부 호 도		부 호	좌표 X	좌표 Y	부 호	좌표 X		좌표 Y	
			m	m		m		m	

부 호	좌표 X	좌표 Y	부 호	좌표 X	좌표 Y	부 호	좌표 X	좌표 Y
	m	m		m	m		m	m

0 1 2 3 4 5 6 7 8 9 10 1 2 3 4 5 6 7 8 9 11 12 13 14 15 16 17 18 19 20 21 22 23 24 25

270㎜×190㎜ (보존용지(1종) 120g/㎡)

2) 경계점좌표등록부 정리

부호도의 각 필지의 경계점부호는 왼쪽 위에서부터 오른쪽으로 경계를 따라 아라비아 숫자로 연속하여 부여한다. 이 경우 토지의 빈번한 이동정리로 부호도가 복잡한 경우에는 아래 여백에 새로 정리할 수 있다(규정 제47조 제1항).

분할된 경우의 부호도 및 부호에는 새로 결정된 경계점의 부호를 그 필지의 마지막부호 다음 번호부터 부여하고, 다른 필지로 된 경계점의 부호도, 부호 및 좌표는 말소하여야 하며, 새로 결정된 경계점의 좌표를 다음 란에 정리한다(규정 제47조 제2항). 그리고 분할 후 필지의 부호도 및 부호의 정리는 제1항 본문을 준용한다(규정 제47조 제3항).

합병된 때에는 존치되는 필지의 경계점좌표등록부에 합병되는 필지의 좌표를 정리하고 부호도 및 부호를 새로 정리한다. 이 경우 부호는 마지막부호 다음부호부터 부여하고, 합병으로 인하여 필요 없게 된 경계점(일직선상에 있는 경계점을 말한다)의 부호도·부호 및 좌표를 말소한다(규정 제47조 제4항). 합병으로 인하여 필지가 말소된 때에는 경계점좌표등록부의 부호도, 부호 및 좌표를 말소한다. 이 경우 말소된 경계점좌표등록부도 지번순으로 함께 보관한다(규정 제47조 제5항).

등록사항정정으로 경계점좌표등록부를 정리할 때에는 제1항부터 제5항까지 규정을 준용한다(규정 제47조 제6항).

지적전산정보시스템에 따라 경계점좌표등록부를 정리할 때에는 제1항부터 제6항까지를 적용하지 아니할 수 있다(규정 제47조 제7항).

4 지적공부 복구 및 절차

4.1 지적공부의 복구

지적소관청(제69조 제2항에 따른 지적공부의 경우에는 시 · 도지사, 시장 · 군수 또는 구청장)은 지적공부의 전부 또는 일부가 멸실되거나 훼손된 경우에는 대통령령으로 정하는 바에 따라 지체 없이 이를 복구하여야 한다(법 제74조).

지적소관청이 법 제74조에 따라 지적공부를 복구할 때에는 멸실 · 훼손 당시의 지적공부와 가장 부합된다고 인정되는 관계 자료에 따라 토지의 표시에 관한 사항을 복구하여야 한다. 다만, 소유자에 관한 사항은 부동산등기부나 법원의 확정판결에 따라 복구하여야 한다(영 제61조 제1항). 이때 "복구자료"라 함은 다음 각 호와 같다(규칙 제72조).

1. 지적공부의 등본
2. 측량 결과도
3. 토지이동정리 결의서
4. 부동산등기부 등본 등 등기사실을 증명하는 서류
5. 지적소관청이 작성하거나 발행한 지적공부의 등록내용을 증명하는 서류
6. 법 제69조 제3항에 따라 복제된 지적공부
7. 법원의 확정판결서 정본 또는 사본

그리고 지적공부의 복구에 관한 관계 자료 및 복구절차 등에 관하여 필요한 사항은 국토교통부령으로 정한다(영 제61조 제2항).

4.2 지적공부의 복구 절차

지적소관청은 법 제74조 및 영 제61조 제1항에 따라 지적공부를 복구하려는 경우에는 제72조 각 호의 복구자료를 조사하여야 한다(규칙 제73조 제1항).

지적소관청은 제1항에 따라 조사된 복구자료 중 토지대장 · 임야대장 및 공유지연명부의 등록 내용을 증명하는 서류 등에 따라 별지 제70호 서식의 지적복구자료 조사서를 작성하고, 지적도면의 등록 내용을 증명하는 서류 등에 따라 복구자료도를 작성하여야 한다(규칙 제73조 제2항).

제2항에 따라 작성된 복구자료도에 따라 측정한 면적과 지적복구자료 조사서의 조사된 면적의 증감이 영 제19조 제1항 제2호 가목의 계산식에 따른 허용범위를 초과하거나 복구자료도를 작성할 복구자료가 없는 경우에는 복구측량을 하여야 한다. 이 경우 같은 계산식 중 A는 오차허용면적, M은 축척분모, F는 조사된 면적을 말한다(규칙

제73조 제3항). 제2항에 따라 작성된 지적복구자료 조사서의 조사된 면적이 영 제19조 제1항 제2호 가목의 계산식에 따른 허용범위 이내인 경우에는 그 면적을 복구면적으로 결정하여야 한다(규칙 제73조 제4항).

제3항에 따라 복구측량을 한 결과가 복구자료와 부합하지 아니하는 때에는 토지소유자 및 이해관계인의 동의를 받어 경계 또는 면적 등을 조정할 수 있다. 이 경우 경계를 조정한 때에는 제60조 제2항에 따른 경계점표지를 설치하여야 한다(규칙 제73조 제5항).

지적소관청은 제1항부터 제5항까지의 규정에 따른 복구자료의 조사 또는 복구측량 등이 완료되어 지적공부를 복구하려는 경우에는 복구하려는 토지의 표시 등을 시·군·구 게시판 및 인터넷 홈페이지에 15일 이상 게시하여야 한다(규칙 제73조 제6항). 복구하려는 토지의 표시 등에 이의가 있는 자는 제6항의 게시기간 내에 지적소관청에 이의신청을 할 수 있다. 이 경우 이의신청을 받은 지적소관청은 이의사유를 검토하여 이유 있다고 인정되는 때에는 그 시정에 필요한 조치를 하여야 한다(규칙 제73조 제7항). 지적소관청은 제6항 및 제7항에 따른 절차를 이행한 때에는 지적복구자료 조사서, 복구자료도 또는 복구측량 결과도 등에 따라 토지대장·임야대장·공유지연명부 또는 지적도면을 복구하여야 한다(규칙 제73조 제8항). 토지대장·임야대장 또는 공유지연명부는 복구되고 지적도면이 복구되지 아니한 토지가 법 제83조에 따른 축척변경 시행지역이나 법 제86조에 따른 도시개발사업 등의 시행지역에 편입된 때에는 지적도면을 복구하지 아니할 수 있다(규칙 제73조 제9항).

5 지적공부의 열람 및 등본 발급

지적공부를 열람하거나 그 등본을 발급받으려는 자는 해당 지적소관청에 그 열람 또는 발급을 신청하여야 한다. 다만, 정보처리시스템을 통하여 기록·저장된 지적공부(지적도 및 임야도는 제외한다)를 열람하거나 그 등본을 발급받으려는 경우에는 특별자치시장, 시장·군수 또는 구청장이나 읍·면·동의 장에게 신청할 수 있다(법 제75조 제1항).

제1항에 따른 지적공부의 열람 및 등본 발급의 절차 등에 필요한 사항은 국토교통부령으로 정하고(법 제75조 제2항), 지적공부를 열람하거나 그 등본을 발급받으려는 자는 별지 제71호 서식의 지적공부·부동산종합공부 열람·등본발급 신청서(전자문서로 된 신청서를 포함한다)를 지적소관청 또는 읍·면·동장에게 제출하여야 한다(규칙 제74조 제1항).

〈공간정보의 구축 및 관리 등에 관한 법률 시행규칙 별지 서식 제71호〉

지적공부 · 부동산종합공부 열람 · 발급 신청서

※ 주민등록번호는 신청인 소유의 토지 또는 부동산이면서 발급받는 대장 및 증명서에 등록번호 출력을 원하는 경우에만 적습니다.

접수번호	접수일	발급일	처리기간 즉시

신청인	성명	※ 주민등록번호
신청물건	시 · 도 　 시 · 군 · 구 　 읍 · 면	
	리 · 동 　 번지	
	집합건물 　 APT · 연립 · B/D 　 동 　 층 　 호	
신청구분	[ ] 열람 　 [ ] 등본 발급 　 [ ] 증명서 발급	※ 발급 시 부수를 [ ]안에 숫자로 표시
지적공부	[ ] 토지대장 　 [ ] 임야대장 　 [ ] 지적도 　 [ ] 임야도 　 [ ] 경계점좌표등록부	

부동산종합공부 　 (※ 종합형은 연혁을 포함한 모든 정보, 맞춤형은 √로 표시한 정보만 발급)

종합형		[ ]토지	[ ]토지, 건축물	[ ]토지, 집합건물
맞춤형	• 토지(지목, 면적, 현 소유자 등) 기본사항	[ ]		
	• 토지(지목, 면적 등) · 건물(주용도, 층수 등) 기본사항		[ ]	[ ]
	• 토지이용확인도 및 토지이용계획	[ ]	[ ]	[ ]
	• 토지 · 건축물 소유자 현황		[ ]	[ ]
	• 토지 · 건축물 소유자 공유현황	[ ]	[ ]	[ ]
	• 토지 · 건축물 표시 변동 연혁	[ ]	[ ]	[ ]
	• 토지 · 건축물 소유자 변동 연혁	[ ]	[ ]	[ ]
	• 가격 연혁	[ ]	[ ]	[ ]
	• 지적(임야)도	[ ]	[ ]	[ ]
	• 경계점좌표 등록사항	[ ]	[ ]	[ ]
	• 건축물 층별 현황		[ ]	[ ]
	• 건축물 현황도면		[ ]	[ ]

「공간정보의 구축 및 관리에 관한 법률」 제75조 · 제76조의4 및 같은 법 시행규칙 제74조에 따라 지적공부 · 부동산종합공부의 열람 · 증명서 발급을 신청합니다.

년 　 월 　 일

신청인 　 (서명 또는 인)

특별자치시장
시장 · 군수 · 구청장 　 귀하
읍 · 면 · 동장

첨부서류	없 음

	구분		신청종목	방문신청	인터넷 신청
수수료	지적공부	열람	토지(임야)대장, 경계점좌표등록부 (1필지)	300원	200원(소유자 본인 신청시 무료)
			지적(임야)도(1장)	400원	무료
		발급	토지(임야)대장, 경계점좌표등록부(1필지)	500원	300원(추가 장당 50원/소유자 본인 신청시 무료)
			지적(임야)도 (가로 21cm×30cm)	700원	무료
	부동산 종합 공부	열람	부동산종합증명서 종합형	없음	무료
			부동산종합증명서 맞춤형	없음	무료
		발급	부동산종합증명서 종합형	1,500원	1,000원
			부동산종합증명서 맞춤형	1,000원	800원
			※ 방문 발급시 1통에 대한 발급수수료는 20장까지는 기본 수수료를 적용하고, 1통이 20장을 초과하는 때에는 초과 1장마다 50원의 수수료 추가 적용(인터넷 발급은 적용하지 않음)		

210㎜×297㎜[백상지 80g/㎡(재활용품)]

지적공부의 열람 및 등본발급 신청은 신청자가 대상토지의 지번을 제시한 경우에만 할 수 있다(규정 제48조 제1항).

지적소관청은 지적공부의 열람신청이 있는 때에는 신청필지수와 수수료금액을 확인하여 신청서에 첨부된 수입증지를 소인한 후 컴퓨터 화면 등에 따라 담당공무원의 참여하에 지적공부를 열람시킨다(규정 제48조 제2항). 열람자가 보기 쉬운 장소에 다음 각 호와 같이 열람시의 유의사항을 게시하고 알려주어야 한다(규정 제48조 제3항).

1. 지정한 장소에서 열람하여 주십시오.

2. 화재의 위험이 있거나 지적공부를 훼손할 수 있는 물건을 휴대해서는 안됩니다.

지적공부의 등본은 지적공부를 복사·제도하여 작성하거나 부동산종합공부시스템으로 작성한다. 이 경우 대장등본은 작성일 현재의 최종사유를 기준으로 작성한다. 다만, 신청인의 요구가 있는 때에는 그러하지 아니하다(규정 제48조 제4항).

국가기관, 지방자치단체 또는 지적측량수행자가 지적도면(정보처리시스템에 구축된 지적도면 데이터 파일을 포함한다. 이하 이 조에서 같다)을 복사하려는 경우에는 지적도면 복사의 목적, 사업계획 등을 적은 신청서를 지적소관청에 제출하여야 한다(규칙 제70조 제1항). 신청을 받은 지적소관청은 신청 내용을 심사한 후 그 타당성을 인정하는 때에 지적도면을 복사할 수 있게 하여야 한다. 이 경우 복사 과정에서 지적도면을 손상시킬 염려가 있으면 지적도면의 복사를 정지시킬 수 있다(규칙 제70조 제2항). 그리고 제2항에 따라 복사한 지적도면은 신청 당시의 목적 외의 용도로는 사용할 수 없다(규칙 제70조 제3항).

도면등본을 복사에 따라 작성 발급하는 때에는 윗부분과 아래부분에 다음과 같이 날인하고, 축척은 규칙 제69조 제6항에 따른다. 다만, 부동산종합공부시스템으로 발급하는 경우에는 신청인이 원하는 축척과 범위를 지정하여 발급할 수 있다(규정 제48조 제5항).

제4항에 따라 작성한 등본에는 수입증지를 첨부하여 소인한 후 지적소관청의 직인을 날인하여야 한다. 이 경우 등본이 1장을 초과할 경우에는 첫 장에만 직인을 날인하고 다음 장부터는 천공 또는 간인하여 발급한다(규정 제48조 제6항).

(도면등본 날인문안 및 규격)

(윗 부 분)

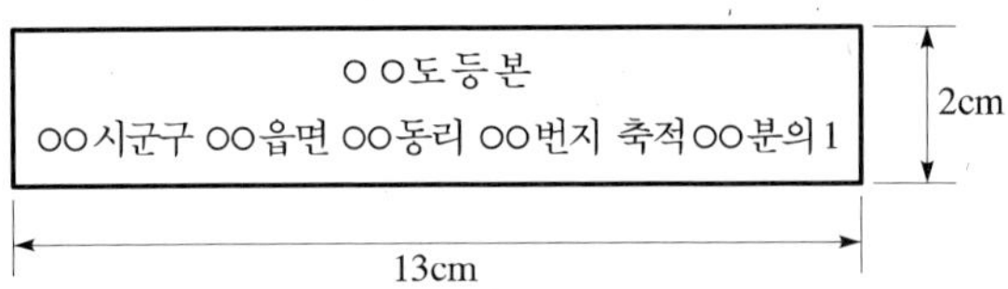

(아 랫 부 분)

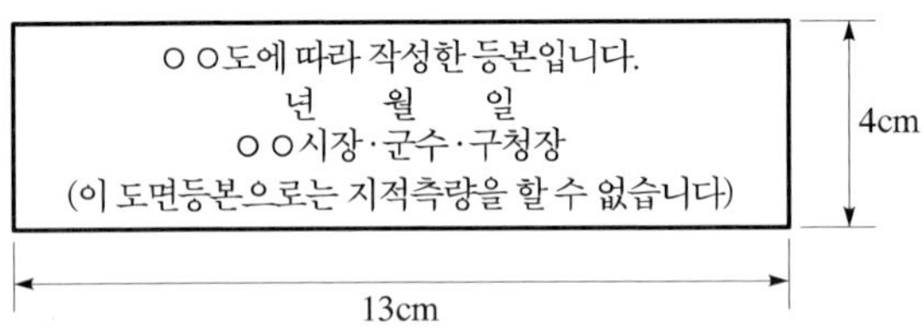

대장등본을 복사하여 작성 발급하는 때에는 대장의 앞면과 뒷면을 각각 복사하여 기재사항 끝부분에 다음과 같이 날인한다(규정 제48조 제7항).

(대장등본 날인문안 및 규격)

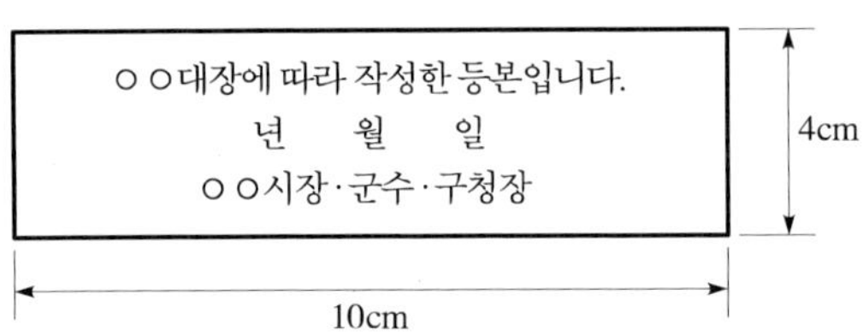

법 제106조에 따라 등본 발급의 수수료는 유료와 무료로 구분하여 처리하되, 무료로 발급할 경우에는 등본 앞면 여백에 붉은색으로 "무료"라 기재한다(규정 제48조 제8항).

폐쇄 또는 말소된 지적공부의 등본을 작성할 때에는 "폐쇄 또는 말소된 ○○○○에 따라 작성한 등본입니다"라고 붉은색으로 기재한다(규정 제48조 제9항).

부동산종합공부시스템으로 지적공부를 열람하는 경우 열람용 등본을 발급할 수 있으며, 이때에는 아래부분에 "본 토지(임야)대장은 열람용이므로 출력하신 토지(임야)대장은 법적인 효력이 없습니다."라고 기재한다(규정 제48조 제10항).

등본은 공용으로 발급할 수 있으며, 이때 등본의 아래 부분에 "본 토지(임야)대장은 공용이므로 출력하신 토지(임야)대장은 민원용으로 사용할 수 없습니다."라고 기재한다(규정 제48조 제11항).

6 지적전산자료 이용

6.1 지적전산자료의 이용 등

지적공부에 관한 전산자료(연속지적도를 포함하며, 이하 "지적전산자료"라 한다)를 이용하거나 활용하려는 자는 다음 각 호의 구분에 따라 국토교통부장관, 시・도지사 또는 지적소관청의 승인을 받아야 한다(법 제76조 제1항).

1. 전국 단위의 지적전산자료 : 국토교통부장관, 시・도지사 또는 지적소관청
2. 시・도 단위의 지적전산자료 : 시・도지사 또는 지적소관청
3. 시・군・구(자치구가 아닌 구를 포함한다) 단위의 지적전산자료 : 지적소관청

법 제76조 제1항에 따른 승인을 신청하려는 자는 대통령령으로 정하는 바에 따라 지적전산자료의 이용 또는 활용 목적 등에 관하여 미리 관계 중앙행정기관의 심사를 받아야 한다. 다만, 중앙행정기관의 장, 그 소속 기관의 장 또는 지방자치단체의 장이 승인을 신청하는 경우에는 그러하지 아니하다(법 제76조 제2항).

이 경우, 법 제76조 제1항에 따라 지적공부에 관한 전산자료(이하 "지적전산자료"라 한다)를 이용하거나 활용하려는 자는 같은 조 제2항에 따라 다음 각 호의 사항을 적은 신청서를 관계 중앙행정기관의 장에게 제출하여 심사를 신청하여야 한다(영 제62조 제1항).

1. 자료의 이용 또는 활용 목적 및 근거
2. 자료의 범위 및 내용
3. 자료의 제공 방식, 보관 기관 및 안전관리대책 등

영 제62조 제1항에 따른 심사 신청을 받은 관계 중앙행정기관의 장은 다음 각 호의 사항을 심사한 후 그 결과를 신청인에게 통지하여야 한다(영 제62조 제2항).

1. 신청 내용의 타당성, 적합성 및 공익성
2. 개인의 사생활 침해 여부
3. 자료의 목적 외 사용 방지 및 안전관리대책

법 제76조 제1항에 따라 지적전산자료의 이용 또는 활용에 관한 승인을 받으려는 자는 승인신청을 할 때에 제2항에 따른 심사 결과를 제출하여야 한다. 다만, 중앙행정기관의 장이 승인을 신청하는 경우에는 제2항에 따른 심사 결과를 제출하지 아니할 수 있다(영 제62조 제3항). 그리고 승인신청을 받은 국토교통부장관, 시・도지사 또는 지적소관청은 다음 각 호의 사항을 심사하여야 한다(영 제62조 제4항).

1. 제2항 각 호의 사항
2. 신청한 사항의 처리가 전산정보처리조직으로 가능한지 여부
3. 신청한 사항의 처리가 지적업무수행에 지장을 주지 않는지 여부

국토교통부장관, 시・도지사 또는 지적소관청은 제4항에 따른 심사를 거쳐 지적전산자료의 이용 또는 활용을 승인하였을 때에는 지적전산자료 이용・활용 승인대장에 그 내용을 기록・관리하고 승인한 자료를 제공하여야 한다(영 제62조 제5항). 그리고 제5항에 따라 지적전산자료의 이용 또는 활용에 관한 승인을 받은 자는 국토교통부령으로 정하는 사용료를 내야 한다. 다만, 국가나 지방자치단체에 대해서는 사용료를 면제한다(영 제62조 제6항).

법 제76조 제1항 및 제2항에도 불구하고 토지소유자가 자기 토지에 대한 지적전산자료를 신청하거나, 토지소유자가 사망하여 그 상속인이 피상속인의 토지에 대한 지적전산자료를 신청하는 경우에는 승인 및 심사를 받지 아니할 수 있다(법 제76조 제3항). 그리고 제1항 및 제3항에 따른 지적전산자료의 이용 또는 활용에 필요한 사항은 대통령령으로 정한다(법 제76조 제4항).

또한 영 제62조 제1항에 따른 지적전산자료의 이용 또는 활용 신청은 별지 제72호 서식의 지적전산자료 이용・활용(심사・승인) 신청서에 따르고, 같은 조 제5항에 따른 지적전산자료 이용・활용 승인대장은 별지 제73호 서식에 따른다(규칙 제75조).

6.2 지적전산정보시스템 담당자 등록 등

1) 담당자 등록

국토교통부장관, 시・도지사 및 지적소관청(이하 이 조 및 제77조에서 "사용자권한 등록관리청"이라 한다)은 지적공부정리 등을 지적정보관리체계로 처리하는 담당자(이하 이 조와 제77조 및 제78조에서 "사용자"라 한다)를 사용자권한 등록파일에 등록하여 관리하여야 한다(규칙 제76조 제1항).

지적정보관리시스템을 설치한 기관의 장은 그 소속공무원을 제1항에 따라 사용자로 등록하려는 때에는 별지 제74호 서식의 지적정보관리시스템 사용자권한 등록신청서를 해당 사용자권한 등록관리청에 제출하여야 한다(규칙 제76조 제2항). 제2항에 따른 신청을 받은 사용자권한 등록관리청은 신청 내용을 심사하여 사용자권한 등록파일에 사용자의 이름 및 권한과 사용자번호 및 비밀번호를 등록하여야 한다(규칙 제76조 제3항).

사용자권한 등록관리청은 사용자의 근무지 또는 직급이 변경되거나 사용자가 퇴직 등을 한 경우에는 사용자권한 등록내용을 변경하여야 한다. 이 경우 사용자권한 등록변경절차에 관하여는 제2항 및 제3항을 준용한다(규칙 제76조 제4항).

2) 사용자번호 및 비밀번호 등

사용자권한 등록파일에 등록하는 사용자번호는 사용자권한 등록관리청별로 일련번호로 부여하여야 하며, 한번 부여된 사용자번호는 변경할 수 없다(규칙 제77조 제1항).

사용자권한 등록관리청은 사용자가 다른 사용자권한 등록관리청으로 소속이 변경되거나 퇴직 등을 한 경우에는 사용자번호를 따로 관리하여 사용자의 책임을 명백히 할 수 있도록 하여야 한다(규칙 제77조 제2항).

사용자의 비밀번호는 6자리부터 16자리까지의 범위에서 사용자가 정하여 사용한다(규칙 제77조 제3항). 제3항에 따른 사용자의 비밀번호는 다른 사람에게 누설하여서는 아니 되며, 사용자는 비밀번호가 누설되거나 누설될 우려가 있는 때에는 즉시 이를 변경하여야 한다(규칙 제77조 제4항).

3) 사용자의 권한 구분 등

규칙 제76조 제1항에 따라 사용자권한 등록파일에 등록하는 사용자의 권한은 다음 각 호의 사항에 관한 권한으로 구분한다(규칙 제78조).

1. 사용자의 신규등록
2. 사용자 등록의 변경 및 삭제
3. 법인이 아닌 사단・재단 등록번호의 업무관리
4. 법인이 아닌 사단・재단 등록번호의 직권수정
5. 개별공시지가 변동의 관리
6. 지적전산코드의 입력・수정 및 삭제
7. 지적전산코드의 조회
8. 지적전산자료의 조회
9. 지적통계의 관리
10. 토지 관련 정책정보의 관리
11. 토지이동 신청의 접수
12. 토지이동의 정리
13. 토지소유자 변경의 관리
14. 토지등급 및 기준수확량등급 변동의 관리
15. 지적공부의 열람 및 등본 발급의 관리

15의2. 부동산종합공부의 열람 및 부동산종합증명서 발급의 관리

16. 일반 지적업무의 관리
17. 일일마감 관리

18. 지적전산자료의 정비
19. 개인별 토지소유현황의 조회
20. 비밀번호의 변경

6.3 부동산종합공부시스템의 운영 방법

1) 역할분담

국토교통부장관은 정보관리체계의 총괄 책임자로서 부동산종합공부시스템의 원활한 운영·관리를 위하여 다음 각 호의 역할을 수행하여야 한다(부동산종합공부시스템 운영 및 관리규정 제4조 제1항).

1. 부동산종합공부시스템의 응용프로그램 관리
2. 부동산종합공부시스템의 운영·관리에 관한 교육 및 지도·감독
3. 그 밖에 정보관리체계 운영·관리의 개선을 위하여 필요한 조치

운영기관의 장은 부동산종합공부시스템의 원활한 운영·관리를 위하여 다음 각 호의 역할을 수행하여야 한다(부동산종합공부시스템 운영 및 관리규정 제4조 제2항).

1. 부동산종합공부시스템 전산자료의 입력·수정·갱신 및 백업
2. 부동산종합공부시스템 전산장비의 증설·교체
3. 부동산종합공부시스템의 지속적인 유지·보수
4. 부동산종합공부시스템의 장애사항에 대한 조치 및 보고

2) 사용자권한 부여

사용자의 권한에 관한 부여기준은 별표 1과 같다. 이 경우 사용자권한을 부여받은 자는 개인별로 부여된 업무분장표에 따른 지정업무만을 처리할 수 있다(부동산종합공부관리시스템 운영 및 관리규정 제5조 제1항).

사용자 권한부여 기준

순번	권한구분	권한부여대상	세부업무내용
1	사용자의 권한관리	시·도, 시·군·구 업무담당과장	사용자별 부동산종합공부시스템 권한 부여 및 말소 관리
2	법인 아닌 사단·재단 등록번호의 업무관리	시·군·구 지적업무담당자	비법인 등록번호 조회, 부여 변동사항 정리, 증명서발급, 일일처리현황, 직권수정 등의 처리
3	부동산등기용 등록번호 등록증명서 발급	시·군·구 직원	부동산등기용 등록번호 등록증명서 발급
4	지적전산코드의 입력·수정 및 삭제	국토교통부 지적업무담당자	각종 코드의 신규입력, 변경, 삭제

5	지적전산코드의 조회	시・도, 시・군・구 지적업무담당자	각종 코드의 자료조회
6	지적전산자료의 조회・추출	시・도, 시・군・구 지적업무담당자	지적공부 등 각종 자료 조회・추출
7	지적 기본사항의 조회	시・도, 시・군・구 업무담당자	토지(임야)대장 등 지적공부 등재사항 조회
8	지적통계의 관리	시・도, 시・군・구 지적업무담당자	지적공부등록현황 등 각종 지적통계의 처리
9	토지관련 정책정보의 관리	시・도, 시・군・구 7급 이상 지적업무담당자	국유재산 현황 등 타부서와 관련된 각종 정책정보 처리
10	토지이동신청의 접수	시・군・구 지적업무담당자	신규 등록, 분할, 합병 등의 토지이동 등에 관한 업무의 접수
11	토지이동의 정리	시・군・구 지적업무담당자	토지이동의 기접수 사항의 정리
12	토지소유자 변경의 관리	시・군・구 지적업무담당자	소유권이전, 보존 등 소유자 변경에 관한 사항
13	측량업무 관리	시・군・구 지적업무담당자	측량준비도 추출 및 토지이동 성과 관리
14	토지등급 및 기준수확량등급 관리	시・군・구 7급 이상 지적업무담당자	토지등급, 기준수확량 등급 등에 관한 정정
15	지적공부의 열람 및 등본발급의 관리	시・군・구 직원	등본, 열람, 민원처리 현황 등 창구민원처리
16	일반 지적업무의 관리	시・군・구 지적업무담당자	지적정리결과 통보서, 결재선관리, 섬관리 등의 일반적인 업무사항 처리
17	일일마감관리	시・군・구 지적업무담당자	일일업무처리에 관한 결과의 정리 및 출력
18	지적전산자료의 정비	시・군・구 7급 이상 지적업무담당자	오기정정, 지적전산자료정비
19	비밀번호의 변경	시・군・구 직원	개인비밀번호 수정
20	부동산종합증명서 열람 및 발급	시・군・구 직원	증명서 열람 및 발급, 부동산종합공부 정보관리 등
21	부동산 종합공부 조회・추출	시・도, 시・군・구 업무담당자	부동산 종합공부 전산자료 조회・추출
22	연속지적도 관리	시・군・구 업무담당자	토지이동업무 발생시 정보 관리, 지적도 등 변동사항 발생 시 정보관리
23	용도지역지구도 관리	시・군・구 업무담당자	토지이용계획에 관한 신규 및 변동 사항에 대한 정보관리
24	용도지역지구 기본사항의 조회	시・도, 시・군・구 업무담당자	토지이용계획확인서 등재사항 조회
25	용도지역지구 통계 조회	시・도, 시・군・구 업무담당자	용도지역지구 관련 통계 조회
26	개별공시지가 및 주택 가격정보 관리	시・군・구 업무담당자	부동산 공시가격 및 주택가격 변동사항 관리
27	부동산 가격 기본사항의 조회	시・도, 시・군・구 업무담당자	부동산 공시가격 및 주택가격 확인서 등재사항 조회
28	부동산 가격 전산자료의 조회・추출	시・도, 시・군・구 업무담당자	부동산 공시가격 및 주택가격 자료 조회・추출
29	부동산 가격 통계 조회	시・도, 시・군・구 업무담당자	부동산 공시가격 및 주택가격 관련 통계 조회
30	건축물 기본사항의 조회	시・도, 시・군・구 업무담당자	건축물대장 등재사항 조회
31	GIS 건물통합정보 관리	시・군・구 업무담당자	건축인허가 및 사용승인 시 건물 배치도를 기준으로 건물형상정보 갱신

국토교통부장관 및 운영기관의 장은 사용자의 권한을 부여하거나 변경하고자 하는 때에는 별지 제1호 서식의 사용자권한등록부를 작성하여야 한다(부동산종합공부관리시스템 운영 및 관리규정 제5조 제2항). 그리고 사용자의 권한관리에 대해서는 「행정기관 정보시스템 접근권한 관리 규정」(국무총리훈령 제601호)을 준용한다(부동산종합공부시스템 운영 및 관리규정 제5조 제3호).

3) 전산자료의 구축 운영

부동산종합공부시스템의 전산자료는 다음 각 호의 사람이 구축・운영한다(부동산종합공부시스템 운영 및 관리규정 제6조).

1. 지적공부 및 부동산 종합공부는 지적업무를 처리하는 부서장
2. 연속지적도는 지적도면의 변동사항을 정리하는 부서장
3. 용도지역지구도는 해당 용도지역지구에 대한 권한을 보유한 부서장(다만, 권한부서가 없는 경우에는 도시계획을 입안・결정 및 관리하는 부서장)
4. 개별공시지가 및 주택가격정보 등의 자료는 해당업무를 수행하는 부서장
5. 그 밖의 건물통합정보 및 통계는 그 자료를 관리하는 부서장

4) 전산자료의 유지 관리

운영기관의 장은 전산자료가 멸실 또는 훼손되지 않도록 관계법령의 규정에 따라 전산자료를 유지・관리하여야 한다(부동산종합공부시스템 운영 및 관리규정 제7조 제1항). 운영기관의 장은 제1항에 따른 전산자료의 유지・관리 업무를 원활히 수행하기 위하여 지적부서 실・과장을 전산자료관리 책임관으로 지정한다(부동산종합공부관리시스템 운영 및 관리규정 제7조 제2항).

5) 전산자료 장애 · 오류의 정비

운영기관의 장은 전산자료의 구축이나 관리과정에서 장애 또는 오류가 발생한 때에는 지체 없이 이를 정비하여야 한다(부동산종합공부관리시스템 운영 및 관리규정 제8조 제1항). 운영기관의 장은 제1항에 따른 장애 또는 오류가 발생한 경우에는 이를 국토교통부장관에게 보고하고, 그에 따른 필요한 조치를 요청할 수 있다(부동산종합공부관리시스템 운영 및 관리규정 제8조 제2항). 제2항에 따라 보고를 받은 국토교통부장관은 장애 또는 오류가 정비될 수 있도록 필요한 조치를 하여야 한다(부동산종합공부관리시스템 운영 및 관리규정 제8조 제3항).

운영기관의 장은 제1항에 따라 전산자료를 정비한 때에는 그 정비내역을 3년간 보존하여야 한다(부동산종합공부관리시스템 운영 및 관리규정 제8조 제4항).

6) 전산자료의 일치성 확보

국토교통부장관 및 운영기관의 장은 국토정보시스템과 부동산종합공부시스템의 전산자료가 일치하도록 시스템 간 연계체계를 항상 유지·관리하여야 한다(부동산종합공부관리시스템 운영 및 관리규정 제9조).

7) 전산자료의 제공

부동산 종합공부 전산자료를 제공받으려는 자는 별지 제2호 서식의 제공요청서를 작성하여 운영기관의 장에게 제출하여야 하고(부동산종합공부시스템의 운영 및 관리규정 제10조 제1항), 제1항에 따른 요청을 받은 운영기관의 장은 요청내역, 요청목적, 근거법령 등을 검토하여 전산자료의 제공이 가능한 때에는 별지 제3호 서식의 전산자료 제공대장을 작성하여야 한다(부동산종합공부시스템의 운영 및 관리규정 제10조 제2항). 제2항에 따라 전산자료를 제공받는 자는 별지 제4호 서식의 보안각서 및 별지 제5호 서식의 전산자료 수령증을 작성하여 운영기관의 장에게 제출하여야 한다(부동산종합공부시스템의 운영 및 관리규정 제10조 제3항).

8) 전산자료 수신자의 의무

전산자료를 제공받은 자는 제공된 자료의 불법 복제·유출 방지를 위하여 관련 보안관리규정에 따라 보안 대책을 수립·시행하여야 한다(부동산종합공부시스템의 운영 및 관리규정 제11조 제1항). 전산자료를 제공받은 자는 해당 자료를 제공한 운영기관의 장과 사전 협의 없이 사용 목적 이외의 다른 용도로는 사용할 수 없다(부동산종합공부시스템의 운영 및 관리규정 제11조 제2항).

9) 전산자료의 연계

부동산종합공부시스템과 외부 시스템 간 연계를 하려고 하는 자는 "부동산종합공부시스템 연계 지침서"에 따른다(부동산종합공부시스템의 운영 및 관리규정 제12조 제1항). 제1항에 따른 "부동산종합공부시스템 연계 지침서"에서 정하는 방식 이외의 연계가 필요한 자는 그 사항을 구체적으로 명시하여 국토교통부장관에게 요청하여야 한다(부동산종합공부시스템의 운영 및 관리규정 제12조 제1항).

10) 정보시스템 관리

국토교통부장관은 부동산종합공부시스템에 사용되는 프로그램의 목록을 작성하여 관리하고, 프로그램의 추가·변경 또는 폐기 등의 변동사항이 발생한 때에는 그에 관한 세부내역을 작성·관리하여야 한다(부동산종합공부시스템의 운영 및 관리규정 제13조 제1항). 국토교통부장관은 부동산종합공부시스템이 단일한 버전의 프로그램으로 설치 및 운영되도록 총괄적으로 조정하여 이를 운영기관의 장에 배포하여야 한다(부동산종합공부시스템의 운영 및 관리규정 제13조 제2항).

부동산종합공부시스템에는 국토교통부장관의 승인을 받지 아니한 어떠한 형태의 원시프로그램과 이를 조작할 수 있는 도구 등을 개발·제작·저장·설치할 수 없다(부동산종합공부시스템의 운영 및 관리규정 제13조 제3항). 그리고 운영기관에서 부동산종합공부시스템을 사용 또는 유지관리 하던 중 발견된 프로그램의 문제점이나 개선사항에 대한 프로그램개발·개선·변경요청은 별지 제6호 서식에 따라 국토교통부장관에게 요청하여야 한다(부동산종합공부시스템의 운영 및 관리규정 제13조 제4항).

11) 백업 및 복구

운영기관의 장은 프로그램 및 전산자료의 멸실·손괴에 대비하여 정기적으로 관련 자료를 백업하여야 한다. 이 경우 백업 주기·방법 및 범위는 '운영자 전산처리지침서'에 따른다(부동산종합공부시스템의 운영 및 관리규정 제14조 제1항). 운영기관의 장은 프로그램 및 전산자료가 멸실·파손된 경우에는 국토교통부장관에게 그 사유를 통보한 후 지체 없이 복구하여야 한다(부동산종합공부시스템의 운영 및 관리규정 제14조 제1항).

12) 전산장비의 설치 및 관리

국토교통부장관은 부동산종합공부시스템을 운영하기 위하여 설치하는 전산장비의 표준을 정할 수 있다(부동산종합공부시스템의 운영 및 관리규정 제15조 제1항). 운영기관의 장은 부동산종합공부시스템의 전산장비를 수시로 점검·관리하되, 월1회 이상 정기점검을 하여야 한다(부동산종합공부시스템의 운영 및 관리규정 제15조 제2항).

13) 일일마감 확인 등

「측량·수로조사 및 지적에 관한 법률 시행규칙」 제76조 제1항에 따른 사용자는 당일 업무가 끝났을 때에는 전산처리결과를 확인하고, 수작업으로 도면 열람 및 발급등의 업무를 수행한 경우에는 이를 전산 입력 하여야 한다(부동산종합공부시스템의 운영 및 관리규정 제16조 제1항).

제1항에 따른 사용자는 전산처리결과의 확인과 수작업처리현황의 전산입력이 완료된 때에는 지적업무정리 상황자료를 처리하고, 다음 각 호의 전산처리결과를 부동산종합공부시스템을 통하여 전산자료관리책임관에게 확인을 받아야 한다(부동산종합공부시스템의 운영 및 관리규정 제16조 제2항).

1. 토지이동 일일처리현황(미정리내역 포함)
2. 토지이동 일일정리 결과

3. 소유권변동 일일 처리현황
4. 토지・임야대장의 소유권변동 정리결과
5. 공유지연명부의 소유권변동 정리결과
6. 대지권등록부의 소유권변동 정리결과
7. 대지권등록부의 지분비율 정리결과
8. 오기정정처리 결과
9. 도면처리 일일처리내역
10. 개인정보조회현황
11. 창구민원 처리현황
12. 지적민원수수료 수입현황
13. 등본교부 발급현황
14. 정보이용승인요청서 처리현황
15. 측량성과검사 현황

일일마감 정리결과 잘못이 있는 경우에 다음 날 업무시작과 동시에 등록사항정정의 방법으로 정정하여야 한다(부동산종합공부시스템의 운영 및 관리규정 제16조 제3항).

14) 연도마감

지적소관청에서는 매년 말 최종일일마감이 끝남과 동시에 모든 업무처리를 마감하고, 다음연도 업무가 개시되는데 지장이 없도록 하여야 한다(부동산종합공부시스템의 운영 및 관리규정 제17조).

15) 지적통계 작성

지적소관청에서는 지적통계를 작성하기 위한 일일마감, 월마감, 년마감을 하여야 한다(부동산종합공부시스템의 운영 및 관리규정 제18조 제1항). 국토교통부장관은 매년 시・군・구 자료를 취합하여 지적통계를 작성하고, 부동산종합공부시스템에서 출력할 수 있는 통계의 종류는 다음과 같다(부동산종합공부시스템의 운영 및 관리규정 제18조 제2・3항).

통계의 종류

지적공부등록현황			
1	지적공부등록지 현황	14	경계점좌표등록부시행지 (국유지)
2	토지대장등록지 총괄(수치시행지역 포함)	15	경계점좌표등록부시행지 (민유지)
3	토지대장등록지 총괄(수치시행지역 제외)	16	지적공부 미복구지 현황
4	토지대장등록지 (국유지, 수치시행지역 포함)	17	등록지 미복구지 총괄
5	토지대장등록지 (국유지, 수치시행지역 제외)	18	지적공부등록 축척별 현황
6	토지대장등록지 (민유지, 수치시행지역 포함)	19	지적공부등록 소유구분별 총괄
7	토지대장등록지 (민유지, 수치시행지역 제외)	20	토지대장등록지 소유구분별 총괄
8	행정구역별 지목별 총괄	21	토지대장등록지 소유구분별(수치시행지역 포함)
9	지목별 현황	22	토지대장등록지 소유구분별(수치시행지역 제외)
10	임야대장등록지 총괄	23	임야대장등록지 소유구분별 총괄
11	임야대장등록지 (국유지)	24	지적공부관리 현황 (대장)
12	임야대장등록지 (민유지)	25	지적공부관리 현황 (도면)
13	경계점좌표등록부시행지 총괄		

16) 코드 구성

고유번호는 행정구역코드 10자리(시・도 2, 시・군・구 3, 읍・면・동 3, 리 2), 대장구분 1자리, 본번 4자리, 부번 4자리를 합한 19자리로 구성하고(부동산종합공부시스템의 운영 및 관리규정 제19조 제1항), 고유번호 이외에 사용하는 코드는 다음과 같다(부동산종합공부시스템의 운영 및 관리규정 제19조 제2항).

코드일람표

1	행정구역	14	시행신고 구분
2	대장 구분	15	토지등급 구분
3	축척 구분	16	기준 수확량등급 구분
4	지목 구분	17	소유 구분
5	토지이동 사유	18	소유권 변동원인 구분
6	등급 구분	19	소유권 변경정리 구분
7	등급변동 구분	20	소유권 변동형태(공유지연명부)
8	지적공부 구분	21	변경종류(사용자권한등록)
9	토지이동종목 구분	22	부동산표시 구분(등록번호)
10	신청 구분	23	등록대장 변동사유 구분(등록번호)
11	수수료 구분	24	등록사항처리 구분(등록번호)
12	토지이동정리 구분	25	집합건물의 전유부분 폐쇄 구분
13	결번사유 구분	26	집합건물 자료 구분

코드 상세내역

(1) 행정구역

<table>
<tr><td rowspan="3">코드체계</td><td>*</td><td>*</td><td>*</td><td>*</td><td>*</td><td>*</td><td>*</td><td>*</td><td>*</td><td>*</td></tr>
<tr><td colspan="2">시·도</td><td colspan="3">시·군·구</td><td colspan="3">읍·면·동</td><td colspan="2">리</td></tr>
<tr><td colspan="2">숫자 2자리</td><td colspan="3">숫자 3자리</td><td colspan="3">숫자 3자리</td><td colspan="2">숫자 2자리</td></tr>
<tr><td>코드</td><td colspan="10">행정구역코드집 (별책부록 1참조)</td></tr>
</table>

(2) 대장 구분

코드체계: [*] ⇐ 숫자 1자리

코드	내용	코드	내용
1	토지대장	8	토지대장 (폐쇄)
2	임야대장	9	임야대장 (폐쇄)

(3) 축척 구분

코드체계: [* | *] ⇐ 축척 수치의 앞 2자리

코드	내용	코드	내용
00	수치	12	1 : 1200
05	1 : 500	24	1 : 2400
06	1 : 600	30	1 : 3000
10	1 : 1000	60	1 : 6000

(4) 지목 구분

코드체계: [* | *] ⇐ 숫자 2자리

코드	내용	코드	내용
01	전	15	철도용지
02	답	16	제방
03	과수원	17	하천
04	목장용지	18	구거
05	임야	19	유지
06	광천지	20	양어장
07	염전	21	수도용지
08	대	22	공원
09	공장용지	23	체육용지
10	학교용지	24	유원지
11	주차장	25	종교용지
12	주유소용지	26	사적지
13	창고용지	27	묘지
14	도로	28	잡종지

(5) 토지이동 사유

코드체계	* | * ⇐ 숫자 2자리		
코드	**내용**	**코드**	**내용**
01	신규 등록	57	지적재조사 경계미확정 토지
02	신규 등록(매립준공)	58	지적재조사 경계확정 토지
10	산 번에서 등록전환	60	구획정리 시행신고
11	번으로 등록전환되어 말소	61	구획정리 시행신고폐지
20	분할되어 본번에 을 부함	62	구획정리완료
21	번에서 분할	63	구획정리 되어 폐쇄
22	분할개시 결정	65	경지정리 시행신고
23	분할개시 결정 취소	66	경지정리 시행신고폐지
30	번과 합병	67	경지정리 완료
31	번과 합병되어 말소	68	경지정리 되어 폐쇄
40	지목변경	70	축척변경 시행
41	지목변경(매립준공)	71	축척변경 시행폐지
42	해면성말소	72	축척변경 완료
43	에서 지번변경	73	축척변경 되어 폐쇄
44	면적정정	74	토지개발사업 시행신고
45	경계정정	75	토지개발사업 시행신고폐지
46	위치정정	76	토지개발사업 완료
47	지적복구	77	토지개발사업으로 폐쇄
48	해면성복구	80	등록사항 정정대상 토지
50	에서 행정구역명칭변경	81	등록사항 정정 ( )
51	에서 행정관할구역변경	82	도면등록사항정정 ( )
52	번에서 행정관할구역변경	83	공유지연명부 등록사항정정 ( )
53	지적재조사 지구지정	84	공유지(집합건물) 등록사항정정 ( )
54	지적재조사 지구지정폐지	85	경계점좌표등록부 등록사항정정 ( )
55	지적재조사 완료	90	등록사항 말소 ( )
56	지적재조사로 폐쇄	91	등록사항 회복 ( )

(6) 등급 구분

코드체계	* ⇐ 숫자 1자리		
코드	**내용**	**코드**	**내용**
1	토지등급	2	기준수확량 등급

(7) 등급변동 구분

코드체계	* ⇐ 숫자 1자리		
코드	**내용**	**코드**	**내용**
1	설정	3	경정
2	수정		

(8) 지적공부 구분

코드체계	* ⇐ 숫자 1자리		
코드	내용	코드	내용
1	토지대장	A	토지대장카드
2	임야대장	B	임야대장카드
3	토지공유지	C	집합건물전유부분카드
4	임야공유지	D	토지대장 부책
5	집합건물전유부분수	E	임야대장 부책
		F	지적도
		G	수치지적도
		H	임야도
		I	경계점좌표등록부

※ 1 ~ 5 : 자동계산, A ~ I : 입력사항

(9) 토지이동종목 구분

코드체계	* ⇐ 숫자 1자리		
코드	내용	코드	내용
00	신규등록(토지)	61	축척변경(임야)
01	신규등록(임야)	62	토지개발사업(토지)
10	등록전환	63	토지개발사업(임야)
20	분할(토지)	64	지적재조사사업(토지대장)
21	분할(임야)	65	지적재조사사업(임야대장)
30	합병(토지)	70	등록사항정정(토지)
31	합병(임야)	71	등록사항정정(임야)
40	지목변경(토지)	75	지번변경(토지)
41	지목변경(임야)	76	지번변경(임야)
45	지적공부복구(토지)	77	행정구역변경(토지)
46	지적공부복구(임야)	78	행정구역변경(임야)
50	구획정리(토지)	80	등기촉탁(토지)
51	구획정리(임야)	81	등기촉탁(임야)
52	경지정리(토지)	85	등급(토지)
53	경지정리(임야)	86	등급(임야)
55	해면성말소(토지)	90	기타(토지)
56	해면성말소(임야)	91	기타(임야)
57	해면성복구(토지대장)	92	분할개시결정/취소(토지)
58	해면성복구(임야대장)	93	분할개시결정/취소(임야)
60	축척변경(토지)		

(10) 신청 구분

코드체계	* ⇐ 숫자 1자리		
코드	내용	코드	내용
0	본인신청	2	대위신청
1	직권		

(11) 수수료 구분

코드체계	* ⇐ 숫자 1자리		
코드	내용	코드	내용
0	유료(수수료 전액)	2	법 제86조 수수료
1	무료	3	수수료 해당 무

(12) 토지이동정리 구분

코드체계	* ⇐ 숫자 1자리		
코드	내용	코드	내용
0	미정리	3	반려
1	정리	4	지연처리
2	보완		

(13) 결번사유 구분

코드체계	* ⇐ 숫자 1자리		
코드	내용	코드	내용
1	행정구역변경	5	축척변경
2	토지구획정리사업	6	토지개발사업
3	경지정리사업	7	지적재조사사업
4	지번변경	9	기타

(14) 시행신고 구분

코드체계	* ⇐ 숫자 1자리		
코드	내용	코드	내용
0	해당 없음	3	축척변경시행
1	말소지번	4	지적재조사사업시행
2	구획(경지)정리사업시행		

(15) 토지등급 구분

코드체계	* * * ⇐ 숫자 3자리
코드	토지등급표 참조

(16) 기준 수확량등급 구분

코드체계	* * * ⇐ 숫자 3자리
코드	기준 수확량 등급표 참조 (지방세법시행규칙 제84조)

(17) 소유 구분

코드체계: * * ⇐ 숫자 2자리

코드	내용	코드	내용
00	일본인, 창씨명 등	05	군유지
01	개인	06	법인
02	국유지	07	종중
03	외국인, 외국공공기관	08	종교단체
04	시, 도유지	09	기타단체

(18) 소유권 변동원인 구분

코드체계: * * ⇐ 숫자 2자리

코드	내용	코드	내용
01	사정	17	입목등록말소
02	소유권보존	18	등록번호경정
03	소유권이전	19	공유분할
04	주소변경	20	지분경정
05	성명(명칭)변경	21	대지권설정
06	주소경정	22	주소등록
07	성명(명칭)경정	23	일부대지권설정
08	환지	24	일부대지권말소
09	촉탁등기	25	대지권말소
10	소유자복구	26	등록번호추가
11	회복등기	27	지적확정
12	소유권회복	28	소유권변경
13	소유자등록	29	소유권경정
14	소유자말소	98	미등기
15	법률제호명의변경	99	미복구
16	입목등록		

※ 코드번호 26 "등록번호 추가"는 미사용 코드임

(19) 소유권 변경정리 구분

코드체계: * ⇐ 숫자 1자리

코드	내용	코드	내용
0	정 리	2	소유권표시사항 불부합
1	토지표시사항 불부합	3	소유권표시사항불부합정리

(20) 소유권 변동형태(공유지연명부)

코드체계	* ⇐ 숫자 1자리		
코드	내용	코드	내용
1	공유지내처리	3	공유지→단독
2	단독→공유지		

(21) 변경종류(사용자권한등록)

코드체계	* ⇐ 숫자 1자리		
코드	내용	코드	내용
0	최초등록	5	타시도 전출
1	근무지 변경	6	재전입
2	권한 변경	7	퇴직
3	파견	8	재임용
4	복직		

(22) 부동산표시 구분(등록번호)

코드체계	* ⇐ 숫자 1자리		
코드	내용	코드	내용
0	없음	2	건물
1	토지 · 임야		

(23) 등록대장 변동사유 구분(등록번호)

코드체계	* ⇐ 숫자 1자리		
코드	내용	코드	내용
0	신규 등록	4	대표자 성명 변경
1	등록명칭 변경	5	등록명칭 및 주사무소 위치 동시변경
2	주사무소 위치변경	6	대표자 주소 및 성명 동시변경
3	대표자 주소 변경	7	직권정정

(24) 등록사항처리 구분(등록번호)

코드체계	* ⇐ 숫자 1자리		
코드	내용	코드	내용
1	등록	2	반려

(25) 집합건물 전유부분 폐쇄 구분

코드체계	* ⇐ 숫자 1자리		
코드	내용	코드	내용
0	현재사항	9	폐쇄
1	폐쇄(분할)		

(26) 집합건물 자료 구분

코드체계	* ⇐ 숫자 1자리		
코드	내용	코드	내용
0	현재 소유	8	소유자 말소
1	분할되어 폐쇄	9	과거 소유

17) 행정구역코드의 변경

행정구역의 명칭이 변경된 때에는 지적소관청은 시・도지사를 경유하여 국토교통부장관에게 행정구역변경일 10일전까지 행정구역의 코드변경을 요청하여야 한다(부동산종합공부시스템의 운영 및 관리규정 제20조 제1항). 제1항에 따른 행정구역의 코드변경 요청을 받은 국토교통부장관은 지체 없이 행정구역코드를 변경하고, 그 변경 내용을 안전행정부, 국세청 등 관련기관에 통지하여야 한다(부동산종합공부시스템의 운영 및 관리규정 제20조 제2항).

18) 개인정보의 안전성 확보조치

국토교통부장관은 「개인정보보호법」 제33조에 따른 부동산종합공부시스템의 개인정보 영향평가 및 위험도 분석을 실시하여 필요시 고유식별정보, 비밀번호, 바이오정보에 대한 암호화 기술 적용 또는 이에 상응하는 조치 등의 방안을 운영기관의 장에게 통보하여야 한다(부동산종합공부시스템의 운영 및 관리규정 제21조 제1항).

운영기관의 장은 「개인정보보호법」 제29조, 같은 법 시행령 제30조 및 개인정보의 안전성 확보조치 기준 고시(행정안전부 고시 제2011-43호)에 따라 개인정보의 안전성 확보에 필요한 관리적・기술적 조치를 취하여야 한다(부동산종합공부시스템의 운영 및 관리규정 제21조 제2항).

부동산종합공부시스템을 운영하거나 이를 이용하는 자는 부동산종합공부시스템으로 인하여 국민의 사생활에 대한 권익이 침해받지 않도록 하여야 한다(부동산종합공부시스템의 운영 및 관리규정 제21조 제3항).

19) 보안관리

국토교통부장관 및 운영기관의 장은 보안업무규정 등 관련 법령에 따라 관리적·기술적 대책을 강구하고 보안 관리를 철저히 하여야 한다(부동산종합공부시스템의 운영 및 관리규정 제22조 제1항). 국토교통부장관 및 운영기관의 장은 부동산종합공부시스템의 유지보수를 용역사업으로 추진하는 경우에는 보안관리규정을 준용하여야 한다(부동산종합공부시스템의 운영 및 관리규정 제22조 제2항).

20) 운영지침서 등

이 규정에서 정하지 아니한 사항은 운영지침서에 따르고(부동산종합공부시스템의 운영 및 관리규정 제23조 제1항), 국토교통부장관은 부동산종합공부시스템을 개선한 때에는 지체 없이 운영지침서를 보완하여 시행하여야 한다(부동산종합공부시스템의 운영 및 관리규정 제23조 제2항).

그리고 운영지침서는 부동산종합공부시스템의 도움말 기능으로 배포할 수 있다(부동산종합공부시스템의 운영 및 관리규정 제23조 제3항).

21) 교육실시

국토교통부장관은 사용자가 정보관리체계를 이용하고 관리할 수 있도록 교육을 실시하여야 한다(부동산종합공부시스템의 운영 및 관리규정 제25조 제1항).

운영기관의 장은 국토교통부장관이 제공하는 교육을 사용자가 받을 수 있도록 제반 조치를 취하여야 한다(부동산종합공부시스템의 운영 및 관리규정 제25조 제2항). 그리고 국토교통부장관은 사용자 교육을 관련기관에 위탁하여 실시할 수 있다(부동산종합공부시스템의 운영 및 관리규정 제25조 제3항).

7 부동산종합공부의 관리 및 운영 등

7.1 부동산종합공부의 관리 및 운영

지적소관청은 부동산의 효율적 이용과 부동산과 관련된 정보의 종합적 관리·운영을 위하여 부동산종합공부를 관리·운영한다(법 제76조의2 제1항).

지적소관청은 부동산종합공부를 영구히 보존하여야 하며, 부동산종합공부의 멸실 또는 훼손에 대비하여 이를 별도로 복제하여 관리하는 정보관리체계를 구축하여야 한다(법 제76조의2 제2항).

법 제76조의3 각 호의 등록사항을 관리하는 기관의 장은 지적소관청에 상시적으로 관련 정보를 제공하여야 한다(법 제76조의2 제3항).

지적소관청은 부동산종합공부의 정확한 등록 및 관리를 위하여 필요한 경우에는 제76조의3 각 호의 등록사항을 관리하는 기관의 장에게 관련 자료의 제출을 요구할 수 있다. 이 경우 자료의 제출을 요구받은 기관의 장은 특별한 사유가 없으면 자료를 제공하여야 한다(법 제76조의2 제4항).

7.2 부동산종합공부의 등록사항 등

지적소관청은 부동산종합공부에 다음 각 호의 사항을 등록하여야 한다(법 제76조의3).

1. 토지의 표시와 소유자에 관한 사항 : 이 법에 따른 지적공부의 내용
2. 건축물의 표시와 소유자에 관한 사항(토지에 건축물이 있는 경우만 해당한다) : 「건축법」 제38조에 따른 건축물대장의 내용
3. 토지의 이용 및 규제에 관한 사항 : 「토지이용규제 기본법」 제10조에 따른 토지이용계획확인서의 내용
4. 부동산의 가격에 관한 사항 : 「부동산 가격공시 및 감정평가에 관한 법률」 제11조에 따른 개별공시지가, 같은 법 제16조 및 제17조에 따른 개별주택가격 및 공동주택가격 공시내용
5. 그 밖에 부동산의 효율적 이용과 부동산과 관련된 정보의 종합적 관리·운영을 위하여 필요한 사항으로서 대통령령으로 정하는 사항 「부동산등기법」 제48조에 따른 부동산의 권리에 관한 사항(영 제62조의2).

그리고 부동산종합공부의 등록사항 정정에 관하여는 법 제84조를 준용한다(법 제76조의5).

지적소관청은 법 제76조의5에 따라 준용되는 법 제84조에 따른 부동산종합공부의 등록사항 정정을 위하여 법 제76조의3 각 호의 등록사항 상호 간에 일치하지 아니하는 사항(이하 이 조에서 "불일치 등록사항"이라 한다)을 확인 및 관리하여야 한다(영 제62조의3제1항). 지적소관청은 제1항에 따라 불일치 등록사항에 대해서는 법 제76조의3 각호의 등록사항을 관리하는 기관이 장에게 그 내용을 통지하여 등록사항 정정을 요청할 수 있다(영 제62조의3제2항). 제1항 및 제2항에 따른 부동산종합공부의 등록사항 정정 절차 등에 관하여 필요한 사항은 국토교통부장관이 따로 정한다(영 제62조의3제3항).

7.3 부동산종합공부의 열람 및 증명서 발급

부동산종합공부를 열람하거나 부동산종합공부 기록사항의 전부 또는 일부에 관한 증명서(이하 "부동산종합증명서"라 한다)를 발급받으려는 자는 지적소관청이나 읍·면·동의 장에게 신청할 수 있다(법 제76조의4 제1항).

제1항에 따른 부동산종합공부의 열람 및 부동산종합증명서 발급의 절차 등에 관하여 필요한 사항은 국토교통부령으로 정한다(법 제76조의4 제2항).

법 제75조에 따라 지적공부를 열람하거나 그 등본을 발급받으려는 자는 별지 제71호 서식의 지적공부·부동산종합공부 열람·발급 신청서(전자문서로 된 신청서를 포함한다)를 지적소관청 또는 읍·면·동장에게 제출하여야 한다(규칙 제74조 제1항).

그리고 제76조의4에 따라 부동산종합공부를 열람하거나 부동산종합공부 기록사항의 전부 또는 일부에 관한 증명서(이하 "부동산종합증명서"라 한다)를 발급받으려는 자는 별지 제71호 서식의 지적공부·부동산종합공부 열람·발급 신청서(전자문서로 된 신청서를 포함한다)를 지적소관청 또는 읍·면·동장에게 제출하여야 한다(규칙 제74조 제2항).

부동산종합증명서의 건축물현황도 중 평면도 및 단위세대별 평면도의 열람·발급의 방법과 절차에 관하여는 「건축물대장의 기재 및 관리 등에 관한 규칙」제11조 제3항에 따른다(규칙 제74조 제3항).

부동산종합증명서는 별지 제71호의2서식부터 별지 제71호의4서식까지와 같다(규칙 제74조 제4항).

〈공간정보의 구축 및 관리 등에 관한 법률 시행규칙 별지 서식 제71의2호〉

고유번호		장번호		건물유무	
소재지					

부동산종합증명서(토지)

토지 표시				소유자			
지목	면적(m^2)	이동일자	이동사유	변동일자 / 변동원인	성명 또는 명칭 / 등록번호	소유구분	주소

토지이용계획도면 [등록축척 / 출력축척]	토지이용계획	
	국토의 계획 및 이용	
	타법령에 따른 지역/지구	
	추가기재확인	
	토지이용규제	

개별 공시지가			
기준일자		공시지가	

이 부동산종합증명서는 부동산종합공부의 기록사항과 틀림없음을 증명합니다.

년 월 일

특별자치시장
시장 · 군수 · 구청장 직인

297㎜×210㎜[백상지 80g/㎡(재활용품)]

고유번호	
소재지	

부동산종합증명서(토지)

장번호		건물유무	

토지 소유자 공유지 현황

변동일	성명 또는 명칭	지분	주소	변동일	성명 또는 명칭	지분	주소
변동원인	등록번호	소유구분		변동원인	등록번호	소유구분	

토지 표시 연혁

지목	면적(m^2)	이동일	이동사유	지목	면적(m^2)	이동일	이동사유

토지 소유자 연혁

변동일	성명 또는 명칭	소유구분	주소	변동일	성명 또는 명칭	소유구분	주소
변동원인	등록번호			변동원인	등록번호		

공시지가 및 토지등급 연혁

공시지가	기준일자										
	공시지가										
토지등급	기준일자										
	토지등급										

고유번호		**부동산종합증명서(토지)**	장번호		건물유무	
소재지						

지적(임야)도 [등록축척 / 출력축척]

고유번호	
소재지	

부동산종합증명서(토지)

장번호		건물유무	

경계점 좌표 등록사항 [출력축척]

부호	좌표		부호	좌표	
	X	Y		X	Y

* 이 도면으로는 지적측량을 할 수 없습니다.

〈공간정보의 구축 및 관리 등에 관한 법률 시행규칙 별지 서식 제71의3호〉

부동산종합증명서(토지, 건축물)

고유번호		건축물명칭		장번호	
소재지		동명칭		대장유형	

토지 표시 (관련필지가 다수일 경우 별도 발급)

구분	법정동	지번	지목	면적(m^2)	개별공시지가	
					기준일자	공시지가

건축물 표시 (* 표시 항목이 총괄일 경우 합계를 표시)

* 대지면적(m^2)		* 주용도		
* 건물면적(m^2)				
* 연면적(m^2)		주구조		
* 건폐율(%)		지붕		
* 용적율(%)		높이		
* 건물수		층수(지상/지하)		
* 주차장대수		* 부속건물(동/m^2)		
* 허가일자		* 가구/세대/호		
* 착공일자		주택가격	기준일자	
* 사용승인일자			주택가격	

토지 소유자

지번	변동일자	성명 또는 명칭	소유구분	주소
	변동원인	등록번호		

건축물 소유자 (집합건물일 경우 기재하지 않습니다)

변동일자	성명 또는 명칭	지분	주소
변동원인	등록번호	소유구분	

토지이용계획도면[등록축척 / 출력축척]

토지이용계획

국토의 계획 및 이용	
타법령에 따른 지역/지구	
추가기재확인	
토지이용규제	

이 부동산종합증명서는 부동산종합공부의 기록사항과 틀림없음을 증명합니다.

년 월 일

특별자치시장
시장 · 군수 · 구청장 [직인]

297㎜×210㎜[백상지 80g/㎡(재활용품)])]

고유번호		건축물명칭		장번호	
소재지		동명칭		대장유형	

부동산종합증명서(토지, 건축물)

층별 현황

주/부	층명칭	층별구조	층별용도	면적(m^2)	주/부	층명칭	층별구조	층별용도	면적(m^2)

토지 소유자 공유 현황				건축물 소유자 공유 현황			
변동일	성명 또는 명칭	지분	주소	변동일	성명 또는 명칭	지분	주소
변동원인	등록번호	소유구분		변동원인	등록번호	소유구분	

297㎜×210㎜[백상지 80g/㎡(재활용품)]

부동산종합증명서(토지, 건축물)

고유번호		건축물명칭		장번호	
소재지		동명칭		대장유형	

토지 표시 연혁				건축물 변동 연혁		
지목	면적(m^2)	이동일	이동사유	변동일	변동원인	변동내역

토지 소유자 연혁				건축물 소유자 연혁			
변동일 / 변동원인	성명 또는 명칭 / 등록번호	소유구분	주소	변동일 / 변동원인	성명 또는 명칭 / 등록번호	지분 / 소유구분	주소

가격 연혁 (개별주택가격의 경우 일반건축물의 용도가 주택인 경우만 표시)											
주택가격	기준일자										
	개별주택가격										
공시지가	기준일자										
	공시지가										
토지등급	기준일자										
	토지등급										

297㎜×210㎜[백상지 80g/㎡(재활용품)]

고유번호	
소재지	

부동산종합증명서(토지, 건축물)

건축물명칭		장번호	
동명칭		대장유형	

건축물 현황도면 [배치도]			
도면축척		도면작성자	

297㎜×210㎜[백상지 80g/㎡(재활용품)]

고유번호		부동산종합증명서(토지, 건축물)	건축물명칭		장번호	
소재지			동명칭		대장유형	

지적(임야)도 [등록축척 / 출력축척]

297㎜×210㎜[백상지 80g/㎡(재활용품)]

고유번호	
소재지	

부동산종합증명서(토지, 건축물)

건축물명칭		장번호	
동명칭		대장유형	

경계점 좌표 등록사항 [출력축척]

부호	좌표		부호	좌표	
	X	Y		X	Y

* 이 도면으로는 지적측량을 할 수 없습니다.

297㎜×210㎜[백상지 80g/㎡(재활용품)]

〈공간정보의 구축 및 관리 등에 관한 법률 시행규칙 별지 서식 제71의4호〉

고유번호	
소재지	

부동산종합증명서(토지, 집합건물)

건축물명칭		장번호	
동명칭		호명칭	

토지 표시 (대지권 비율)

구분	법정동	지번	지목	면적(m^2)	대지권 비율	개별공시지가	
						기준일자	공시지가

1동 건축물 표시

* 연면적(m^2)		* 주용도		
* 부속건물(동/m^2)		주구조		
층수(지상/지하)		공동주택	기준일자	
* 사용승인일자			주택가격	

건축물 표시 (전유/공유 부분)

주/부	전유공유	층별	전유구조	전유용도	면적(m^2)

토지, 건축물 소유자 현황

구분	변동일자	변동원인	성명 또는 명칭	등록번호	지분	소유구분	주소

토지이용계획도면[등록축척 / 출력축척]	토지이용계획	
	국토의 계획 및 이용	
	타법령에 따른 지역/지구	
	추가기재확인	
	토지이용규제	

이 부동산종합증명서는 부동산종합공부의 기록사항과 틀림없음을 증명합니다.

년 월 일

특별자치시장
시장 · 군수 · 구청장 직인

297㎜×210㎜[백상지 80g/㎡(재활용품)]

고유번호	
소재지	

부동산종합증명서(토지, 집합건물)

건축물명칭		장번호	
동명칭		호명칭	

층별 현황

주/부	층명칭	층별구조	층별용도	면적(m^2)	주/부	층명칭	층별구조	층별용도	면적(m^2)

토지 소유자 공유 현황				건축물 소유자 공유 현황			
변동일	성명 또는 명칭	지분	주소	변동일	성명 또는 명칭	지분	주소
변동원인	등록번호	소유구분		변동원인	등록번호	소유구분	

고유번호	
소재지	

부동산종합증명서(토지, 집합건물)

건축물명칭		장번호	
동명칭		호명칭	

토지 표시 연혁

지목	면적(m^2)	이동일	이동사유

건축물 전유 변동 연혁

변동일	변동원인	변동내역

토지부분 소유자 연혁

변동일 / 변동원인	성명 또는 명칭 / 등록번호	소유구분	주소

건축물 전유부분 소유자 연혁

변동일 / 변원동인	성명 또는 명칭 / 등록번호	지분 / 소유구분	주소

공동주택가격 연혁

주택가격											
	기준일자										
	주택가격										

고유번호	
소재지	

부동산종합증명서(토지, 집합건물)

건축물명칭		장번호	
동명칭		호명칭	

건축물 현황도면 [평면도]			
도면축척		도면작성자	

부동산종합증명서(토지, 집합건물)

고유번호		건축물명칭		장번호	
소재지		동명칭		호명칭	

지적(임야)도 [등록축척 / 출력축척]

고유번호	
소재지	

부동산종합증명서(토지, 집합건물)

건축물명칭		장번호	
동명칭		호명칭	

경계점 좌표 등록사항 [출력축척]

부호	좌표		부호	좌표	
	X	Y		X	Y

* 이 도면으로는 지적측량을 할 수 없습니다.

제7장 토지의 이동 신청 및 지적정리

제 7 장 토지의 이동 신청 및 지적정리

1 지적공부정리신청의 조사 및 접수

1.1 지적공부정리신청의 조사

지적소관청은 법 제77조부터 제82조까지, 법 제84조, 법 제86조 및 법 제87조에 따른 지적공부정리신청이 있는 때에는 다음 각 호의 사항을 확인·조사하여 처리한다(규정 제50조 제1항).

1. 신청서의 기재사항과 지적공부등록사항과의 부합여부
2. 관계법령의 저촉여부
3. 대위신청에 관하여는 그 권한대위의 적법여부
4. 구비서류 및 수입증지의 첨부여부
5. 신청인의 신청권한 적법여부
6. 토지의 이동사유
7. 그 밖에 필요하다고 인정되는 사항

접수된 서류를 보완 또는 반려한 때에는 지적업무정리부의 비고란에 그 사유를 붉은색으로 기재한다(규정 제50조 제2항).

지목변경 및 합병을 하여야 하는 토지가 있을 때와 등록전환에 따라 지목이 바뀔 때에는 다음 각 호의 사항을 확인·조사하여 별지 제6호 서식에 따른 현지조사서를 작성하여야 한다(규정 제50조 제3항).

1. 토지의 이용현황
2. 관계법령의 저촉여부
3. 조사자의 의견, 조사연월일 및 조사자 직·성명

분할 및 등록전환 측량성과도가 발급된 지 1년이 경과한 후 지적공부정리 신청이 있는 때에는 지적소관청은 다음 각 호의 사항을 확인·조사하여야 한다(규정 제50조 제4항).

1. 측량성과와 현지경계의 부합여부
2. 관계법령의 저촉여부

〈지적업무처리규정 별지 서식 제6호〉

지목변경(합병) 현지조사서

토 지 소 재		이 동 전			이 동 후		
읍·면	동·리	지번	지목	면적	지번	지목	면적

1. 조사내용

○ 토지의 이용현황

○ 관계법령 저촉여부

2. 조사자 의견

년 월 일

조사자 직 성명 (서명 또는 인)

○ ○ 시장·군수·구청장 귀하

210㎜×297㎜(보존용지(1종) 70g/㎡)

1.2 지적공부정리신청의 접수

지적소관청은 법 제77조부터 제82조까지, 법 제84조, 법 제86조 및 법 제87조에 따른 지적공부정리신청이 있는 때에는 지적업무정리부에 토지이동 종목별로 접수하여야 한다. 이 경우 부동산종합공부시스템에서 부여된 접수번호를 토지의 이동신청서에 기재하여야 한다(규정 제51조 제1항).

제1항에 따라 접수된 신청서는 다음 각 호 사항을 검토하여 정리하여야 한다(규정 제50조 제2항).

1. 신청사항과 지적전산자료의 일치여부
2. 첨부된 서류의 적정여부
3. 지적측량성과자료의 적정여부
4. 그 밖에 지적공부정리를 하기 위하여 필요한 사항

제1항에 따라 접수된 지적공부정리신청서를 보완 또는 반려(취하 포함)할 때에는 종목별로 그 처리내용을 정리하여야 한다. 이 경우 반려 또는 취하된 지적공부정리신청서가 다시 접수되었을 때에는 새로 접수하여야 한다(규정 제50조 제3항).

제1항의 신청에 따라 지적공부가 정리 완료한 때에는 별지 제15호 서식에 따라 지적정리결과를 신청인에게 통지하여야 한다. 다만, 법 제87조에 따라 대위신청에 대한 지적정리결과통지는 달리할 수 있다(규정 제50조 제4항). 그리고 법 제87조에 따라 지적공부정리가 완료된 때에는 사업시행자는 분할 목적 및 분할 결과를 토지소유자 등 이해관계인에게 통지하여야 한다(규정 제50조 제5항).

1.3 임시파일의 생성

지적소관청이 지번변경, 행정구역변경, 구획정리, 경지정리, 축척변경, 토지개발사업을 하고자 하는 때에는 임시파일을 생성하여야 한다(규정 제52조 제1항). 제1항에 따라 임시파일이 생성되면 지번별조서를 출력하여 임시파일이 정확하게 생성되었는지 여부를 확인하여야 한다(규정 제52조 제2항).

2 신규등록

2.1 신규등록 신청

토지소유자는 신규등록할 토지가 있으면 대통령령으로 정하는 바에 따라 그 사유가 발생한 날부터 60일 이내에 지적소관청에 신규등록을 신청하여야 한다(법 제77조).

토지소유자는 법 제77조에 따라 신규등록을 신청할 때에는 신규등록 사유를 적은 신청서에 국토교통부령으로 정하는 서류를 첨부하여 지적소관청에 제출하여야 하며(영 제63조), 이 때 "국토교통부령으로 정하는 서류"는 다음 각 호의 어느 하나에 해당하는 서류를 말한다(규칙 제81조). 그리고 다음 각 호의 어느 하나에 해당하는 서류를 해당 지적소관청이 관리하는 경우에는 지적소관청의 확인으로 그 서류의 제출을 갈음할 수 있다(규칙 제81조 제2항).

1. 법원의 확정판결서 정본 또는 사본
2. 「공유수면 관리 및 매립에 관한 법률」에 따른 준공검사확인증 사본
3. 법률 제6389호 지적법개정법률 부칙 제5조에 따라 도시계획구역의 토지를 그 지방자치단체의 명의로 등록하는 때에는 기획재정부장관과 협의한 문서의 사본
4. 그 밖에 소유권을 증명할 수 있는 서류의 사본

2.2 공부정리 사례

공부정리 예로서 매립준공에 따른 신규등록의 토지대장 정리 사례를 살펴보면 다음과 같다.

고유번호	4611015700-○○○○○-○○○○		
토지소재	전라남도 목포시 ○○동		
지번	571-○○	축척	1 : 1200

토지 대장

도면번호	19	발급번호	20030522-0184 -0001
장번호	1-1	처리시각	15시 11분 47초
비고		작성자	홍길동

토지표시			소유자		
지목	면적(m^2)	사유	변동일자 / 변동원인	주소 / 성명 또는 명칭	등록번호
(10) 학교용지	*7,150*	(02)2002년 7월 10일 신규등록(매립준공)	2002년 7월 4일 / (13)소유자등록	국(교육인적자원부)	227
		— 이하여백 —	2002년 12월 27일 / (02)소유권보존	국(교육인적자원부)	227
				—이하여백—	

등급수정 년월일					
토지등급 (기준수확량등급)					
개별공시지가기준일					용도지역 등
개별공시지가(원/m^2)					

토지대장에 의하여 작성한 등본입니다.

2003년 5월 22일

전라남도 목포시장

다음은 미등록지를 신규등록하는 경우의 토지대장 정리 사례를 살펴보면 다음과 같다.

고유번호	4611016100-○○○○○-○○○○			토지대장	도면번호	20	발급번호	20030522-0185 -0001
토지소재	전라남도 목포시 ○○동				장번호	1-1	처리시각	15시 12분 27초
지번	345-○○	축척	1 : 1200		비고		작성자	이몽룡

토지표시			소유자		
지목	면적(m^2)	사유	변동일자 / 변동원인	주소 / 성명 또는 명칭	등록번호
(28) 잡종지	*7,150*	(02)2002년 7월 10일 신규등록(매립준공)	2003년 5월 19일		
			(13)소유자등록	국	200
		— 이하여백 —		—이하여백—	

등급수정 년월일					
토지등급 (기준수확량등급)					
개별공시지가기준일					용도지역 등
개별공시지가(원/m^2)					

토지대장에 의하여 작성한 등본입니다.

2003년 5월 22일

전라남도 목포시장

3 등록전환

3.1 등록전환 신청

토지소유자는 등록전환할 토지가 있으면 대통령령으로 정하는 바에 따라 그 사유가 발생한 날부터 60일 이내에 지적소관청에 등록전환을 신청하여야 한다(법 제78조).

법 제78조에 따라 등록전환을 신청할 수 있는 토지는 「산지관리법」, 「건축법」 등 관계 법령에 따른 토지의 형질변경 또는 건축물의 사용승인 등으로 인하여 지목을 변경하여야 할 토지로 한다(영 제64조 제1항).

그러나 다음 각 호의 어느 하나에 해당하는 경우에는 제1항에도 불구하고 지목변경 없이 등록전환을 신청할 수 있다(영 제64조 제2항).

1. 대부분의 토지가 등록전환되어 나머지 토지를 임야도에 계속 존치하는 것이 불합리한 경우
2. 임야도에 등록된 토지가 사실상 형질변경되었으나 지목변경을 할 수 없는 경우
3. 도시·군관리계획선에 따라 토지를 분할하는 경우

토지소유자는 법 제78조에 따라 등록전환을 신청할 때에는 등록전환 사유를 적은 신청서에 국토교통부령으로 정하는 서류를 첨부하여 지적소관청에 제출하여야 한다(영 제64조 제3항).

그리제 영 제64조 제3항에 따라 토지의 등록전환을 신청하려는 경우에는 관계 법령에 따라 토지의 형질변경 등의 공사가 준공되었음을 증명하는 서류의 사본을 첨부하여야 하며(규칙 제82조 제1항), 제1항에 따른 서류를 그 지적소관청이 관리하는 경우에는 지적소관청의 확인으로 그 서류의 제출을 갈음할 수 있다(규칙 제82조 제2항).

3.2 공부정리 사례

등록전환에 따른 임야대장 정리의 사례로서 먼저, 임야대장의 정리사례를 살펴보면 다음과 같다.

고유번호	4611016300-○○○○○-○○○○			임야대장	도면번호	5	발급번호	20030522-0180-0001
토지소재	전라남도 목포시 ○○동				장 번 호	2-1	처리시각	14시 59분 43초
지 번	산129-○	축 척	1 : 3000		비 고		작 성 자	홍길동

토지표시			소유자		
지 목	면 적 (m²)	사 유	변동일자 변동원인	주 소 성명 또는 명칭	등록번호
(05) 임야	*1,407*	(21)1984년 3월 22일 산 129번에서 분할	1983년 8월 23일 (13)소유자등록	서울시 강남구 ○○동 372-4 김○○ 외 1인	240510-1*
(05) 임야	*1,407*	(51)1987년 1월 1일 행정관할구역변경	1984년 4월 19일 (03)소유권이전	서울시 강남구 ○○동 372-4 김 ○ ○	240510-1*
(05) 임야	*871*	(20)2000년 9월 8일 분할되어 본번에 -5를 부함	1985년 6월 3일 (03)소유권이전	서울시 강남구 반포동 ○○번지 강 ○ ○	430314-1*
(05) 임야	*871*	(11)2002년 4월 29일 797-○○○으로 등록전환되어 말소	1986년 5월 8일 (04)주소변경	서울시 강남구 반포동 ○○-○번지 강 ○ ○	430314-1*

등급수정 년월일	1984년 7월 1일 수정	1989년 1월 1일 수정	1990년 1월 1일 수정	1991년 4월 1일 수정	1992년 1월 1일 수정	1993년 1월 1일 수정	1994년 1월 1일 수정	1995년 1월 1일 수정
토지등급 (기준수확량등급)	44	75	78	84	89	95	101	107
개별공시지가기준일	2002년 1월 1일							용도지역 등
개별공시지가(원/m²)	9,780							

임야대장에 의하여 작성한 등본입니다.

2003년 5월 22일

전라남도 목포시장

임야대장

고유번호	4611016300-○○○○○-○○○○		
토지소재	전라남도 목포시 ○○동		
지 번	산129-○	축 척	1 : 3000

도면번호	5	발급번호	20030522-0180-0001
장 번 호	2-2	처리시각	14시 59분 43초
비 고		작 성 자	홍길동

토 지 표 시

지 목	면 적 (m^2)	사 유
		— 이하여백 —

소 유 자

변 동 일 자	주 소	
변 동 원 인	성명 또는 명칭	등록번호
1994년 12월 9일	용당동 ○○○-○○	
(03)소유권이전	신 ○ ○	350625-1*
1999년 9월 14일	신안군 ○○면 ○○○리 198-○	
(03)소유권이전	이 ○ ○	570315-1*
1999년 12월 10일	○○동 1○02-○	
(03)소유권이전	한 ○ ○	570315-1*
	— 이하여백 —	

등급수정 년월일	1984년 1월 1일 수정	1989년 1월 1일 수정	1990년 1월 1일 수정	1991년 4월 1일 수정	1992년 1월 1일 수정	1993년 1월 1일 수정	1994년 1월 1일 수정	1995년 1월 1일 수정
토지등급 (기준수확량등급)	44	75	78	84	89	95	101	107
개별공시지가기준일	2002년 1월 1일							용도지역 등
개별공시지가(원/m^2)	9,780							

임야대장에 의하여 작성한 등본입니다.

2003년 5월 22일

전라남도 목포시장

고유번호	4611016300-○○○○○-○○○○			토지대장	도면번호	29	발급번호	20030522-0183-0001
토지소재	전라남도 목포시 ○○동				장번호	1-1	처리시각	15시 10분 16초
지번	797-○○	축척	1 : 1200		비고		작성자	홍길동

토지표시			소유자		
지목	면적(m^2)	사유	변동일자	주소	
			변동원인	성명 또는 명칭	등록번호
(08) 대	*841*	(10)2002년 4월 29일 산129-2에서 등록전환	1999년 12월 10일	○○동 1○○2-○	
			(13)소유자등록	한 ○ ○	570315-1*
		— 이하여백 —		— 이하여백 —	

등급수정 년 월 일								
토지등급 (기준수확량등급)								
개별공시지가기준일	2002년 7월 1일							용도지역 등
개별공시지가(원/m^2)	38,800							

토지대장에 의하여 작성한 등본입니다.

2003년 5월 22일

전라남도 목포시장

4 분할

4.1 분할 신청

토지소유자는 토지를 분할하려면 대통령령으로 정하는 바에 따라 지적소관청에 분할을 신청하여야 한다(법 제79조 제1항).

법 제79조 제1항에 따라 분할을 신청할 수 있는 경우는 다음 각 호와 같다(영 제65조 제1항).

1. 소유권이전, 매매 등을 위하여 필요한 경우
2. 토지이용상 불합리한 지상 경계를 시정하기 위한 경우
3. 관계 법령에 따라 토지분할이 포함된 개발행위허가 등을 받은 경우

토지소유자는 지적공부에 등록된 1필지의 일부가 형질변경 등으로 용도가 변경된 경우에는 대통령령으로 정하는 바에 따라 용도가 변경된 날부터 60일 이내에 지적소관청에 토지의 분할을 신청하여야 한다(법 제79조 제2항).

토지소유자는 법 제79조에 따라 토지의 분할을 신청할 때에는 분할 사유를 적은 신청서에 국토교통부령으로 정하는 서류를 첨부하여 지적소관청에 제출하여야 한다. 이 경우 법 제79조 제2항에 따라 1필지의 일부가 형질변경 등으로 용도가 변경되어 분할을 신청할 때에는 제67조 제2항에 따른 지목변경 신청서를 함께 제출하여야 한다(영 제65조 제2항).

이 때, 영 제65조 제2항에서 "국토해양부령으로 정하는 서류"란 분할허가대상인 토지의 경우 그 허가서 사본을 말하며, 해당 서류를 해당지적소관청이 관리하는 경우에는 지적소관청의 확인으로 그 서류의 제출을 갈음할 수 있다(규칙 제83조 제1・2항).

4.2 공부 정리 사례

토지분할에 따른 지적공부 정리 사례를 살펴보면 다음과 같다.

고유번호	4611016400-○○○○○-○○○○		
토지소재	전라남도 목포시 ○○동		
지 번	1052-○	축 척	수치

토지대장

도면번호	30	발급번호	20030522-0196 -0001
장 번 호	2-1	처리시각	15시 41분 33초
비 고		작 성 자	홍길동

토 지 표 시			소 유 자		
지 목	면 적 (m^2)	사 유	변 동 일 자	주 소	
			변 동 원 인	성명 또는 명칭	등록번호
(08) 대	*1,223.8*	(62)1996년 1월 22일 구획정리 완료	1996년 1월 9일	○○군 ○○면 ○○리 ○○○	
			(08)환지	정○○ 외 1인	410708-1*
(08) 대	*562.7*	(20)1997년 4월 10일 분할되어 본번에 -5를 부함	1996년 9월 14일	○○○	
			(08)촉탁등기	정○○ 외 1인	410708-1*
(08) 대	*281.7*	(20)2003년 5월 12일 분할되어 본번에 -6을 부함	1996년 12월 10일	○○○	
			(03)소유권이전	정 ○ ○	410708-1*
		— 이하여백 —	1997년 10월 14일	서울시 종로구 ○○동	
			(03)소유권이전	장 ○ ○	490106-1*

등 급 수 정 년 월 일								
토 지 등 급 (기준수확량등급)								
개별공시지가기준일								용도지역 등
개별공시지가(원/m^2)								

토지대장에 의하여 작성한 등본입니다.

2003년 5월 22일

전라남도 목포시장

5 합병

5.1 합병 신청

토지소유자는 토지를 합병하려면 대통령령으로 정하는 바에 따라 지적소관청에 합병을 신청하여야 한다(법 제80조 제1항).

토지소유자는 「주택법」에 따른 공동주택의 부지, 도로, 제방, 하천, 구거, 유지, 그 밖에 대통령령으로 정하는 토지로서 합병하여야 할 토지가 있으면 그 사유가 발생한 날부터 60일 이내에 지적소관청에 합병을 신청하여야 한다(법 제80조 제2항).

다만, 다음 각 호의 어느 하나에 해당하는 경우에는 합병 신청을 할 수 없다(법 제80조 제3항).

1. 합병하려는 토지의 지번부여지역, 지목 또는 소유자가 서로 다른 경우
2. 합병하려는 토지에 다음 각 목의 등기 외의 등기가 있는 경우
   가. 소유권·지상권·전세권 또는 임차권의 등기
   나. 승역지(承役地)에 대한 지역권의 등기
   다. 합병하려는 토지 전부에 대한 등기원인(登記原因) 및 그 연월일과 접수번호가 같은 저당권의 등기
3. 그 밖에 합병하려는 토지의 지적도 및 임야도의 축척이 서로 다른 경우 등 대통령령으로 정하는 경우

토지소유자는 법 제80조 제1항 및 제2항에 따라 토지의 합병을 신청할 때에는 합병 사유를 적은 신청서를 지적소관청에 제출하여야 한다(영 제66조 제1항).

법 제80조 제2항에서 "대통령령으로 정하는 토지"란 공장용지·학교용지·철도용지·수도용지·공원·체육용지 등 다른 지목의 토지를 말한다(영 제66조 제2항).

법 제80조 제3항 제3호에서 "합병하려는 토지의 지적도 및 임야도의 축척이 서로 다른 경우 등 대통령령으로 정하는 경우"란 다음 각 호의 경우를 말한다(영 제66조 제3항).

1. 합병하려는 토지의 지적도 및 임야도의 축척이 서로 다른 경우
2. 합병하려는 각 필지의 지반이 연속되지 아니한 경우
3. 합병하려는 토지가 등기된 토지와 등기되지 아니한 토지인 경우
4. 합병하려는 각 필지의 지목은 같으나 일부 토지의 용도가 다르게 되어 법 제79조 제2항에 따른 분할대상 토지인 경우. 다만, 합병 신청과 동시에 토지의 용도에 따라 분할 신청을 하는 경우는 제외한다.

5. 합병하려는 토지의 소유자별 공유지분이 다르거나 소유자의 주소가 서로 다른 경우
6. 합병하려는 토지가 구획정리, 경지정리 또는 축척변경을 시행하고 있는 지역의 토지와 그 지역 밖의 토지인 경우

5.2 공부정리 사례

토지합병에 따른 지적공부 정리 사례를 살펴보면 합병 후 합병전의 지적공부 정리로 살펴볼 수 있다. 다음은 토지합병으로 인한 존치지번의 공부정리 사례이다.

고유번호	4611016400-○○○○○-○○○○			토지대장	도면번호	4	발급번호	20030522-0199-0001
토지소재	전라남도 목포시 ○○동				장 번 호	1-1	처리시각	15시 42분 39초
지 번	915	축 척	1 : 1000		비 고		작 성 자	홍길동

토지표시			소유자		
지 목	면 적 (m^2)	사 유	변동일자 / 변동원인	주소 / 성명 또는 명칭	등록번호
(28) 잡종지	*12,168*	(30)2003년 5월 20일 915-○번과 합병	2003년 5월 19일	광주 ○○구 ○○동 ○○-○	
			(03)소유권이전	주식회사 ○○건설	205511-0*
(08) 대	*12,168*	(40)2003년 5월 20일 지목변경		- 이하여백 -	
		- 이하여백 -			

등급수정 년월일	1988년 1월 1일 수정	1989년 1월 1일 수정	1990년 1월 1일 수정	1992년 1월 1일 수정	1992년 1월 1일 수정	1993년 7월 1일 수정	1994년 1월 1일 수정	1995년 1월 1일 수정
토지등급 (기준수확량등급)	126	141	158	163	169	170	176	182
개별공시지가기준일	2002년 1월 1일							용도지역 등
개별공시지가(원/m^2)	241,000							

토지대장에 의하여 작성한 등본입니다.

2003년 5월 22일

전라남도 목포시장

합병으로 인한 말소지번의 공부정리 사례를 살펴보면 다음과 같다.

토지대장

고유번호	4611016400-○○○○○-○○○○		
토지소재	전라남도 목포시 ○○동		
지 번	915-○	축 척	1 : 1000

도면번호	4	발급번호	20030522-0199-0002
장 번 호	1-1	처리시각	15시 42분 39초
비 고		작 성 자	홍길동

토지표시			소유자		
지 목	면 적 (m^2)	사 유	변동일자 / 변동원인	주 소 / 성명 또는 명칭	등록번호
(28) 잡종지	*971*	(31)2003년 5월 20일 915번으로 합병되어 말소	2003년 5월 19일	광주 ○구 ○○동 ○○-○	
			(03)소유권이전	주식회사 ○○건설	205511-0*
		― 이하여백 ―		― 이하여백 ―	

등급수정 년월일	1989년 1월 1일 수정	1990년 1월 1일 수정	1992년 1월 1일 수정	1993년 1월 1일 수정	1993년 7월 1일 수정	1994년 7월 1일 수정	1995년 1월 1일 수정	1995년 8월 15일 수정
토지등급 (기준수확량등급)	137	155	161	168	170	176	182	183
개별공시지가기준일	2002년 1월 1일							용도지역 등
개별공시지가(원/m^2)	246,000							

토지대장에 의하여 작성한 등본입니다.

2003년 5월 22일

전라남도 목포시장

6 지목변경

6.1 지목변경 신청

토지소유자는 지목변경을 할 토지가 있으면 대통령령으로 정하는 바에 따라 그 사유가 발생한 날부터 60일 이내에 지적소관청에 지목변경을 신청하여야 한다(법 제81조).

법 제81조에 따라 지목변경을 신청할 수 있는 경우는 다음 각 호와 같다(영 제67조 제1항).

1. 「국토의 계획 및 이용에 관한 법률」 등 관계 법령에 따른 토지의 형질변경 등의 공사가 준공된 경우
2. 토지나 건축물의 용도가 변경된 경우
3. 법 제86조에 따른 도시개발사업 등의 원활한 추진을 위하여 사업시행자가 공사 준공 전에 토지의 합병을 신청하는 경우

토지소유자는 법 제81조에 따라 지목변경을 신청할 때에는 지목변경 사유를 적은 신청서에 국토교통부령으로 정하는 서류를 첨부하여 지적소관청에 제출하여야 한다(영 제67조 제2항).

영 제67조 제2항에서 "국토교통부령으로 정하는 서류"란 다음 각 호의 어느 하나에 해당하는 서류를 말한다(규칙 제84조 제1항).

1. 관계법령에 따라 토지의 형질변경 등의 공사가 준공되었음을 증명하는 서류의 사본
2. 국유지·공유지의 경우에는 용도폐지 되었거나 사실상 공공용으로 사용되고 있지 아니함을 증명하는 서류의 사본
3. 토지 또는 건축물의 용도가 변경되었음을 증명하는 서류의 사본

개발행위허가·농지전용허가·보전산지전용허가 등 지목변경과 관련된 규제를 받지 아니하는 토지의 지목변경이나 전·답·과수원 상호간의 지목변경인 경우에는 영 제84조 제1항에 따른 서류의 첨부를 생략할 수 있다(영 제84조 제2항).

규칙 제84조 제1항 각 호의 어느 하나에 해당하는 서류를 해당 지적소관청이 관리하는 경우에는 지적소관청의 확인으로 그 서류의 제출을 갈음할 수 있다(규칙 제84조 제3항).

영 제64조 제1항에 따라 등록전환을 하여야 할 토지 중 목장용지·과수원 등 일단의 면적이 크거나 토지대장등록지로부터 거리가 멀어서 등록전환하는 것이 부적당하다고 인정되는 경우에는 임야대장등록지에서 지목변경을 할 수 있다(규정 제76조).

6.2 공부정리 사례

지목변경에 따른 지적공부 정리 사례를 살펴보면 다음과 같다.

토지대장

고유번호	4611016400-○○○○○-○○○○		
토지소재	전라남도 목포시 ○○동		
지 번	915	축 척	1 : 1000

도면번호	4	발급번호	20030522-0199-0001
장 번 호	1-1	처리시각	15시 42분 39초
비 고		작 성 자	홍길동

토 지 표 시		
지 목	면 적 (m^2)	사 유
(28) 잡종지	*12,168*	(30)2003년 5월 20일 915-○번과 합병
(08) 대	*12,168*	(40)2003년 5월 20일 지목변경
		— 이하여백 —

소 유 자		
변 동 일 자	주 소	
변 동 원 인	성명 또는 명칭	등록번호
2003년 5월 19일	광주 ○○구 ○○동 ○○-○	
(03)소유권이전	주식회사 ○○건설	205511-0*
	— 이하여백 —	

등 급 수 정 년 월 일	1988년 1월 1일 수정	1989년 1월 1일 수정	1990년 1월 1일 수정	1992년 1월 1일 수정	1992년 1월 1일 수정	1993년 7월 1일 수정	1994년 1월 1일 수정	1995년 1월 1일 수정
토 지 등 급 (기준수확량등급)	126	141	158	163	169	170	176	182
개별공시지가기준일	2002년 1월 1일							용도지역 등
개별공시지가(원/m^2)	241,000							

토지대장에 의하여 작성한 등본입니다.

2003년 5월 22일

전라남도 목포시장

7 바다로 된 토지의 등록말소

7.1 바다로 된 토지의 등록말소 신청

지적소관청은 지적공부에 등록된 토지가 지형의 변화 등으로 바다로 된 경우로서 원상(原狀)으로 회복될 수 없거나 다른 지목의 토지로 될 가능성이 없는 경우에는 지적공부에 등록된 토지소유자에게 지적공부의 등록말소 신청을 하도록 통지하여야 한다(법 제82조 제1항).

지적소관청은 법 제82조 제1항에 따른 토지소유자가 통지를 받은 날부터 90일 이내에 등록말소 신청을 하지 아니하면 대통령령으로 정하는 바에 따라 등록을 말소한다(법 제82조 제2항). 그리고 지적소관청은 제2항에 따라 말소한 토지가 지형의 변화 등으로 다시 토지가 된 경우에는 대통령령으로 정하는 바에 따라 토지로 회복등록을 할 수 있다(법 제82조 제3항).

법 제82조 제2항에 따라 토지소유자가 등록말소 신청을 하지 아니하면 지적소관청이 직권으로 그 지적공부의 등록사항을 말소하여야 한다(영 제68조 제1항).

지적소관청은 법 제82조 제3항에 따라 회복등록을 하려면 그 지적측량성과 및 등록말소 당시의 지적공부 등 관계 자료에 따라야 한다(영 제68조 제2항).

그리고 영 제68조 제1항 및 제2항에 따라 지적공부의 등록사항을 말소하거나 회복등록하였을 때에는 그 정리 결과를 토지소유자 및 해당 공유수면의 관리청에 통지하여야 한다(영 제68조 제3항).

8 축척변경

8.1 축척변경 신청

축척변경에 관한 사항을 심의·의결하기 위하여 지적소관청에 축척변경위원회를 둔다(법 제83조 제1항).

지적소관청은 지적도가 다음 각 호의 어느 하나에 해당하는 경우에는 토지소유자의 신청 또는 지적소관청의 직권으로 일정한 지역을 정하여 그 지역의 축척을 변경할 수 있다(법 제83조 제2항).

1. 잦은 토지의 이동으로 1필지의 규모가 작아서 소축척으로는 지적측량성과의 결정이나 토지의 이동에 따른 정리를 하기가 곤란한 경우

2. 하나의 지번부여지역에 서로 다른 축척의 지적도가 있는 경우
3. 그 밖에 지적공부를 관리하기 위하여 필요하다고 인정되는 경우

법 제83조 제2항에 따라 축척변경을 신청하는 토지소유자는 축척변경 사유를 적은 신청서에 국토교통부령으로 정하는 서류를 첨부하여 지적소관청에 제출하여야 하며(영 제69조), 이 때 "국토교통부령으로 정하는 서류"란 토지소유자 3분의 2 이상의 동의서를 말한다(규칙 제85조).

지적소관청은 법 제83조 제2항에 따라 축척변경을 하려면 축척변경 시행지역의 토지소유자 3분의 2 이상의 동의를 받아 제1항에 따른 축척변경위원회의 의결을 거친 후 시·도지사 또는 대도시 시장의 승인을 받아야 한다. 다만, 다음 각 호의 어느 하나에 해당하는 경우에는 축척변경위원회의 의결 및 시·도지사 또는 대도시 시장의 승인 없이 축척변경을 할 수 있다(법 제83조 제3항).

1. 합병하려는 토지가 축척이 다른 지적도에 각각 등록되어 있어 축척변경을 하는 경우
2. 법 제86조에 따른 도시개발사업 등의 시행지역에 있는 토지로서 그 사업 시행에서 제외된 토지의 축척변경을 하는 경우

축척변경의 절차, 축척변경으로 인한 면적 증감의 처리, 축척변경 결과에 대한 이의신청 및 축척변경위원회의 구성·운영 등에 필요한 사항은 대통령령으로 정한다(법 제83조 제4항).

축척변경업무처리에 관하여는 규정 제81조(도시개발사업 등의 사업신고)를 준용한다. 다만, 법 제83조 제3항 제1호 및 제2호에 따른 축척변경은 그러하지 아니하다(규정 제77조).

8.2 축척변경 승인 등

지적소관청은 법 제83조 제2항에 따라 축척변경을 할 때에는 축척변경 사유를 적은 승인신청서에 다음 각 호의 서류를 첨부하여 시·도지사 또는 대도시 시장에게 제출하여야 한다(영 제70조 제1항).

1. 축척변경의 사유
2. 지번등 명세
3. 법 제83조 제3항에 따른 토지소유자의 동의서
4. 법 제83조 제1항에 따른 축척변경위원회(이하 "축척변경위원회"라 한다)의 의결서 사본
5. 그 밖에 축척변경 승인을 위하여 시·도지사 또는 대도시 시장이 필요하다고 인정하는 서류

이 경우 시·도지사 또는 대도시 시장은 「전자정부법」 제36조 제1항에 따른 행정정보의 공동이용을 통하여 축척변경 대상지역의 지적도를 확인하여야 한다(영 제70조 제1항).

제1항에 따른 신청을 받은 시·도지사 또는 대도시 시장은 축척변경 사유 등을 심사한 후 그 승인 여부를 지적소관청에 통지하여야 한다(영 제70조 제2항).

8.3 축척변경 시행공고 등

지적소관청은 법 제83조 제3항에 따라 시·도지사 또는 대도시 시장으로부터 축척변경 승인을 받았을 때에는 지체 없이 다음 각 호의 사항을 20일 이상 공고하여야 한다(영 제71조 제1항).

1. 축척변경의 목적, 시행지역 및 시행기간
2. 축척변경의 시행에 관한 세부계획
3. 축척변경의 시행에 따른 청산방법
4. 축척변경의 시행에 따른 토지소유자 등의 협조에 관한 사항

제1항에 따른 시행공고는 시·군·구(자치구가 아닌 구를 포함한다) 및 축척변경 시행지역 동·리의 게시판에 주민이 볼 수 있도록 게시하여야 한다(영 제71조 제2항).

축척변경 시행지역의 토지소유자 또는 점유자는 시행공고가 된 날(이하 "시행공고일"이라 한다)부터 30일 이내에 시행공고일 현재 점유하고 있는 경계에 국토교통부령으로 정하는 경계점표지를 설치하여야 한다(영 제71조 제3항).

8.4 축척변경에 따른 토지 표시

지적소관청은 축척변경 시행지역의 각 필지별 지번·지목·면적·경계 또는 좌표를 새로 정하여야 한다(영 제72조 제1항).

지적소관청이 축척변경을 위한 측량을 할 때에는 제71조 제3항에 따라 토지소유자 또는 점유자가 설치한 경계점표지를 기준으로 새로운 축척에 따라 면적·경계 또는 좌표를 정하여야 한다(영 제72조 제2항).

법 제83조 제3항 단서에 따라 축척을 변경할 때에는 제1항에도 불구하고 각 필지별 지번·지목 및 경계는 종전의 지적공부에 따르고 면적만 새로 정하여야 하고(영 제72조 제3항), 이에 따른 축척변경절차 및 면적결정방법 등에 관하여 필요한 사항은 국토교통부령으로 정한다(영 제72조 제4항).

그리고 영 제72조 제3항에 따라 면적을 새로 정하는 때에는 축척변경 측량결과도에 따라야 한다(규칙 제87조 제1항).

축척변경 측량 결과도에 따라 면적을 측정한 결과 축척변경 전의 면적과 축척변경 후의 면적의 오차가 영 제19조 제1항 제2호 가목의 계산식에 따른 허용범위 이내인 경우에는 축척변경 전의 면적을 결정면적으로 하고, 허용면적을 초과하는 경우에는 축척변경

후의 면적을 결정면적으로 한다. 이 경우 같은 계산식 중 A는 오차 허용면적, M은 축척이 변경될 지적도의 축척분모, F는 축척변경 전의 면적을 말한다(규칙 제87조 제2항).

경계점좌표등록부를 갖춰 두지 아니하는 지역을 경계점좌표등록부를 갖춰 두는 지역으로 축척변경을 하는 경우에는 그 필지의 경계점을 평판(平板) 측량방법이나 전자평판(電子平板) 측량방법으로 지상에 복원시킨 후 경위의(經緯儀) 측량방법 등으로 경계점좌표를 구하여야 한다. 이 경우 면적은 제2항에도 불구하고 경계점좌표에 따라 결정하여야 한다(규칙 제87조 제3항).

8.5 축척변경 지번별 조서

지적소관청은 영 제72조 제2항에 따라 축척변경에 관한 측량을 완료하였을 때에는 시행공고일 현재의 지적공부상의 면적과 측량 후의 면적을 비교하여 그 변동사항을 표시한 축척변경 지번별 조서를 작성하여야 한다(영 제73조).

그리고 영 제73조에 따른 축척변경 지번별 조서는 별지 제77호 서식과 같다(규칙 제88조).

8.6 지적공부정리 등의 정지

지적소관청은 축척변경 시행기간 중에는 축척변경 시행지역의 지적공부정리와 경계복원측량(제71조 제3항에 따른 경계점표지의 설치를 위한 경계복원측량은 제외한다)을 제78조에 따른 축척변경 확정공고일까지 정지하여야 한다. 다만, 축척변경위원회의 의결이 있는 경우에는 그러하지 아니하다(영 제74조).

8.7 청산금 산정

지적소관청은 축척변경에 관한 측량을 한 결과 측량 전에 비하여 면적의 증감이 있는 경우에는 그 증감면적에 대하여 청산을 하여야 한다. 다만, 다음 각 호의 어느 하나에 해당하는 경우에는 그러하지 아니하다(영 제75조 제1항).

1. 필지별 증감면적이 제19조 제1항 제2호 가목에 따른 허용범위 이내인 경우. 다만, 축척변경위원회의 의결이 있는 경우는 제외한다.
2. 토지소유자 전원이 청산하지 아니하기로 합의하여 서면으로 제출한 경우

영 제75조 제1항 본문에 따라 청산을 할 때에는 축척변경위원회의 의결을 거쳐 지번별로 제곱미터당 금액(이하 "지번별 제곱미터당 금액"이라 한다)을 정하여야 한다. 이 경우 지적소관청은 시행공고일 현재를 기준으로 그 축척변경 시행지역의 토지에 대하여 지번별 제곱미터당 금액을 미리 조사하여 축척변경위원회에 제출하여야 한다(영 제75조 제2항).

그리고 지적소관청은 영 제75조 제2항 후단에 따라 별지 제78호 서식에 따른 지번별 제

곱미터당 금액조서를 작성하여 축척변경위원회에 제출하여야 한다(규칙 제89조).

청산금은 제73조에 따라 작성된 축척변경 지번별 조서의 필지별 증감면적에 제2항에 따라 결정된 지번별 제곱미터당 금액을 곱하여 산정한다(영 제75조 제3항). 지적소관청은 청산금을 산정하였을 때에는 청산금 조서(축척변경 지번별 조서에 필지별 청산금 명세를 적은 것을 말한다)를 작성하고, 청산금이 결정되었다는 뜻을 제71조 제2항의 방법에 따라 15일 이상 공고하여 일반인이 열람할 수 있게 하여야 한다(영 제75조 제4항).

청산금을 산정한 결과 증가된 면적에 대한 청산금의 합계와 감소된 면적에 대한 청산금의 합계에 차액이 생긴 경우 초과액은 그 지방자치단체(「제주특별자치도 설치 및 국제자유도시 조성을 위한 특별법」 제15조 제2항에 따른 행정시의 경우에는 해당 행정시가 속한 특별자치도를 말하고, 「지방자치법」 제3조 제3항에 따른 자치구가 아닌 구의 경우에는 해당 구가 속한 시를 말한다. 이하 이 항에서 같다)의 수입으로 하고, 부족액은 그 지방자치단체가 부담한다(영 제73조 제5항).

8.8 청산금 납부고지

지적소관청은 제75조 제4항에 따라 청산금의 결정을 공고한 날부터 20일 이내에 토지소유자에게 청산금의 납부고지 또는 수령통지를 하여야 한다(영 제76조 제1항).

영 제76조 제1항에 따른 납부고지를 받은 자는 그 고지를 받은 날부터 3개월 이내에 청산금을 지적소관청에 내야 하고(영 제76조 제2항), 지적소관청은 제1항에 따른 수령통지를 한 날부터 6개월 이내에 청산금을 지급하여야 한다(영 제76조 제3항).

지적소관청은 청산금을 지급받을 자가 행방불명 등으로 받을 수 없거나 받기를 거부할 때에는 그 청산금을 공탁할 수 있다(영 제76조 제4항).

지적소관청은 청산금을 내야 하는 자가 제77조 제1항에 따른 기간 내에 청산금에 관한 이의신청을 하지 아니하고 제2항에 따른 기간 내에 청산금을 내지 아니하면 지방세 체납처분의 예에 따라 징수할 수 있다(영 제76조 제5항).

8.9 청산금 이의신청

영 제76조 제1항에 따라 납부고지되거나 수령통지된 청산금에 관하여 이의가 있는 자는 납부고지 또는 수령통지를 받은 날부터 1개월 이내에 지적소관청에 이의신청을 할 수 있다(영 제77조 제1항).

영 제77조 제1항에 따른 이의신청을 받은 지적소관청은 1개월 이내에 축척변경위원회의 심의·의결을 거쳐 그 인용(認容) 여부를 결정한 후 지체 없이 그 내용을 이의신청인에게 통지하여야 한다(영 제77조 제2항).

8.10 확정공고

청산금의 납부 및 지급이 완료되었을 때에는 지적소관청은 지체 없이 축척변경의 확정공고를 하여야 한다(영 제78조 제1항).

지적소관청은 영 제78조 제1항에 따른 확정공고를 하였을 때에는 지체 없이 축척변경에 따라 확정된 사항을 지적공부에 등록하여야 한다(영 제78조 제2항).

8.11 축척변경위원회

1) 축척변경위원회의 구성 등

축척변경위원회는 5명 이상 10명 이하의 위원으로 구성하되, 위원의 2분의 1 이상을 토지소유자로 하여야 한다. 이 경우 그 축척변경 시행지역의 토지소유자가 5명 이하일 때에는 토지소유자 전원을 위원으로 위촉하여야 한다(영 제79조 제1항).

위원장은 위원 중에서 지적소관청이 지명한다(영 제79조 제2항).

위원은 다음 각 호의 사람 중에서 지적소관청이 위촉한다(영 제79조 제3항).

1. 해당 축척변경 시행지역의 토지소유자로서 지역 사정에 정통한 사람
2. 지적에 관하여 전문지식을 가진 사람

축척변경위원회의 위원에게는 예산의 범위에서 출석수당과 여비, 그 밖의 실비를 지급할 수 있다. 다만, 공무원인 위원이 그 소관 업무와 직접적으로 관련되어 출석하는 경우에는 그러하지 아니하다(영 제79조 제4항).

2) 축척변경위원회의 기능

축척변경위원회는 지적소관청이 회부하는 다음 각 호의 사항을 심의・의결한다(영 제80조).

1. 축척변경 시행계획에 관한 사항
2. 지번별 제곱미터당 금액의 결정과 청산금의 산정에 관한 사항
3. 청산금의 이의신청에 관한 사항
4. 그 밖에 축척변경과 관련하여 지적소관청이 회의에 부치는 사항

3) 축척변경위원회의 회의

축척변경위원회의 회의는 지적소관청이 영 제80조 각 호의 어느 하나에 해당하는 사항을 축척변경위원회에 회부하거나 위원장이 필요하다고 인정할 때에 위원장이 소집한다(영 제81조 제1항).

축척변경위원회의 회의는 위원장을 포함한 재적위원 과반수의 출석으로 개의(開議)하고, 출석위원 과반수의 찬성으로 의결한다(영 제81조 제2항).

위원장은 축척변경위원회의 회의를 소집할 때에는 회의일시·장소 및 심의안건을 회의 개최 5일 전까지 각 위원에게 서면으로 통지하여야 한다(영 제81조 제3항).

9 등록사항 정정

9.1 등록사항의 정정

토지소유자는 지적공부의 등록사항에 잘못이 있음을 발견하면 지적소관청에 그 정정을 신청할 수 있다(법 제84조 제1항). 이에 따른 정정으로 인접 토지의 경계가 변경되는 경우에는 다음 각 호의 어느 하나에 해당하는 서류를 지적소관청에 제출하여야 한다(법 제84조 제3항).

1. 인접 토지소유자의 승낙서
2. 인접 토지소유자가 승낙하지 아니하는 경우에는 이에 대항할 수 있는 확정판결서 정본(正本)

그리고 토지소유자는 법 제84조 제1항에 따라 지적공부의 등록사항에 대한 정정을 신청할 때에는 정정사유를 적은 신청서에 다음 각 호의 구분에 따른 서류를 첨부하여 지적소관청에 제출하여야 한다(규칙 제93조 제1항).

1. 경계 또는 면적의 변경을 가져오는 경우 : 등록사항 정정 측량성과도
2. 그 밖의 등록사항을 정정하는 경우 : 변경사항을 확인할 수 있는 서류

제1항에 따른 서류를 해당 지적소관청이 관리하는 경우에는 지적소관청의 확인으로 해당 서류의 제출을 갈음할 수 있다(규칙 제93조 제2항).

지적소관청은 지적공부의 등록사항에 잘못이 있음을 발견하면 대통령령으로 정하는 바에 따라 직권으로 조사·측량하여 정정할 수 있다(법 제84조 제2항).

지적소관청이 제1항 또는 제2항에 따라 등록사항을 정정할 때 그 정정사항이 토지소유자에 관한 사항인 경우에는 등기필증, 등기완료통지서, 등기사항증명서 또는 등기관서에서 제공한 등기전산정보자료에 따라 정정하여야 한다. 다만, 제1항에 따라 미등기 토지에 대하여 토지소유자의 성명 또는 명칭, 주민등록번호, 주소 등에 관한 사항의 정정을 신청한 경우로서 그 등록사항이 명백히 잘못된 경우에는 가족관계 기록사항에 관한 증명서에 따라 정정하여야 한다(법 제84조 제4항).

법 제84조 제4항 단서에 따른 적용대상 토지는 미등기토지로서 소유자의 정정에 관한 사항과 토지조사당시에 사정 또는 재결 등에 따라 대장에 소유자는 등록하였으나, 소유자의 주소가 등록되어 있지 아니한 토지와 종전 「지적법시행령」(대통령령 제497호 1951년4월1일 제정)제3조 제4호에 따라 국유지를 매각·교환 또는 양여하여 취득한 토지(이하 "국유지의 취득"이라 한다)의 소유자주소가 대장에 등록되어 있지 아니한 미등기 토지로 한다. 다만, 1950.12.1 법률 제165호로 제정된 「지적법」(1975.12.31 법률 제2801호로 전문 개정되기 이전의 법률을 말한다)이 시행된 시기에 복구, 소유권확인청구의 소에 따른 확정판결이 있었거나, 이에 관한 소송이 법원에 진행중인 토지는 제외한다(규정 제61조 제1항).

미등기토지의 소유자주소를 대장에 등록하고자 하는 때에는 사정·재결 또는 국유지의 취득 당시 최초 주소를 등록한다(규정 제61조 제2항).

미등기토지의 소유자정정 등에 관한 신청이 있는 때에는 14일 이내에 다음 각 호의 사항을 확인하여 처리하여야 하며, 별지 제11호의 조사서를 작성하여야 한다(규정 제61조 제3항).

1. 적용대상토지 여부
2. 대장상 소유자와 가족관계등록부·제적부에 등재된 자와의 동일인 여부
3. 적용대상토지에 대한 확정판결이나 소송의 진행여부
4. 첨부서류의 적합여부
5. 그 밖에 지적소관청이 필요하다고 인정되는 사항

지적소관청은 규정 제61조 제3항에 따른 조사를 할 때에는 기간을 정하여 신청인에게 필요한 자료의 제출 또는 보완을 요구할 수 있다(규정 제61조 제4항).

지적소관청은 대장에 소유자의 주소 등을 등록한 때에는 지체 없이 신청인에게 그 내용을 통지하여야 한다(규정 제61조 제5항).

9.2 등록사항의 직권정정 등

지적소관청이 법 제84조 제2항에 따라 지적공부의 등록사항에 잘못이 있는지를 직권으로 조사·측량하여 정정할 수 있는 경우는 다음 각 호와 같다(영 제82조 제1항).

1. 제84조 제2항에 따른 토지이동정리 결의서의 내용과 다르게 정리된 경우
2. 지적도 및 임야도에 등록된 필지가 면적의 증감 없이 경계의 위치만 잘못된 경우
3. 1필지가 각각 다른 지적도나 임야도에 등록되어 있는 경우로서 지적공부에 등록된 면적과 측량한 실제면적은 일치하지만 지적도나 임야도에 등록된 경계가 서로 접합되지 않아 지적도나 임야도에 등록된 경계를 지상의 경계에 맞추어 정정

하여야 하는 토지가 발견된 경우
4. 지적공부의 작성 또는 재작성 당시 잘못 정리된 경우
5. 지적측량성과와 다르게 정리된 경우
6. 법 제29조 제10항에 따라 지적공부의 등록사항을 정정하여야 하는 경우
7. 지적공부의 등록사항이 잘못 입력된 경우
8. 「부동산등기법」 제37조 제2항에 따른 통지가 있는 경우
9. 법률 제2801호 지적법개정법률 부칙 제3조에 따른 면적 환산이 잘못된 경우

지적소관청은 제1항 각 호의 어느 하나에 해당하는 토지가 있을 때에는 지체 없이 관계 서류에 따라 지적공부의 등록사항을 정정하여야 한다(영 제82조 제2항).

지적공부의 등록사항 중 경계나 면적 등 측량을 수반하는 토지의 표시가 잘못된 경우에는 지적소관청은 그 정정이 완료될 때까지 지적측량을 정지시킬 수 있다. 다만, 잘못 표시된 사항의 정정을 위한 지적측량은 그러하지 아니하다(영 제82조 제3항).

9.3 등록사항 정정 대상토지 관리

지적소관청은 토지의 표시가 잘못되었음을 발견하였을 때에는 지체 없이 등록사항 정정에 필요한 서류와 등록사항 정정 측량성과도를 작성하고, 영 제84조 제2항에 따라 토지이동정리 결의서를 작성한 후 대장의 사유란에 "등록사항정정 대상토지"라고 적고, 토지소유자에게 등록사항 정정 신청을 할 수 있도록 그 사유를 통지하여야 한다. 다만, 영 제82조 제1항에 따라 지적소관청이 직권으로 정정할 수 있는 경우에는 토지소유자에게 통지를 하지 아니할 수 있다(규칙 제94조 제1항).

제1항에 따른 등록사항 정정 대상토지에 대한 대장을 열람하게 하거나 등본을 발급하는 때에는 "등록사항 정정 대상토지"라고 적은 부분을 흑백의 반전(反轉)으로 표시하거나 붉은색으로 적어야 한다(규칙 제94조 제2항).

지적소관청은 등록사항정정대상 토지관리대장을 작성・비치하고, 토지의 표시에 잘못이 있음을 발견한 때에는 그 내용을 별지 제16호 서식의 등록사항정정대상 토지관리대장에 기재하여야 한다. 다만, 영 제82조 제1항에 따라 지적소관청이 직권으로 지적공부의 등록사항을 정정할 경우에는 그러하지 아니하다(규정 제55조 제1항).

〈지적업무처리규정 별지 서식 제8호〉

등록사항 정정대상 토지 관리대장

토지소재		지번	지목	면적(m^2)	성명	주소	발견 연월일	정정 대상 항목	정정할 내용		소유자 또는 이해관계인 통지 연월일
읍·면	동·리				등록 번호				정정 전	정정 후	

지적소관청은 제20조 제8항에 따라 지적측량수행자로부터 토지의 표시에 잘못이 있음을 통보받은 때에는 지체 없이 그 내용을 조사하여 규칙 제94조에 따라 처리하고, 그 결과를 지적측량수행자에게 통지하여야 한다. 다만, 해당 토지가 소유권분쟁으로 소송계류 중 일 때는 소송이 확정 될 때까지 지적공부정리를 보류할 수 있다(규정 제55조 제2항).

지적소관청이 지적측량성과를 제시할 수 없어 등록사항정정대상토지로 결정한 경우에는 그 정정할 사항이 정리되기 전까지는 지적측량을 할 수 없다는 뜻을 토지소유자에게 통지하고 일반인에게 공고하여야 한다(규정 제55조 제3항).

10 행정구역의 명칭변경

행정구역의 명칭이 변경되었으면 지적공부에 등록된 토지의 소재는 새로운 행정구역의 명칭으로 변경된 것으로 본다(법 제85조 제1항).

지번부여지역의 일부가 행정구역의 개편으로 다른 지번부여지역에 속하게 되었으면 지적소관청은 새로 속하게 된 지번부여지역의 지번을 부여하여야 한다(법 제85조 제2항).

행정구역 변경은 다음 각 호의 어느 하나에 해당하는 경우에 할 수 있다(규정 제57조 제1항).

1. 행정구역명칭변경
2. 행정관할구역변경
3. 지번변경을 수반한 행정관할구역변경

지적소관청은 제1항 제3호에 따른 지번변경을 수반한 행정관할구역변경은 시행일 이전에 행정구역변경 임시자료를 생성하여 시행일 전일에 일일마감을 완료한 후 처리한다(규정 제57조 제2항).

11 도시개발사업 등 시행지역 토지이동 신청 특례

11.1 도시개발 등의 사업 신고

「도시개발법」에 따른 도시개발사업, 「농어촌정비법」에 따른 농어촌정비사업, 그 밖에 대통령령으로 정하는 토지개발사업의 시행자는 대통령령으로 정하는 바에 따라 그 사업의 착수·변경 및 완료 사실을 지적소관청에 신고하여야 한다(법 제86조 제1항).

법 제86조 제1항에서 "대통령령으로 정하는 토지개발사업"이란 다음 각 호의 사업을 말한다(영 제83조 제1항).

1. 「주택법」에 따른 주택건설사업
2. 「택지개발촉진법」에 따른 택지개발사업
3. 「산업입지 및 개발에 관한 법률」에 따른 산업단지개발사업
4. 「도시 및 주거환경정비법」에 따른 정비사업
5. 「지역 개발 및 지원에 관한 법률」에 따른 지역개발사업
6. 「체육시설의 설치·이용에 관한 법률」에 따른 체육시설 설치를 위한 토지개발사업
7. 「관광진흥법」에 따른 관광단지 개발사업
8. 「공유수면 관리 및 매립에 관한 법률」에 따른 매립사업
9. 「항만법」 및 「신항만건설촉진법」에 따른 항만개발사업
10. 「공공주택건설 등에 관한 특별법」에 따른 공공주택지구조성사업
11. 「물류시설의 개발 및 운영에 관한 법률」 및 「경제자유구역의 지정 및 운영에 관한 특별법」에 따른 개발사업
12. 「철도건설법」에 따른 고속철도, 일반철도 및 광역철도 건설사업
13. 「도로법」에 따른 고속국도 및 일반국도 건설사업

14. 그 밖에 제1호부터 제13호까지의 사업과 유사한 경우로서 국토교통부장관이 고시하는 요건에 해당하는 토지개발사업

법 제86조 제1항에 따른 도시개발사업 등의 착수·변경 또는 완료 사실의 신고는 그 사유가 발생한 날부터 15일 이내에 하여야 한다(영 제83조 제2항).

법 제86조 제1항 및 영 제83조 제2항에 따른 도시개발사업 등의 착수 또는 변경의 신고를 하려는 자는 별지 제81호 서식의 도시개발사업 등의 착수(시행)·변경·완료 신고서에 다음 각 호의 서류를 첨부하여야 한다. 다만, 변경신고의 경우에는 변경된 부분으로 한정한다(규칙 제95조 제1항).

1. 사업인가서
2. 지번별 조서
3. 사업계획도

법 제86조 제1항 및 영 제83조 제2항에 따른 도시개발사업 등의 완료신고를 하려는 자는 별지 제81호 서식의 신청서에 다음 각 호의 서류를 첨부하여야 한다. 이 경우 지적측량수행자가 지적소관청에 측량검사를 의뢰하면서 미리 제출한 서류는 첨부하지 아니할 수 있다(규칙 제95조 제2항).

1. 확정될 토지의 지번별 조서 및 종전 토지의 지번별 조서
2. 환지처분과 같은 효력이 있는 고시된 환지계획서. 다만, 환지를 수반하지 아니하는 사업인 경우에는 사업의 완료를 증명하는 서류를 말한다.

법 제86조 제1항에 따른 사업과 관련하여 토지의 이동이 필요한 경우에는 해당 사업의 시행자가 지적소관청에 토지의 이동을 신청하여야 한다(법 제86조 제2항). 법 제86조 제2항에 따른 토지의 이동 신청은 그 신청대상지역이 환지(換地)를 수반하는 경우에는 법 제86조 제1항에 따른 사업완료 신고로써 이를 갈음할 수 있다. 이 경우 사업완료 신고서에 법 제86조 제2항에 따른 토지의 이동 신청을 갈음한다는 뜻을 적어야 한다(영 제83조 제3항).

「주택법」에 따른 주택건설사업의 시행자가 파산 등의 이유로 토지의 이동 신청을 할 수 없을 때에는 그 주택의 시공을 보증한 자 또는 입주예정자 등이 신청할 수 있다(영 제83조 제4항).

법 제86조 제2항에 따른 토지의 이동은 토지의 형질변경 등의 공사가 준공된 때에 이루어진 것으로 본다(법 제86조 제3항).

법 제86조 제1항에 따라 사업의 착수 또는 변경의 신고가 된 토지의 소유자가 해당

토지의 이동을 원하는 경우에는 해당 사업의 시행자에게 그 토지의 이동을 신청하도록 요청하여야 하며, 요청을 받은 시행자는 해당 사업에 지장이 없다고 판단되면 지적소관청에 그 이동을 신청하여야 한다(법 제86조 제4항).

11.2 도시개발 등의 사업 신고에 따른 처리

1) 변경신고에 따른 처리

지적소관청은 규칙 제95조 제1항에 따른 도시개발사업 등의 착수(시행) 또는 변경신고가 있는 때에는 다음 각 호에 따라 처리한다(규정 제58조 제1항).

1. 다음 각 목의 사항을 확인한다.
   가. 지번별조서와 지적공부등록사항과의 부합여부
   나. 지번별조서 · 지적(임야)도와 사업계획도와의 부합여부
   다. 착수전 각종 집계의 정확여부
2. 제1호에 따라 서류의 확인이 완료된 때에는 지체 없이 지적공부에 그 사유를 정리하여야 한다.

지적소관청은 규칙 제95조 제2항에 따라 도시개발사업 등의 완료신고가 있는 때에는 다음 각 호에 따라 처리한다(규정 제58조 제2항).

1. 다음 각 목의 사항을 확인한다.
   가. 확정될 토지의 지번별조서와 면적측정부 및 환지계획서의 부합여부
   나. 종전토지의 지번별조서와 지적공부등록사항 및 환지계획서의 부합여부
   다. 측량결과도 또는 경계점좌표와 새로이 작성된 지적도와의 부합여부
   라. 종전토지 소유명의인 동일여부 및 종전토지 등기부에 소유권등기 이외의 다른 등기사항이 없는지 여부
   마. 그 밖에 필요한 사항
2. 제1호에 따른 서류의 확인이 완료된 때에는 확정될 토지의 지번별조서에 따라 토지대장을, 측량성과에 따라 경계점좌표등록부 등을 작성한다. 이 경우 토지대장에 등록하는 소유자의 성명 또는 명칭과 등록번호 및 주소는 환지계획서에 따르되, 소유자의 변동일자와 변동원인은 다음 각 목에 따라 정리한다.
   가. 소유자변동일자 : 환지처분 또는 사업준공 인가일자(환지처분을 아니할 경우에만 해당한다)
   나. 소유자변동원인 : 환지 또는 지적확정(환지처분을 아니하는 경우에만 해당한다)

3. 지적공부의 작성이 완료된 때에는 새로 지적공부가 확정 시행됨을 7일 이상 시·군·구 게시판 또는 홈페이지 등에 게시한다.
4. 도시개발사업 등의 완료로 인하여 폐쇄되는 지적공부는 폐쇄사유를 그 지적공부에 정리하고 별도로 영구 보관한다.

2) 변경신고에 따른 도시개발 등의 정리

지적소관청은 규칙 제95조 제1항에 따른 도시개발사업 등의 착수(시행) 또는 변경신고서를 접수할 때에는 사업시행지별로 등록하고, 접수순으로 사업시행지 번호를 부여받아야 한다(규정 제59조 제1항).

제1항에 따라 사업시행지 번호를 부여받은 때에는 지체 없이 사업시행지 번호별로 도시개발사업 등의 임시파일을 생성한 후 지번별조서를 출력하여 임시파일이 정확하게 생성되었는지 여부를 확인하여야 한다(규정 제59조 제2항).

지구계분할을 하고자 하는 경우에는 부동산종합공부시스템에 시행지 번호와 지구계구분코드(지구내 0, 지구외 1)를 입력하여야 한다(규정 제59조 제3항).

11.3 공부 정리 사례

먼저, 도시개발사업(구획정리) 시행신고에 따른 공부정리 사례를 살펴보면 다음과 같다.

토지대장

고유번호	4611015900-○○○○○-○○○○		
토지소재	전라남도 목포시 ○○동		
지 번	523-○○	축 척	1 : 1200

도면번호	15	발급번호	20030522-0224-0001
장 번 호	1-1	처리시각	16시 12분 50초
비 고		작 성 자	홍길동

토 지 표 시		
지 목	면 적 (m^2)	사 유
(02) 답	*1,322*	(21)1997년 10월 15일 523번에서 분할
(08) 대	*1,322*	(60)2001년 12월 7일 구획정리 시행신고
		─ 이하여백 ─

소 유 자		
변 동 일 자	주 소	
변 동 원 인	성명 또는 명칭	등록번호
1984년 7월 27일	519	
(03)소유권이전	이 ○ ○	460402-1*
1997년 11월 11일	523-○	
(03)소유권이전	○○○교회	36114-***
2002년 11월 5일	성남시 분당구 구미동 175	
(03)소유권이전	대한주택공사	114671-**
	─ 이하여백 ─	

등 급 수 정 년 월 일	1988년 1월 1일 수정	1989년 1월 1일 수정	1990년 1월 1일 수정	1992년 1월 1일 수정	1992년 1월 1일 수정	1993년 7월 1일 수정	1994년 1월 1일 수정	1995년 1월 1일 수정
토 지 등 급 (기준수확량등급)	126	141	158	163	169	170	176	182
개별공시지가기준일	2002년 1월 1일							용도지역 등
개별공시지가(원/m^2)	241,000							

토지대장에 의하여 작성한 등본입니다.

2003년 5월 22일

전라남도 목포시장

다음으로 지구계분할에 따른 지적공부 정리 사례를 살펴보면 이하와 같다.

고유번호	4611015900-○○○○○-○○○○		
토지소재	전라남도 목포시 ○○동		
지 번	506-○	축 척	1 : 1200

토지대장

도면번호	15	발급번호	20030523-0229 -0001
장 번 호	1-1	처리시각	10시 38분 48초
비 고		작 성 자	홍길동

토 지 표 시

지 목	면 적 (m^2)	사 유
(01) 전	*610*	(60)2001년 12월 7일 구획정리 시행신고
(01) 전	*610*	(21)2002년 1월 7일 506번에서 분할
		— 이하여백 —

소 유 자

변 동 일 자 / 변 동 원 인	주 소 / 성명 또는 명칭	등록번호
1985년 11월 12일	512	
(03)소유권이전	김 ○ ○	470803-1*
2003년 4월 30일	성남시 분당구 구미동 175	
(03)소유권이전	대한주택공사	114671-**
	— 이하여백 —	

등 급 수 정 년 월 일								
토 지 등 급 (기준수확량등급)								
개별공시지가기준일	2002년 7월 1일							용도지역 등
개별공시지가(원/m^2)	52,300							

토지대장에 의하여 작성한 등본입니다.

2003년 5월 23일

전라남도 목포시장

다음은 도시개발사업(토지구획정리) 완료에 따른 공부정리 사례이다.

고유번호	4611016400-○○○○○-○○○○			**토지대장**	도면번호	47	발급번호	20030522-0234-0001
토지소재	전라남도 목포시 ○○동				장 번 호	1-1	처리시각	16시 27분 24초
지 번	1122	축 척	수치		비 고		작 성 자	홍길동

토 지 표 시			소 유 자		
지 목	면 적 (m^2)	사 유	변 동 일 자 변 동 원 인	주 소 성명 또는 명칭	등록번호
(08) 대	*2,495.7	(62)2000년 3월 23일 구획정리 완료	2000년 3월 22일		
			(08)환지	목포시	3611
		— 이하여백 —	2000년 4월 7일		
			(09)촉탁등기	목포시	3611
			2000년 5월 18일		
			(03)소유권이전	국(해양수산부)	275
				— 이하여백 —	

등급수정 년월일								
토지등급 (기준수확량등급)								
개별공시지가기준일	2002년 1월 1일							용도지역 등
개별공시지가(원/m^2)	202,000							

토지대장에 의하여 작성한 등본입니다.

2003년 5월 22일

전라남도 목포시장

다음은 도시개발사업(토지구획정리) 완료에 다른 공부의 폐쇄정리 사례이다.

고유번호	4611016400-○○○○○-○○○○		
토지소재	전라남도 목포시 ○○동		
지 번	1085-○	축 척	수치

토지 대장

도면번호	2	발급번호	20030522-0232 -0001
장 번 호	1-1	처리시각	16시 26분 37초
비 고		작 성 자	홍길동

토 지 표 시		
지 목	면 적 (m^2)	사 유
(14) 도로	*4,314.6	(21)1999년 12월 28일 1085번에서 분할
(14) 도로	*4,314.6	(60)1999년 12월 29일 구획정리 시행신고
(14) 도로	*4,314.6	(63)2000년 3월 23일 구획정리되어 폐쇄

소 유 자		
변 동 일 자	주 소	
변 동 원 인	성명 또는 명칭	등록번호
1996년 2월 12일		
(09)촉탁등기	목포시	3611
	— 이하여백 —	

등급수정 년월일								
토지등급 (기준수확량등급)								
개별공시지가기준일								용도지역 등
개별공시지가(원/m^2)								

토지대장에 의하여 작성한 등본입니다.

2003년 5월 22일

전라남도 목포시장

12 신청의 대위

다음 각 호의 어느 하나에 해당하는 자는 이 법에 따라 토지소유자가 하여야 하는 신청을 대신할 수 있다. 다만, 제84조에 따른 등록사항 정정 대상토지는 제외한다(법 제87조).

1. 공공사업 등에 따라 학교용지 · 도로 · 철도용지 · 제방 · 하천 · 구거 · 유지 · 수도용지 등의 지목으로 되는 토지인 경우 : 해당 사업의 시행자
2. 국가나 지방자치단체가 취득하는 토지인 경우 : 해당 토지를 관리하는 행정기관의 장 또는 지방자치단체의 장
3. 「주택법」에 따른 공동주택의 부지인 경우 : 「집합건물의 소유 및 관리에 관한 법률」에 따른 관리인(관리인이 없는 경우에는 공유자가 선임한 대표자) 또는 해당 사업의 시행자
4. 「민법」 제404조에 따른 채권자

13 토지소유자 정리

지적공부에 등록된 토지소유자의 변경사항은 등기관서에서 등기한 것을 증명하는 등기필증, 등기완료통지서, 등기사항증명서 또는 등기관서에서 제공한 등기전산정보자료에 따라 정리한다. 다만, 신규등록하는 토지의 소유자는 지적소관청이 직접 조사하여 등록한다(법 제88조 제1항).

「국유재산법」 제2조 제10호에 따른 총괄청이나 같은 조 제11호에 따른 중앙관서의 장이 같은 법 제12조 제3항에 따라 소유자 없는 부동산에 대한 소유자 등록을 신청하는 경우 지적소관청은 지적공부에 해당 토지의 소유자가 등록되지 아니한 경우에만 등록할 수 있다(법 제88조 제2항).

등기부에 적혀 있는 토지의 표시가 지적공부와 일치하지 아니하면 제1항에 따라 토지소유자를 정리할 수 없다. 이 경우 토지의 표시와 지적공부가 일치하지 아니하다는 사실을 관할 등기관서에 통지하여야 한다(법 제88조 제3항).

지적소관청은 필요하다고 인정하는 경우에는 관할 등기관서의 등기부를 열람하여 지적공부와 부동산등기부가 일치하는지 여부를 조사 · 확인하여야 하며, 일치하지 아니하는 사항을 발견하면 등기사항증명서 또는 등기관서에서 제공한 등기전산정보자료

에 따라 지적공부를 직권으로 정리하거나, 토지소유자나 그 밖의 이해관계인에게 그 지적공부와 부동산등기부가 일치하게 하는 데에 필요한 신청 등을 하도록 요구할 수 있다(법 제88조 제4항).

지적소관청 소속 공무원이 지적공부와 부동산등기부의 부합 여부를 확인하기 위하여 등기부를 열람하거나, 등기사항증명서의 발급을 신청하거나, 등기전산정보자료의 제공을 요청하는 경우 그 수수료는 무료로 한다(법 제88조 제5항).

대장의 소유자변동일자는 등기필통지서, 등기필증, 등기부 등본·초본 또는 등기관서에서 제공한 등기전산정보자료의 경우에는 등기접수일자로, 법 제84조 제4항 단서의 미등기토지 소유자에 관한 정정신청의 경우와 법 제88조 제2항에 따른 소유자등록신청의 경우에는 소유자정리결의일자로, 공유수면 매립준공에 따른 신규등록의 경우에는 매립준공일자로 정리한다(규정 제60조 제1항).

주소·성명·명칭의 변경 또는 경정 및 소유권이전 등이 같은 날짜에 등기가 된 경우의 지적공부정리는 등기접수 순서에 따라 모두 정리하여야 한다(규정 제60조 제2항).

소유자의 주소가 토지소재지와 같은 경우에도 등기부와 일치하게 정리한다. 다만, 등기관서에서 제공한 등기전산정보자료에 따라 정리하는 경우에는 등기전산정보자료에 따른다(규정 제60조 제3항).

법 제88조 제4항에 따라 지적소관청이 소유자에 관한 사항이 대장과 부합되지 아니하는 토지소유자를 정리할 때에는 제1항부터 제3항까지와 제88조 제2항을 준용하며, 토지소유자 등 이해관계인이 등기부 등본·초본 등에 따라 소유자정정을 신청하는 경우에는 별지 제9호 서식의 소유자정정 신청서를 제출하여야 한다(규정 제60조 제4항).

국토교통부장관은 등기관서로부터 법인 또는 재외국민의 부동산등기용등록번호 정정통보가 있는 때에는 정정 전 등록번호에 따라 토지소재를 조사하여 시·도지사에게 그 내용을 통지하여야 한다. 이 경우 시·도지사는 지체 없이 그 내용을 해당 지적소관청에 통지하여야 한다(규정 제60조 제5항).

소유자등록사항 중 토지이동과 함께 소유자가 결정되는 신규 등록, 도시개발사업 등의 환지 등록시에는 토지이동업무 처리와 동시에 소유자를 정리하여야 한다(규정 제60조 제6항).

14 등기촉탁

지적소관청은 제64조 제2항(신규등록은 제외한다), 제66조 제2항, 제82조, 제83조 제2항, 제84조 제2항 또는 제85조 제2항에 따른 사유로 토지의 표시 변경에 관한 등기를 할 필요가 있는 경우에는 지체 없이 관할 등기관서에 그 등기를 촉탁하여야 한다. 이 경우 등기촉탁은 국가가 국가를 위하여 하는 등기로 본다(법 제89조 제1항).

지적소관청은 법 제89조 제1항에 따라 등기관서에 토지표시의 변경에 관한 등기를 촉탁하려는 때에는 별지 제83호 서식의 토지표시변경등기 촉탁서에 그 취지를 적어야 한다(규칙 제97조 제1항).

규칙 제97조 제1항에 따라 토지표시의 변경에 관한 등기를 촉탁한 때에는 별지 제84호 서식의 토지표시변경등기 촉탁대장에 그 내용을 적어야 한다(규칙 제97조 제2항).

그리고 등기촉탁에 필요한 사항은 국토교통부령으로 정한다(법 제89조 제2항).

등기는 당사자의 신청에 의하는 것이 원칙이나, 예외로 법률의 규정이 있는 경우 법원 및 그 밖의 관공서가 등기소에 촉탁하여 등기하는 경우가 있는데, 이를 "등기촉탁" 또는 "촉탁등기"라 한다.

참고로, 건물의 등기촉탁은 지번·행정구역의 명칭 변경, 건축물의 면적·구조·용도 및 층수 변경(신규등록 제외), 건축물 철거 또는 건축물 멸실(滅失)로 인하여 건축물대장의 기재 내용이 변경되는 경우 특별자치도지사 또는 시장·군수·구청장은 관할 등기소에 그 등기를 촉탁할 수 있다. 이 경우 지번·행정구역 명칭 변경과 건축물 멸실로 인한 등기촉탁은 지방자치단체가 자기를 위하여 하는 등기로 본다.

다른 법령에서 토지표시변경 등기촉탁에 관한 규정이 있는 경우에는 법 제89조 제1항에 따른 등기촉탁을 하지 아니할 수 있다(규정 제62조).

15 지적공부의 정리 등

15.1 지적공부의 정리 등

지적소관청은 지적공부가 다음 각 호의 어느 하나에 해당하는 경우에는 지적공부를 정리하여야 한다. 이 경우 이미 작성된 지적공부에 정리할 수 없을 때에는 새로 작성하여야 한다(영 제84조 제1항).

1. 법 제66조 제2항에 따라 지번을 변경하는 경우

2. 법 제74조에 따라 지적공부를 복구하는 경우
3. 법 제77조부터 제86조까지의 규정에 따른 신규등록·등록전환·분할·합병·지목변경 등 토지의 이동이 있는 경우

지적소관청은 제1항에 따른 토지의 이동이 있는 경우에는 토지이동정리결의서를 작성하여야 하고, 토지소유자의 변동 등에 따라 지적공부를 정리하려는 경우에는 소유자정리결의서를 작성하여야 한다(영 제84조 제2항).

〈공간정보의 구축 및 관리 등에 관한 법률 시행규칙 별지 서식 제85호〉

<table>
<tr><td colspan="10">소유자정리결의서</td></tr>
<tr><td colspan="2">번 호</td><td colspan="3">제 호</td><td rowspan="3">결
재</td><td></td><td></td><td></td><td></td></tr>
<tr><td colspan="2">결의일</td><td colspan="3">년 월 일</td><td rowspan="2"></td><td rowspan="2"></td><td rowspan="2"></td><td rowspan="2"></td></tr>
<tr><td colspan="2">보존기간</td><td colspan="3">5년</td></tr>
<tr><td colspan="2">접 수</td><td colspan="2">정 리</td><td colspan="2">기 정 리</td><td colspan="2">불일치 통지</td><td colspan="2" rowspan="2">비 고</td></tr>
<tr><td>건수</td><td>지번 수</td><td>건수</td><td>지번 수</td><td>건수</td><td>지번 수</td><td>건수</td><td>지번 수</td></tr>
<tr><td></td><td></td><td></td><td></td><td></td><td></td><td></td><td></td><td colspan="2"></td></tr>
<tr><td colspan="2" rowspan="2">토지 소재</td><td colspan="2">계</td><td colspan="2">소유권 보존</td><td colspan="2">소유권 이전</td><td colspan="2">기 타</td></tr>
<tr><td>건수</td><td>지번 수</td><td>건수</td><td>지번 수</td><td>건수</td><td>지번 수</td><td>건수</td><td>지번 수</td></tr>
<tr><td colspan="2"></td><td></td><td></td><td></td><td></td><td></td><td></td><td></td><td></td></tr>
<tr><td colspan="2">정 리 일</td><td colspan="8"></td></tr>
<tr><td colspan="2">정 리 자</td><td colspan="8"></td></tr>
<tr><td colspan="2">확 인 자</td><td colspan="8"></td></tr>
</table>

210㎜×297㎜(보존용지(2종) 70g/㎡)

영 제84조 제1항 및 제2항에 따른 지적공부의 정리방법, 토지이동정리결의서 및 소유자정리결의서 작성방법 등에 관하여 필요한 사항은 국토교통부령으로 정한다(영 제84조 제3항).

영 제84조 제2항에 따른 토지이동정리 결의서의 작성은 별지 제57호 서식에 따라 토지대장·임야대장 또는 경계점좌표등록부별로 구분하여 작성하되, 토지이동정리결의서에는 토지이동신청서 또는 도시개발사업 등의 완료신고서 등을 첨부하여야 하며, 소유자정리 결의서의 작성은 별지 제85호 서식에 따르되 등기필증, 등기부 등본 또는 그 밖에 토지소유자가 변경되었음을 증명하는 서류를 첨부하여야 한다. 다만, 「전자정부법」 제36조 제1항에 따른 행정정보의 공동이용을 통하여 첨부서류에 대한 정보를 확인할 수 있는 경우에는 그 확인으로 첨부서류를 갈음할 수 있다(규칙 제98조 제1항).

제1항의 대장 외에 지적공부의 정리와 토지이동정리 결의서 및 소유자정리결의서의 작성에 필요한 사항은 국토교통부장관이 정한다(규칙 제98조 제2항).

15.2 지적공부 등의 정리

1) 지적공부 등의 정리

지적공부 등의 정리에 사용하는 문자·기호 및 경계는 따로 규정을 둔 사항을 제외하고 정리사항은 검은색, 도곽선과 그 수치 및 말소는 붉은색으로 한다(규정 제63조 제1항). 지적확정측량·축척변경 및 지번변경에 따른 토지이동의 경우를 제외하고는 폐쇄 또는 말소된 지번은 다시 사용할 수 없다(규정 제63조 제2항). 토지의 이동에 따른 도면정리는 예시 2의 도면정리 예시에 따르고, 이 경우 법 제2조 제19호의 지적공부를 이용하여 지적측량을 한 때에는 측량성과파일에 따라 지적공부를 정리할 수 있다(규정 제63조 제3항).

2) 지적업무정리부 등의 정리

지적소관청은 토지의 이동 또는 소유자의 변경 등으로 지적공부를 정리하고자 하는 때에는 별지 제12호 서식의 지적업무정리부와 별지 제13호 서식의 소유자정리부에 그 처리내용을 기재하여야 한다(규정 제64조 제1항).

〈지적업무처리규정 별지 서식 제12호〉

지적업무정리부

○ 토지의 이동종목 :

접수		토지소재		지번		지번 수		신청자	처리					공부정리 수수료 금액	비고
월일	번호	읍·면	동·리	이동 전	이동 후	이동 전	이동 후		월일	정리	보완	반려	지연		

※ 기정리분은 정리연월일란에 "기정리"라 기재

297㎜×210㎜(보존용지(2종) 70g/㎡)

〈지적업무처리규정 별지 서식 제13호〉

소유자정리부

접수		토지소재		지번	신청자	정리 연월일	불부합 통지 연월일	담당자	비고
월일	번호	읍·면	동·리						

※ 기정리분은 정리연월일란에 "기정리"라 기재　　　297㎜×210㎜(보존용지(2종) 70g/㎡)

제1항의 따른 지적업무정리부는 토지의 이동 종목별로, 소유자정리부는 소유권보존·이전 및 기타로 구분하여 기재한다. 다만, 부동산종합공부시스템을 통하여 정보를 확인 및 출력할 수 있으면 지적업무정리부와 소유자정리부의 별도 기재 없이 출력물로 대체할 수 있다(규정 제64조 제2항).

3) 토지이동정리결의서 및 소유자정리결의서 작성

규칙 제98조 제2항에 따른 토지이동정리결의서는 다음 각 호와 같이 작성한다. 이 경우 증감란의 면적과 지번수는 늘어난 경우에는 (+)로, 줄어든 경우에는 (−)로 기재한다(규정 제65조 제1항).

1. 지적공부정리종목은 토지이동종목별로 구분하여 기재한다.
2. 토지소재·이동전·이동후 및 증감란은 읍·면·동 단위로 지목별로 작성한다.
3. 신규등록은 이동후란에 지목·면적 및 지번수를, 증감란에는 면적 및 지번수를 기재한다.
4. 등록전환은 이동전란에 임야대장에 등록된 지목·면적 및 지번수를, 이동후란에 토지대장에 등록될 지목·면적 및 지번수를, 증감란에는 면적을 기재한다. 이 경우 등록전환에 따른 임야대장 및 임야도의 말소정리는 등록전환결의서에 따른다.
5. 분할 및 합병은 이동전·후란에 지목 및 지번수를, 증감란에 지번수를 기재한다.
6. 지목변경은 이동전란에 변경전의 지목·면적 및 지번수를, 이동후란에 변경후의 지목·면적 및 지번수를 기재한다.

7. 지적공부등록말소는 이동전·증감란에 지목·면적 및 지번수를 기재한다.
8. 축척변경은 이동전란에 축척변경 시행전 토지의 지목·면적 및 지번수를, 이동후란에 축척이 변경된 토지의 지목·면적 및 지번수를 기재한다. 이 경우 축척변경완료에 따른 종전 지적공부의 폐쇄정리는 축척변경결의서에 따른다.
9. 등록사항정정은 이동전란에 정정전의 지목·면적 및 지번수를, 이동후란에 정정후의 지목·면적 및 지번수를, 증감란에는 면적 및 지번수를 기재한다.
10. 도시개발사업 등은 이동전란에 사업시행전 토지의 지목·면적 및 지번수를, 이동후란에 확정된 토지의 지목·면적 및 지번수를 기재한다. 이 경우 도시개발사업 등의 완료에 따른 종전 지적공부의 폐쇄정리는 도시개발사업 등 결의서에 따른다.

규칙 제98조 제2항에 따른 소유자정리결의서는 다음 각 호와 같이 작성한다. 다만, 등기전산정보자료에 따라 소유자를 정리하는 경우에는 생략할 수 있다(규정 제65조 제2항).

1. 토지소재·소유권보존·소유권이전 및 기타란은 읍·면·동별로 기재한다.
2. 정리일자는 소유자정리결의일부터 정리완료일까지 기재한다.
3. 정리자는 업무담당자로 하고 확인자는 지적업무 담당으로 한다.
4. 소유자정리결과에 따라 접수·정리·기정리 및 불부합통지로 구분 기재한다.

4) 오기정정

지적공부정리 중에 잘못 정리하였음을 즉시 발견하여 정정할 때에는 오기정정할 지적전산자료를 출력하여 지적전산자료책임관의 확인을 받은 후 정정하여야 한다. 다만, 잘못 정리하였음을 즉시 발견하지 못한 경우의 정정은 등록사항정정의 방법으로 하여야 한다(규정 제66조).

16 지적정리 등의 통지

제64조 제2항 단서, 제66조 제2항, 제74조, 제82조 제2항, 제84조 제2항, 제85조 제2항, 제86조 제2항, 제87조 또는 제89조에 따라 지적소관청이 지적공부에 등록하거나 지적공부를 복구 또는 말소하거나 등기촉탁을 하였으면 대통령령으로 정하는 바에 따라 해당 토지소유자에게 통지하여야 한다. 다만, 통지받을 자의 주소나 거소를 알 수 없는 경우에는 국토교통부령으로 정하는 바에 따라 일간신문, 해당 시·군·구의 공보 또는 인터넷홈페이지에 공고하여야 한다(법 제90조).

지적소관청이 법 제90조에 따라 토지소유자에게 지적정리 등을 통지하여야 하는 시기는 다음 각 호의 구분에 따른다(영 제85조).

1. 토지의 표시에 관한 변경등기가 필요한 경우 : 그 등기완료의 통지서를 접수한 날부터 15일 이내
2. 토지의 표시에 관한 변경등기가 필요하지 아니한 경우 : 지적공부에 등록한 날부터 7일 이내

제8장 보칙

1. 지명의 결정 등
2. 측량기기 검사
3. 연구 및 개발의 추진
4. 교육 및 훈련
5. 보고 및 조사
6. 청문
7. 토지 등에의 출입 등
8. 토지 등의 출입 등에 따른 손실보상
9. 토지의 수용 또는 사용
10. 업무의 수탁
11. 권한의 위임 및 위탁 등
12. 수수료

제8장 보칙

1 지명의 결정 등

1.1 지명의 결정 및 고시

지명 및 해양지명의 제정, 변경과 그 밖에 지명 및 해양지명에 관한 중요 사항을 심의・의결하기 위하여 국토교통부에 국가지명위원회를 두고, 시・도에 시・도 지명위원회를 두며, 시・군 또는 구(자치구를 말한다. 이하 같다)에 시・군・구 지명위원회를 둔다(법 제91조 제1항).

지명은 「지방자치법」이나 그 밖의 다른 법령에서 정한 것 외에는 국가지명위원회의 심의・의결로 결정하고 국토교통부장관 및 해양수산부장관이 그 결정 내용을 고시하여야 한다(법 제91조 제2항).

시・군・구의 지명에 관한 사항은 관할 시・군・구 지명위원회가 심의・의결하여 관할 시・도 지명위원회에 보고하고, 관할 시・도 지명위원회는 관할 시・군・구 지명위원회의 보고사항을 심의・의결하여 국가지명위원회에 보고하며, 국가지명위원회는 관할 시・도 지명위원회의 보고사항을 심의・의결하여 결정한다(법 제91조 제3항).

법 제91조 제3항에 따른 보고는 국토교통부령 또는 해양수산부령으로 정하는 바에 따라 심의・결정한 날부터 15일 이내에 하여야 한다(영 제95조).

법 제91조 제3항에도 불구하고 둘 이상의 시・군・구에 걸치는 지명에 관한 사항은 관할 시・도 지명위원회가 해당 시장・군수 또는 구청장의 의견을 들은 후 심의・의결하여 국가지명위원회에 보고하고, 국가지명위원회는 관할 시・도 지명위원회의 보고사항을 심의・의결하여 결정하여야 하며, 둘 이상의 시・도에 걸치는 지명에 관한 사항은 국가지명위원회가 해당 시・도지사의 의견을 들은 후 심의・의결하여 결정하여야 한다(법 제91조 제4항).

법 제91조 제3항과 제4항에도 불구하고 해양지명은 국가지명위원회가 심의·의결하여 결정하고, 해양수산부장관이 그 결정 내용을 고시하여야 한다(법 제91조 제5항).

국가지명위원회의 구성 및 운영 등에 필요한 사항은 대통령령으로 정하고, 시·도 지명위원회와 시·군·구 지명위원회의 구성 및 운영 등에 필요한 사항은 대통령령으로 정하는 기준에 따라 해당 지방자치단체의 조례로 정한다(법 제91조 제6항).

1.2 지명위원회 구성

1) 국가지명위원회 구성

법 제91조에 따른 국가지명위원회는 위원장 1명과 부위원장 2명을 포함한 30명 이내의 위원으로 구성한다(영 제87조 제1항).

국가지명위원회의 위원장은 제3항에 따라 위촉된 위원 중 공무원이 아닌 위원 중에서 호선(互選)하고, 부위원장은 국토지리정보원장 및 국립해양조사원장이 된다(영 제87조 제2항).

위원장 및 부위원장을 제외한 위원은 다음 각 호의 어느 하나에 해당하는 사람으로서 국토교통부장관 또는 해양수산부장관이 위촉하는 사람이 된다(영 제87조 제3항).

1. 국토교통부 또는 해양수산부의 4급 이상 공무원으로서 측량·지적 또는 수로에 관한 사무를 담당하는 사람 3명
2. 외교부, 국방부 및 안전행정부의 4급 이상 공무원으로서 소속 장관이 추천하는 사람 각 1명
3. 교육부의 교과용 도서 편찬에 관한 사무를 담당하는 4급 이상 공무원 또는 장학관으로서 교육부장관이 추천하는 사람 1명
4. 문화체육관광부의 문화재 관리 또는 국어정책에 관한 사무를 담당하는 4급 이상 공무원으로서 문화체육관광부장관이 추천하는 사람 1명
5. 국사편찬위원회의 교육연구관 중 국사편찬위원회 위원장이 추천하는 사람 1명
6. 지명에 관한 학식과 경험이 풍부한 사람 중에서 국토교통부장관 또는 해양수산부장관이 임명하거나 위촉하는 다음 각 목의 어느 하나에 해당하는 사람 18명 이내
   가. 5년 이상 지리, 해양, 국문학 등 지명 관련 분야에 근무한 경력이 있는 사람으로서 「고등교육법」 제2조에 따른 학교의 부교수 이상인 사람
   나. 지리, 해양, 국문학 등 지명 관련 연구기관에서 5년 이상 근무한 경력이 있는 연구원

다. 그 밖에 지리, 해양, 국문학 등 지명 관련 분야에 관한 연구 실적 또는 경력 등이 가목 및 나목의 기준에 상당하다고 인정되는 사람으로서 「비영리민간단체 지원법」 제2조의 비영리민간단체로부터 추천을 받은 사람

제3항 제6호의 위원의 임기는 3년으로 하며, 보궐위원의 임기는 전임자 임기의 남은 기간으로 한다(영 제86조 제4항).

위원장은 국가지명위원회의 원활한 운영을 위하여 필요한 경우 소위원회를 구성·운영할 수 있다(영 제86조 제5항).

2) 지방지명위원회 구성

법 제91조 제1항에 따른 시·도 지명위원회는 위원장 1명과 부위원장 1명을 포함한 10명 이내의 위원으로 구성하고, 시·군·구 지명위원회는 위원장 1명과 부위원장 1명을 포함한 7명 이내의 위원으로 구성한다(영 제88조 제1항).

시·도 지명위원회의 위원장은 행정부지사(특별시, 광역시 및 특별자치시의 경우에는 행정부시장을 말한다)가 되고, 위원은 관계 공무원 및 지명에 관한 학식과 경험이 풍부한 사람 중에서 시·도지사가 임명하거나 위촉한다(영 제88조 제2항).

시·군·구 지명위원회의 위원장은 시장·군수 또는 구청장이 되고, 위원은 관계 공무원 및 지명에 관한 학식과 경험이 풍부한 사람 중에서 시장·군수 또는 구청장이 임명하거나 위촉한다(영 제88조 제3항).

공무원이 아닌 위원의 수는 시·도 지명위원회에서는 5명 이상으로 하고, 시·군·구 지명위원회에서는 3명 이상으로 한다(영 제88조 제4항).

1.3 지명위원회 운영 등

1) 위원장의 직무

국가지명위원회, 시·도 지명위원회 및 시·군·구 지명위원회(이하 "지명위원회"라 한다)의 위원장은 해당 지명위원회를 대표하며, 그 업무를 총괄한다(영 제89조 제1항).

부위원장은 위원장을 보좌하며, 위원장이 부득이한 사유로 직무를 수행할 수 없을 때에는 그 직무를 대행한다(영 제89조 제2항).

지명위원회의 위원장 및 부위원장이 모두 부득이한 사유로 직무를 수행할 수 없을 때에는 위원장이 미리 지명한 위원이 그 직무를 대행한다(영 제89조 제3항).

2) 회의

위원장은 지명위원회의 회의를 소집하며, 그 의장이 된다(영 제90조 제1항).

지명위원회의 회의는 재적위원 과반수의 출석과 출석위원 과반수의 찬성으로 의결한다(영 제90조 제2항).

3) 간사

지명위원회의 서무를 처리하게 하기 위하여 국가지명위원회에는 간사 2명을 두고, 시·도 지명위원회 및 시·군·구 지명위원회에는 각각 간사 1명을 둔다(영 제91조 제1항).

국가지명위원회의 간사는 국토지리정보원 및 국립해양조사원의 지명업무 및 해양지명업무를 담당하는 과장이 되며, 시·도 지명위원회 및 시·군·구 지명위원회의 간사는 해당 시·도 또는 시·군·자치구 소속 공무원 중에서 위원장이 각각 위촉한다(영 제91조 제2항).

4) 수당 등

국가지명위원회에 출석한 위원이나 제93조에 따라 출석한 전문가에게는 예산의 범위에서 수당과 여비를 지급할 수 있다. 다만, 공무원인 위원이 소관 업무와 직접 관련되어 출석한 경우에는 그러하지 아니하다(영 제92조 제1항).

시·도 지명위원회 및 시·군·구 지명위원회의 위원에게는 예산의 범위에서 그 시·도 또는 시·군·자치구의 조례로 정하는 바에 따라 수당과 여비를 지급할 수 있다(영 제92조 제2항).

5) 현장조사 등

지명위원회의 위원장은 지명이나 해양지명의 제정, 변경 또는 그 밖의 중요 사항을 심의·결정하기 위하여 필요하면 관련 기관 또는 지방자치단체의 장에게 자료나 정보를 요청할 수 있으며, 현장조사를 하거나 관계 공무원 또는 전문가를 회의에 출석하게 하여 그 의견을 들을 수 있다(영 제93조).

6) 회의록

지명위원회의 간사는 회의록을 작성·보관하여야 한다(영 제94조).

7) 보고

법 제91조 제3항에 따른 보고는 국토교통부령 또는 해양수산부령으로 정하는 바에 따라 심의·결정한 날부터 15일 이내에 하여야 한다(영 제95조).

8) 운영세칙

지명위원회의 운영에 관하여 이 영에서 정한 사항을 제외하고는 지명위원회의 의결을 거쳐 위원장이 정한다(영 제96조).

2 측량기기 검사

2.1 측량기기의 검사 등

측량업자는 트랜싯, 레벨, 그 밖에 대통령령으로 정하는 측량기기에 대하여 5년의 범위에서 대통령령으로 정하는 기간마다 국토교통부장관이 실시하는 성능검사를 받아야 한다. 다만, 「국가표준기본법」 제14조에 따라 국가교정업무 전담기관의 교정검사를 받은 측량기기로서 국토교통부장관이 제4항에 따른 성능검사 기준에 적합하다고 인정한 경우에는 성능검사를 받은 것으로 본다(법 제92조 제1항).

법 제92조 제1항에 따른 성능검사(신규 성능검사는 제외한다)는 제1항에 따른 성능검사 유효기간 만료일 2개월 전부터 유효기간 만료일까지의 기간에 받아야 한다(영 제97조 제2항).

1. 트랜싯(데오드라이트) : 3년
2. 레벨 : 3년
3. 거리측정기 : 3년
4. 토털 스테이션 : 3년
5. 지피에스(GPS) 수신기 : 3년
6. 금속관로 탐지기 : 3년

법 제92조 제1항에 따른 성능검사의 유효기간은 종전 유효기간 만료일의 다음 날부터 기산(起算)한다. 다만, 제2항에 따른 기간 외의 기간에 성능검사를 받은 경우에는 그 검사를 받은 날의 다음 날부터 기산한다(영 제97조 제3항).

법 제92조 제1항에 따라 측량기기의 성능검사를 받으려는 자는 별지 제87호 서식의 측량기기 성능검사 신청서에 해당 측량기기의 설명서를 첨부하여 국토지리정보원장(법 제92조 제3항에 따라 성능검사대행자가 성능검사를 대행하는 경우에는 그 성능검사대행자를 말한다)에게 제출하여야 한다. 이 경우 신청인은 성능검사를 받아야 하는 해당 측량기기를 제시하여야 한다(규칙 제100조).

한국국토정보공사는 성능검사를 위한 적합한 시설과 장비를 갖추고 자체적으로 검사를 실시하여야 한다(법 제92조 제2항).

법 제93조에 따라 성능검사대행자로 등록한 자는 제1항에 따른 국토교통부장관의 성능검사업무를 대행할 수 있다(법 제92조 제3항).

법 제92조 제1항에 따른 성능검사의 기준, 방법 및 절차 등에 필요한 사항은 국토교통부령으로 정한다(법 제92조 제4항).

2.2 성능검사 방법 등

1) 성능검사 방법 및 절차

성능검사는 외관검사, 구조·기능검사 및 측정검사로 구분하며, 그 검사항목은 별표 8과 같다(규칙 제101조 제1항).

측량기기 성능검사 항목

1. 외관검사 : 다음 각목의 항목
   가. 깨짐, 흠집, 부식, 구부러짐, 도금 및 도장 부문의 손상
   나. 형식 및 제조번호의 이상 유무
   다. 눈금선 및 디지털표시부의 손상
2. 구조·기능검사 및 측정검사의 경우 : 측량기기별로 다음 표의 항목

측량기기	구조·기능검사	측정검사	비고
트랜싯(데오드라이트)	• 연직축 및 수평축의 회전상태 • 기포관의 부착 상태 및 기포의 정상적인 움직임 • 광학구심장치 점검 • 최소눈금	• 수평각의 정확도 • 연직각의 정확도	
레벨	• 연직축 회전상태 • 기포관의 부착 상태 및 기포의 정상적인 움직임 • 보상판(자동, 전자) • 최소눈금	• 기포관의 감도 • 보상판의 기능범위 • 1킬로미터 거리를 측정한 경우의 정확도	
거리측정기	• 연직축 및 수평축의 회전상태 • 기포관의 부착 상태 및 기포의 정상적인 움직임 • 광학구심장치 점검	• 기선장에서의 거리 비교 측정 • 변조주파수 검사	
토털스테이션	• 연직축 및 수평축의 회전상태 • 기포관의 부착 상태 및 기포의 정상적인 움직임 • 광학구심장치 점검	• 각도측정 : 트랜싯 검사항목을 적용 • 거리측정 : 거리측정기검사항목을 적용	
GPS수신기	• 수신기 및 안테나, 케이블 이상 유무	• 기선 측정 비교 • 1·2주파 확인	
금속관로 탐지기	• 탐지기·케이블 등의 이상 유무 • 송수신장치 이상 유무 • 액정표시부 이상 유무 • 전원부 이상 유무	• 평면위치의 정확도 • 탐사깊이의 정확도	

성능검사의 방법·절차와 그 밖에 성능검사에 필요한 세부 사항은 국토지리정보원장이 정하여 고시한다(규칙 제101조 제2항).

2) 성능기준

법 제92조 제4항에 따른 측량기기별 성능기준은 별표 9와 같다(규칙 제102조).

측량기기별 성능기준

<table>
<tr><th colspan="2">측량기기</th><th colspan="5">성능기준</th><th>비고</th></tr>
<tr><td colspan="2" rowspan="7">트랜싯
(데오드라이트)</td><td rowspan="3">등급</td><td colspan="4">항목</td><td rowspan="7">정밀도 :
수평각의
표준편차</td></tr>
<tr><td colspan="3">눈금판</td><td rowspan="2">정밀도</td></tr>
<tr><td>수평</td><td colspan="2">연직</td></tr>
<tr><td>특급</td><td>0.2초이하</td><td colspan="2">0.2초이하</td><td>±1.0초 이하</td></tr>
<tr><td>1급</td><td>1.0초 이하</td><td colspan="2">1.0초 이하</td><td>±2.0초 이하</td></tr>
<tr><td>2급</td><td>10초 이하</td><td colspan="2">10초 이하</td><td>±10초 이하</td></tr>
<tr><td>3급</td><td>20초 이하</td><td colspan="2">20초 이하</td><td>±20초 이하</td></tr>
<tr><td rowspan="15">레벨</td><td rowspan="6">기
포
관</td><td rowspan="3">등급</td><td colspan="4">항목</td><td rowspan="6">정밀도 :
1킬로미터
왕복수준측량
의 표준편차</td></tr>
<tr><td colspan="2">기포관감도</td><td rowspan="2">최소눈금</td><td rowspan="2">정밀도</td></tr>
<tr><td>주</td><td>원형</td></tr>
<tr><td>1급</td><td>10초</td><td>5분</td><td>0.1밀리미터</td><td>±0.6밀리미터</td></tr>
<tr><td>2급</td><td>20초</td><td>10분</td><td>1.0밀리미터</td><td>±1.0밀리미터</td></tr>
<tr><td>3급</td><td>40초</td><td>10분</td><td>-</td><td>±3.0밀리미터</td></tr>
<tr><td rowspan="5">자동</td><td rowspan="2">등급</td><td colspan="4">항목</td><td rowspan="5">정밀도 :
1킬로미터
왕복수준측량
의 표준편차</td></tr>
<tr><td>기포관감도
(원형)</td><td>Compensator
정도</td><td>최소눈금</td><td>정밀도</td></tr>
<tr><td>1급</td><td>8분</td><td>0.4초</td><td>0.1밀리미터</td><td>±0.6밀리미터</td></tr>
<tr><td>2급</td><td>10분</td><td>0.8초</td><td>1.0밀리미터</td><td>±1.0밀리미터</td></tr>
<tr><td>3급</td><td>10분</td><td>1.6초</td><td>-</td><td>±3.0밀리미터</td></tr>
<tr><td rowspan="4">전자</td><td rowspan="2">등급</td><td colspan="4">항목</td><td rowspan="4">정밀도 :
1킬로미터
왕복수준측량
의 표준편차</td></tr>
<tr><td>기포관감도
(원형)</td><td>Compensator
정도</td><td>최소눈금</td><td>정밀도</td></tr>
<tr><td>1급</td><td>8분</td><td>0.4초</td><td>0.1밀리미터</td><td>±0.6밀리미터</td></tr>
<tr><td>2급</td><td>10분</td><td>0.8초</td><td>1.0밀리미터</td><td>±1.0밀리미터</td></tr>
<tr><td colspan="2" rowspan="5">거리측정기
(광파)</td><td rowspan="2">등급</td><td colspan="4">항목</td><td rowspan="5">정밀도 :
측정거리의
표준편차</td></tr>
<tr><td colspan="2">측정거리</td><td colspan="2">정밀도</td></tr>
<tr><td>1급</td><td colspan="2">10킬로미터</td><td colspan="2">5밀리미터±1ppm・D</td></tr>
<tr><td>2급</td><td colspan="2">6킬로미터</td><td colspan="2">5밀리미터±2ppm・D</td></tr>
<tr><td>3급</td><td colspan="2">2킬로미터</td><td colspan="2">5밀리미터±5ppm・D</td></tr>
<tr><td rowspan="6">토털
스테이션</td><td rowspan="3">등급</td><td colspan="5">항목</td><td rowspan="6">정밀도 :
트랜싯 및
거리측정기
정밀도 적용</td></tr>
<tr><td colspan="3">각도측정부</td><td colspan="2">거리측정부</td></tr>
<tr><td>눈금판</td><td colspan="2">정밀도</td><td>측정거리</td><td>정밀도</td></tr>
<tr><td>1급</td><td colspan="3">1급 트랜싯 적용</td><td colspan="2" rowspan="2">2급 거리측정기 적용</td></tr>
<tr><td>2급</td><td colspan="3">2급 트랜싯 적용</td></tr>
<tr><td>3급</td><td colspan="3">3급 트랜싯 적용</td><td colspan="2">3급 거리측정기 적용</td></tr>
<tr><td rowspan="4">GPS
수신기</td><td rowspan="2">등급</td><td colspan="5">항목</td><td rowspan="4">정밀도 :
기선의
표준편차</td></tr>
<tr><td colspan="2">수신대역수</td><td colspan="2">측정거리</td><td>정밀도</td></tr>
<tr><td>1급</td><td colspan="2">2주파</td><td colspan="2">10킬로미터 이상</td><td>5밀리미터±1ppm・D</td></tr>
<tr><td>2급</td><td colspan="2">1주파</td><td colspan="2">10킬로미터 이하</td><td>5밀리미터±2ppm・D</td></tr>
<tr><td rowspan="3">금속관로
탐지기</td><td rowspan="2">등급</td><td colspan="5">항목</td><td rowspan="3">정밀도 :
관측값의
표준편차</td></tr>
<tr><td colspan="2">측정깊이</td><td colspan="3">정밀도</td></tr>
<tr><td></td><td colspan="2">3미터</td><td colspan="3">• 평면위치 : ±20센티미터 이하
• 탐사깊이 : ±30센티미터 이하</td></tr>
</table>

※ 성능기준란의 각 측량기기별 등급은 출고된 당시의 성능을 변경하여 성능검사를 할 수 없다.

3) 성능검사서의 발급 등

성능검사대행자는 성능검사를 완료한 때에는 별지 제88호 서식의 측량기기 성능검사서에 그 적합 여부의 표시를 하여 신청인에게 발급하여야 한다(규칙 제103조 제1항).

성능검사대행자는 성능검사 결과 제102조에 따른 성능기준에 적합하다고 인정하는 때에는 별표 10의 검사필증을 해당 측량기기에 붙여야 한다(규칙 제103조 제2항).

성능검사대행자는 제1항에 따라 성능검사를 완료한 때에는 별지 제89호 서식의 측량기기 성능검사 기록부에 성능검사의 결과를 기록하고 이를 5년간 보존하여야 한다(규칙 제103조 제3항).

2.3 성능검사 대행자 등록

1) 성능검사 대행자의 등록

법 제92조 제1항에 따른 측량기기의 성능검사업무를 대행하려는 자는 측량기기별로 대통령령으로 정하는 기술능력과 시설 등의 등록기준을 갖추어 시・도지사에게 등록하여야 하며, 등록사항을 변경하려는 경우에는 시・도지사에게 신고하여야 한다(법 제93조 제1항).

법 제93조 제1항에 따른 성능검사대행자의 등록기준은 다음과 같다.

성능검사대행자의 등록기준

구분	시설 및 장비	기술인력
일반성능검사 대행자	콜리미터 시설 1조 이상	1. 측량 및 지형공간정보 분야 고급기술자 또는 정밀측정 산업기사로서 실무경력 10년 이상인 사람 1명 이상 2. 측량 분야의 중급기능사 또는 계량 및 측정 분야의 실무경력이 3년 이상인 사람 1명 이상
금속관로탐지기 성능검사대행자	금속관로탐지기 검사시설 1식 이상	1. 측량 및 지형공간정보 분야 고급기술자 또는 정밀측정 산업기사로서 실무경력 10년 이상인 사람 1명 이상 2. 측량 분야의 중급기능사 또는 계량 및 측정 분야의 실무경력이 3년 이상인 사람 1명 이상

비고

1. 콜리미터 시설의 설치 장소는 진동 등의 영향으로부터 성능 측정에 지장이 없는 장소여야 한다.
2. 기술인력 중 1명은 측량 분야 기술자(별표 5 비고의 제4호에 따른 측량 분야 기술자 또는 「건설기술관리법 시행령」 별표 1의 토목 분야의 측량 및 지형공간정보 기술자를 말한다)이어야 한다.
3. 기술인력에 해당하는 사람은 상시 근무하는 사람이어야 하며, 「국가기술자격법」에 따라 그 자격이 정지된 사람과 이 법 및 「건설기술관리법」에 따라 업무정지처분 중인 사람은 제외한다.

4. 상위 등급의 기술인력으로 하위 등급의 기술인력을 대체할 수 있다. 다만, 기술인력 중 기술자와 기능사는 상호 대체할 수 없다.
5. 일반성능검사대행자와 금속관로탐지기성능검사대행자를 중복해서 신청하는 경우에는 기술인력을 50퍼센트 감면할 수 있다.
6. 외국인이 측량기기성능검사대행자 등록을 신청하는 경우에는 「상법」 제614조에 따라 영업소를 설치하고 등기하여야 한다.
7. 기술인력에 해당하는 사람 또는 임원이 외국인인 경우에는 「출입국관리법 시행령」 별표 1에 따른 주재・기업투자 또는 무역경영의 체류자격을 갖춘 사람이어야 한다.

그리고 법 제93조 제1항에 따라 성능검사대행자로 등록하려는 자는 별지 제90호 서식의 측량기기 성능검사대행자 등록신청서(전자문서로 된 신청서를 포함한다)에 다음 각 호의 서류(전자문서를 포함한다)를 첨부하여 시・도지사에게 제출하여야 한다(규칙 제104조 제1항).

1. 성능검사용 시설 및 장비의 명세서
2. 보유 검사기술인력 명단 및 그 자격(국가기술자격의 경우는 제외한다)을 증명하는 서류
3. 사업계획서

규칙 제104조 제1항에 따른 측량기기 성능검사대행자 등록신청서를 제출받은 시・도지사는 「전자정부법」 제36조 제1항에 따라 행정정보의 공동이용을 통하여 다음 각 호의 정보를 확인하여야 한다. 이 경우 제1호 및 제3호의 서류에 대하여는 신청인으로부터 확인에 대한 동의를 받고, 신청인이 확인에 동의하지 아니하는 경우에는 해당 서류의 사본을 첨부하게 하여야 한다(규칙 제104조 제2항).

1. 사업자등록증(개인사업자인 경우만 해당한다)
2. 법인 등기사항증명서(법인인 경우만 해당한다)
3. 보유 검사기술인력의 국가기술자격증

시・도지사는 법 제93조 제1항에 따라 등록신청을 받은 경우 등록기준에 적합하다고 인정되면 신청인에게 측량기기 성능검사대행자 등록증을 발급한 후 그 발급사실을 공고하고 국토교통부장관에게 통지하여야 한다(법 제93조 제2항).

법 제93조 제1항에 따라 측량기기의 성능검사업무를 대행하는 자로 등록한 자(이하 "성능검사대행자"라 한다)가 폐업을 한 경우에는 30일 이내에 국토교통부령으로 정하는 바에 따라 시・도지사에게 폐업사실을 신고하여야 한다(법 제93조 제3항).

성능검사대행자는 「형법」 제129조부터 제132조까지의 규정을 적용할 때에는 공무

원으로 본다(법 제93조 제4항).

성능검사대행자의 등록, 등록사항의 변경신고, 측량기기 성능검사대행자 등록증의 발급, 검사 수수료 등에 필요한 사항은 국토교통부령으로 정한다(법 제93조 제5항).

2) 성능검사 대행자의 등록사항의 변경

법 제93조 제2항에 따라 등록한 성능검사대행자가 같은 조 제1항에 따라 등록사항을 변경하려는 경우에는 별지 제92호 서식의 측량기기 성능검사대행자 변경신고서(전자문서로 된 신청서를 포함한다)에 다음 각 호의 구분에 따른 서류(전자문서를 포함한다)를 첨부하여 그 변경된 날부터 60일 이내에 시・도지사에게 변경신고를 하여야 한다(규칙 제105조 제1항).

1. 검사시설 또는 검사장비 변경의 경우
   가. 변경된 시설 또는 장비의 명세서 및 성능검사서 사본
   나. 소유권 또는 사용권을 보유한 사실을 증명할 수 있는 서류
2. 기술능력 변경의 경우
   가. 입사 또는 퇴사한 검사기술인력의 명단
   나. 검사기술인력의 측량기술경력증 또는 입사한 경력증명서(실무경력 인정이 필요한 자의 경우만을 말한다)

규칙 제105조 제1항에 따른 측량기기성능 검사대행자 변경신고서를 제출받은 시・도지사는 「전자정부법」 제36조 제1항에 따라 행정정보의 공동이용을 통하여 다음 각 호의 정보를 확인하여야 한다. 이 경우 사업자등록증 및 국가기술자격증에 대하여는 신청인으로부터 확인에 대한 동의를 받고, 신청인이 확인에 동의하지 아니하는 경우에는 해당 서류의 사본을 첨부하도록 하여야 한다(규칙 제105조 제2항).

1. 법인의 대표자 또는 임원이 변경된 경우에는 법인 등기사항증명서
2. 상호 또는 주된 영업소 소재지가 변경된 경우에는 변경된 사항이 기재된 사업자등록증 또는 법인 등기사항증명서(법인인 경우만 해당한다)
3. 보유 검사기술인력의 국가기술자격증

2.4 성능검사 대행자 결격사유

다음 각 호의 어느 하나에 해당하는 자는 성능검사대행자의 등록을 할 수 없다(법 제94조 제1항).

1. 피성년후견인 또는 피한정후견인
2. 이 법을 위반하여 징역의 실형을 선고받고 그 집행이 종료(집행이 종료된 것으로

보는 경우를 포함한다)되거나 집행이 면제된 날부터 2년이 경과되지 아니한 자
3. 이 법을 위반하여 징역형의 집행유예를 선고받고 그 유예기간 중에 있는 자
4. 제96조 제1항에 따라 등록이 취소된 후 2년이 경과되지 아니한 자
5. 임원 중에 제1호부터 제4호까지의 어느 하나에 해당하는 자가 있는 법인

2.5 성능검사 대행자 등록증의 대여 금지

성능검사대행자는 다른 사람에게 자기의 성능검사대행자 등록증을 빌려 주거나 자기의 성명 또는 상호를 사용하여 성능검사대행업무를 수행하게 하여서는 아니 된다(법 제95조 제1항).

누구든지 다른 사람의 성능검사대행자 등록증을 빌려서 사용하거나 다른 사람의 성명 또는 상호를 사용하여 성능검사대행업무를 수행하여서는 아니 된다(법 제95조 제2항).

2.6 성능검사 대행자의 등록 취소

시・도지사는 성능검사대행자가 다음 각 호의 어느 하나에 해당하는 경우에는 성능검사대행자의 등록을 취소하거나 1년 이내의 기간을 정하여 업무정지 처분을 할 수 있다. 다만, 제1호・제4호・제6호 또는 제7호에 해당하는 경우에는 성능검사대행자의 등록을 취소하여야 한다(법 제96조 제1항).

1. 거짓이나 그 밖의 부정한 방법으로 등록을 한 경우
2. 제93조 제1항의 등록기준에 미달하게 된 경우. 다만, 일시적으로 등록기준에 미달하는 등 대통령령으로 정하는 경우는 제외한다.
3. 제93조 제1항에 따른 등록사항 변경신고를 하지 아니한 경우
4. 제95조를 위반하여 다른 사람에게 자기의 성능검사대행자 등록증을 빌려 주거나 자기의 성명 또는 상호를 사용하여 성능검사대행업무를 수행하게 한 경우
5. 정당한 사유 없이 성능검사를 거부하거나 기피한 경우
6. 거짓이나 부정한 방법으로 성능검사를 한 경우
7. 업무정지기간 중에 계속하여 성능검사대행업무를 한 경우
8. 다른 행정기관이 관계 법령에 따라 등록취소 또는 업무정지를 요구한 경우

법 제96조 제1항 제2호 단서에서 "일시적으로 등록기준에 미달하는 등 대통령령으로 정하는 경우"란 별표 11에 따른 기술인력에 해당하는 사람의 사망・실종 또는 퇴직으로 인하여 등록기준에 미달하는 기간이 90일 이내인 경우를 말한다(영 제99조).

III 측량기기 성능검사대행자의 등록취소 또는 업무정지의 처분기준

1. 일반 기준
   가. 위반행위의 횟수에 따른 행정처분의 기준은 최근 3년간 같은 위반행위로 행정처분을 받은 경우에 적용한다. 이 경우 행정처분 기준의 적용은 같은 위반행위에 대한 행정처분일과 그 처분 후의 재적발일을 기준으로 한다.
   나. 위반행위가 둘 이상인 경우로서 그에 해당하는 각각의 처분기준이 다른 경우에는 그 중 무거운 처분기준에 따른다. 다만, 둘 이상의 처분기준이 모두 업무정지인 경우에는 각 처분기준을 합산한 기간을 넘지 아니하는 범위에서 무거운 처분기준의 2분의 1의 범위까지 가중할 수 있되, 그 가중한 기간을 합산한 기간은 6개월을 초과할 수 없다.
   다. 가목 및 나목에 따른 행정처분이 업무정지인 경우에는 고의나 중대한 과실 여부 또는 공중에 미치는 피해의 규모 등 위반행위의 동기·내용 및 위반의 정도 등을 고려하여 그 처분기준의 2분의 1의 범위에서 가중하거나 감경할 수 있다. 이 경우 그 가중한 기간을 합산한 기간은 6개월을 초과할 수 없다.

2. 개별 기준

위반행위	해당법조문	행정처분기준		
		1차위반	2차위반	3차위반
가. 법 제93조 제1항에 따른 등록기준에 미달하게 된 경우	법 제96조 제1항 제2호	업무정지 2개월	등록취소	
나. 법 제93조 제1항에 따른 성능검사대행자 등록사항의 변경신고를 하지 아니한 경우	법 제96조 제1항 제3호	경고	업무정지 2개월	업무정지 2개월
다. 정당한 사유 없이 성능검사를 거부하거나 또는 기피한 경우	법 제96조 제1항 제5호	업무정지 6개월		
라. 다른 행정기관이 관계 법령에 따라 업무정지를 요구한 경우	법 제96조 제1항 제8호	업무정지 3개월	업무정지 6개월	등록취소
마. 다른 행정기관이 관계 법령에 따라 등록취소를 요구한 경우	법 제96조 제1항 제8호	등록취소		

시·도지사는 법 제96조 제1항에 따라 성능검사대행자의 등록을 취소하였으면 취소 사실을 공고한 후 국토교통부장관에게 통지하여야 한다(법 제96조 제2항).

성능검사대행자의 등록취소 및 업무정지 처분에 관한 기준은 국토교통부령으로 정한다(법 제96조 제3항).

3 연구 및 개발의 추진

국토교통부장관 및 해양수산부장관은 측량, 수로조사 및 지적제도의 발전을 위한 시책을 추진하여야 한다(법 제97조 제1항). 그리고 국토교통부장관 또는 해양수산부장관은 법 제97조 제1항에 따라 다음 각 호의 시책을 추진하여야 한다(영 제100조).

1. 수치지형, 지적 및 수로정보에 관한 정보화와 표준화

2. 정밀측량기기와 조사장비의 개발 또는 검사·교정
3. 지도제작기술의 개발 및 자동화
4. 우주 측지(測地) 기술의 도입 및 활용
5. 해양환경과 해저지형의 변화에 관한 조사 및 연구
6. 그 밖에 측량, 수로조사 및 지적제도의 발전을 위하여 필요한 사항으로서 국토교통부장관 또는 해양수산부장관이 정하여 고시하는 사항

국토교통부장관 및 해양수산부장관은 제1항에 따른 시책에 관한 연구·기술개발 및 교육 등의 업무를 수행하는 연구기관을 설립하거나 대통령령으로 정하는 관련 전문기관에 해당 업무를 수행하게 할 수 있다(법 제97조 제2항). 법 제97조 제2항에서 "대통령령으로 정하는 관련 전문기관"이란 다음 각 호의 기관 등을 말한다(영 제101조).

1. 「정부출연연구기관 등의 설립·운영 및 육성에 관한 법률」 제8조에 따른 정부출연연구기관 및 「과학기술분야 정부출연연구기관 등의 설립·운영 및 육성에 관한 법률」 제8조에 따른 과학기술분야 정부출연연구기관
2. 「고등교육법」에 따라 설립된 대학의 부설연구소
3. 공간정보산업협회
4. 법 제57조에 따라 설립된 해양조사협회
5. 한국국토정보공사

국토교통부장관 및 해양수산부장관은 제2항에 따른 연구기관 또는 관련 전문기관에 예산의 범위에서 제2항에 따른 업무를 수행하는 데에 필요한 비용의 전부 또는 일부를 지원할 수 있다(법 제97조 제3항).

국토교통부장관 및 해양수산부장관은 측량, 수로조사 및 지적제도에 관한 정보 생산과 서비스 기술을 향상시키기 위하여 관련 국제기구 및 국가 간 협력 활동을 추진하여야 한다(법 제97조 제4항).

4 교육 및 훈련

국토교통부장관 및 해양수산부장관은 측량업무 수행능력의 향상을 위하여 측량기술자, 수로기술자, 그 밖에 측량 또는 수로 분야와 관련된 업무에 종사하는 자에 대하여 교육훈련을 실시할 수 있다(법 제98조).

5 보고 및 조사

국토교통부장관, 해양수산부장관, 시·도지사 또는 지적소관청은 다음 각 호의 어느 하나에 해당하는 경우에는 그 사유를 명시하여 해당 각 호의 자에게 필요한 보고를 하게 하거나 소속 공무원으로 하여금 조사를 하게 할 수 있다(법 제99조 제1항).

1. 측량업자, 지적측량수행자 또는 수로사업자가 고의나 중대한 과실로 측량 또는 수로조사를 부실하게 하여 민원을 발생하게 한 경우
2. 판매대행업자가 제35조 제2항에 따른 지정요건을 갖추지 못하였다고 인정되거나 같은 조 제5항을 위반한 경우
3. 측량업자 또는 수로사업자가 제44조 제2항에 따른 측량업의 등록기준 또는 제54조 제2항에 따른 수로사업의 등록기준에 미달된다고 인정되는 경우
4. 성능검사대행업자가 성능검사를 부실하게 하거나 등록기준에 미달된다고 인정되는 경우

제1항에 따라 조사를 하는 경우에는 조사 3일 전까지 조사 일시·목적·내용 등에 관한 계획을 조사 대상자에게 알려야 한다. 다만, 긴급한 경우나 사전에 조사계획이 알려지면 조사 목적을 달성할 수 없다고 인정하는 경우에는 그러하지 아니하다(법 제99조 제2항). 제1항에 따라 조사를 하는 공무원은 그 권한을 표시하는 증표를 지니고 관계인에게 이를 내보여야 한다(법 제99조 제3항). 그리고 증표에 관한 사항은 국토교통부령 또는 해양수산부령으로 정한다(법 제99조 제4항).

6 청문

국토교통부장관, 해양수산부장관 또는 시·도지사는 다음 각 호의 어느 하나에 해당하는 처분을 하려는 경우에는 청문을 하여야 한다(법 제100조).

1. 제35조 제6항에 따른 판매대행업자의 지정취소
2. 제52조 제1항에 따른 측량업의 등록취소
3. 제54조 제6항에 따라 준용되는 제52조 제1항에 따른 수로사업의 등록취소
4. 제96조 제1항에 따른 성능검사대행자의 등록취소

7 토지 등에의 출입 등

이 법에 따라 측량 또는 수로조사를 하거나, 측량기준점을 설치하거나, 토지의 이동을 조사하는 자는 그 측량 또는 조사 등에 필요한 경우에는 타인의 토지 · 건물 · 공유수면 등(이하 "토지등"이라 한다)에 출입하거나 일시 사용할 수 있으며, 특히 필요한 경우에는 나무, 흙, 돌, 그 밖의 장애물(이하 "장애물"이라 한다)을 변경하거나 제거할 수 있다(법 제101조 제1항).

제1항에 따라 타인의 토지등에 출입하려는 자는 관할 특별자치시장, 특별자치도지사, 시장 · 군수 또는 구청장의 허가를 받아야 하며, 출입하려는 날의 3일 전까지 해당 토지등의 소유자 · 점유자 또는 관리인에게 그 일시와 장소를 통지하여야 한다. 다만, 행정청인 자는 허가를 받지 아니하고 타인의 토지등에 출입할 수 있다(법 제101조 제2항).

제1항에 따라 타인의 토지등을 일시 사용하거나 장애물을 변경 또는 제거하려는 자는 그 소유자 · 점유자 또는 관리인의 동의를 받아야 한다. 다만, 소유자 · 점유자 또는 관리인의 동의를 받을 수 없는 경우 행정청인 자는 관할 특별자치시장, 특별자치도지사, 시장 · 군수 또는 구청장에게 그 사실을 통지하여야 하며, 행정청이 아닌 자는 미리 관할 특별자치시장, 특별자치도지사, 시장 · 군수 또는 구청장의 허가를 받아야 한다(법 제101조 제3항).

특별자치시장, 특별자치도지사, 시장 · 군수 또는 구청장은 제3항 단서에 따라 허가를 하려면 미리 그 소유자 · 점유자 또는 관리인의 의견을 들어야 한다(법 제101조 제4항).

제3항에 따라 토지등을 일시 사용하거나 장애물을 변경 또는 제거하려는 자는 토지등을 사용하려는 날이나 장애물을 변경 또는 제거하려는 날의 3일 전까지 그 소유자 · 점유자 또는 관리인에게 통지하여야 한다. 다만, 토지등의 소유자 · 점유자 또는 관리인이 현장에 없거나 주소 또는 거소가 분명하지 아니할 때에는 관할 특별자치시장, 특별자치도지사, 시장 · 군수 또는 구청장에게 통지하여야 한다(법 제101조 제5항).

해 뜨기 전이나 해가 진 후에는 그 토지등의 점유자의 승낙 없이 택지나 담장 또는 울타리로 둘러싸인 타인의 토지에 출입할 수 없다(법 제101조 제6항).

토지등의 점유자는 정당한 사유 없이 제1항에 따른 행위를 방해하거나 거부하지 못한다(법 제101조 제7항).

제1항에 따른 행위를 하려는 자는 그 권한을 표시하는 허가증을 지니고 관계인에게 이를 내보여야 한다(법 제101조 제8항).

제8항에 따른 허가증에 관하여 필요한 사항은 국토교통부령 또는 해양수산부령으로 정

한다(법 제101조 제9항). 법 제101조 제9항에 따른 허가증(이하 "허가증"이라 한다)을 발급(재발급을 포함한다. 이하 같다)받으려는 자는 별지 제96호 서식에 따른 측량 및 수로·토지이동조사 허가증 발급신청서를 관할 특별자치시장, 특별자치도지사, 시장·군수 또는 구청장(이하 "발급권자"라 한다)에게 제출하여야 한다(규칙 제110조 제1항). 발급권자는 별지 제97호 서식에 따른 허가증을 발급하는 경우 별지 제97호의2 서식의 측량 및 수로·토지이동조사 허가증 발급대장에 그 사유를 기재하여야 한다. 다만, 기존에 발급 받은 허가증이 있는 경우에는 그 허가증을 반납받아 폐기하여야 한다(규칙 제110조 제2항).

8 토지 등의 출입 등에 따른 손실보상

제101조 제1항에 따른 행위로 손실을 받은 자가 있으면 그 행위를 한 자는 그 손실을 보상하여야 하고(법 제102조 제1항), 손실보상에 관하여는 손실을 보상할 자와 손실을 받은 자가 협의하여야 한다(법 제102조 제2항).

법 제102조 제1항에 따른 손실보상은 토지, 건물, 나무, 그 밖의 공작물 등의 임대료·거래가격·수익성 등을 고려한 적정가격으로 하여야 한다(영 제102조 제1항).

손실을 보상할 자 또는 손실을 받은 자는 제2항에 따른 협의가 성립되지 아니하거나 협의를 할 수 없는 경우에는 관할 토지수용위원회에 재결(裁決)을 신청할 수 있다(법 제102조 제3항).

법 제102조 제3항에 따라 재결을 신청하려는 자는 국토교통부령으로 정하는 바에 따라 다음 각 호의 사항을 적은 재결신청서를 관할 토지수용위원회에 제출하여야 한다(영 제102조 제2항). 영 제102조 제2항에 따른 재결에 불복하는 자는 재결서 정본(正本)을 송달받은 날부터 30일 이내에 중앙토지수용위원회에 이의를 신청할 수 있다. 이 경우 그 이의신청은 해당 지방토지수용위원회를 거쳐야 한다(영 제102조 제3항).

1. 재결의 신청자와 상대방의 성명 및 주소
2. 측량의 종류
3. 손실 발생 사실
4. 보상받으려는 손실액과 그 명세
5. 협의의 내용

관할 토지수용위원회의 재결에 관하여는 「공익사업을 위한 토지 등의 취득 및 보상에 관한 법률」 제84조부터 제88조까지의 규정을 준용한다(법 제102조 제4항).

9 토지의 수용 또는 사용

국토교통부장관 및 해양수산부장관은 기본측량을 실시하기 위하여 필요하다고 인정하는 경우에는 토지, 건물, 나무, 그 밖의 공작물을 수용하거나 사용할 수 있다(법 제103조 제1항).

제1항에 따른 수용 또는 사용 및 이에 따른 손실보상에 관하여는 「공익사업을 위한 토지 등의 취득 및 보상에 관한 법률」을 적용한다(법 제103조 제2항).

10 업무의 수탁

국토교통부장관 및 해양수산부장관은 그 업무 수행에 지장이 없는 범위에서 공익을 위하여 필요하다고 인정되면 국토교통부령 또는 해양수산부령으로 정하는 바에 따라 측량 또는 수로조사의 업무를 위탁받아 수행할 수 있다(법 제104조).

법 제104조에 따라 업무위탁을 하려는 자는 별지 제99호 서식에 따른 업무위탁 청약서를 국토지리정보원장 또는 국립해양조사원장에게 제출하여야 하며(규칙 제112조 제1항), 제1항에 따른 업무위탁 청약서에는 다음 각 호의 서류를 첨부하여야 한다(규칙 제112조 제2항).

1. 사업계획서 2부
2. 사업지역 도면 2부

제1항에 따라 업무를 위탁하려는 자는 국토지리정보원장 또는 국립해양조사원장이 정하는 경비를 내야 한다(규칙 제112조 제3항).

11 권한의 위임 및 위탁 등

11.1 권한의 위임·위탁 등

이 법에 따른 국토교통부장관 및 해양수산부장관의 권한은 그 일부를 대통령령으로 정하는 바에 따라 소속 기관의 장, 시・도지사 또는 지적소관청에 위임할 수 있다(법 제105조 제1항).

이 법에 따른 국토교통부장관, 해양수산부장관, 시・도지사 및 지적소관청의 권한 중 다음 각 호의 업무에 관한 권한은 대통령령으로 정하는 바에 따라 한국국토정보공사, 「공간정보산업 진흥법」 제24조에 따른 공간정보산업협회, 해양조사협회 또는 「민법」 제32조에 따라 국토교통부장관 및 해양수산부장관의 허가를 받아 설립된 비영리 법인으로서 대통령령으로 정하는 측량 관련 인력과 장비를 갖춘 법인에 위탁할 수 있다(법 제105조 제2항).

1. 제9조 제3항에 따른 측량기준점표지(수로기준점표지만 해당한다)의 이전

1의2. 제10조의2에 따른 측량업정보 종합관리체계의 구축・운영

1의3. 제10조의3에 따른 측량업자의 측량용역사업에 대한 사업수행능력 공시 및 실적 등의 접수 및 내용의 확인

2. 제15조 제3항에 따른 지도등의 간행에 관한 심사
3. 제18조 제3항에 따른 공공측량성과의 심사
4. 제31조 제6항에 따른 수로조사방법에 관한 기술지도
5. 제31조 제1항과 제33조 제2항에 따른 수로조사성과의 심사
6. 제31조 제5항에 따른 수로조사에 필요한 관측시설의 관리 중 해양수산부령으로 정하는 것
7. 제31조 제1항 제4호에 따라 실시하는 수로조사 중 해양수산부령으로 정하는 것
8. 제35조 제1항에 따른 수로도서지의 인쇄・공급 및 재고관리
9. 제40조에 따른 측량기술자의 신고 접수, 기록의 유지・관리, 측량기술경력증의 발급, 신고받은 내용의 확인을 위한 관련 자료 제출 요청 및 제출 자료의 접수, 측량기술자의 근무처 및 경력등의 확인
10. 제43조 제3항에 따른 수로기술자의 신고 접수, 기록의 유지・관리, 수로기술경력증의 발급, 신고받은 내용의 확인을 위한 관련 자료 제출 요청 및 제출 자료의 접수, 수로기술자의 근무처 및 경력등의 확인
11. 제98조에 따른 지적기술자의 교육훈련
12. 제8조 제1항에 따른 측량기준점(지적기준점에 한정한다)의 관리
13. 제8조 제5항에 따른 측량기준점(지적기준점에 한정한다)표지의 현황조사 보고의 접수

제2항에 따라 국토교통부장관, 해양수산부장관, 시・도지사 및 지적소관청으로부터 위탁받은 업무에 종사하는 한국국토정보공사, 「공간정보산업 진흥법」 제24조에 따른 공간정보산업협회, 해양조사협회 또는 비영리법인의 임직원은 「형법」 제127조 및 제129조부터 제132조까지의 규정을 적용할 때에는 공무원으로 본다(법 제105조 제3항).

11.2 권한의 위임 사항

국토교통부장관은 법 제105조 제1항에 따라 다음 각 호의 권한을 국토지리정보원장에게 위임한다(영 제103조 제1항).

1. 법 제4조에 따른 측량의 고시
2. 법 제5조 제2항에 따른 연도별 시행계획의 수립
3. 법 제6조 제1항 제2호 단서에 따른 원점의 고시
4. 법 제8조 제1항에 따른 국가기준점표지(수로기준점표지는 제외한다)의 설치·관리
5. 법 제8조 제2항에 따른 국가기준점표지의 종류와 설치 장소 통지의 접수
6. 법 제8조 제5항에 따른 측량기준점표지의 현황 조사 보고의 접수
7. 법 제8조 제6항에 따른 측량기준점표지(수로기준점표지 및 영해기준점표지는 제외한다)의 현황 조사
8. 법 제10조 제2항에 따른 지도등에 관한 자료 제공
9. 법 제11조 제1항에 따른 지형·지물의 변동사항 통보의 접수와 같은 조 제2항에 따른 건설공사 착공사실, 지형·지물 변동사항 통보의 접수 및 같은 조 제3항에 따른 기본측량자료의 제출 요구
10. 법 제12조에 따른 기본측량 실시 및 통지
11. 법 제13조 제1항에 따른 기본측량성과 고시
12. 법 제13조 제2항에 따른 기본측량성과의 정확도 검증 의뢰
13. 법 제13조 제3항에 따른 기본측량성과 수정
14. 법 제14조 제1항에 따른 기본측량성과 및 기본측량기록 보관
15. 법 제14조 제2항에 따른 기본측량성과 또는 기본측량기록의 복제 또는 사본 발급 신청의 접수 및 발급
16. 법 제15조 제1항에 따른 지도등의 간행·판매 및 배포
17. 법 제15조 제2항에 따른 기본도 지정
18. 법 제16조 제1항에 따른 기본측량성과의 국외 반출 허가
19. 법 제17조 제2항에 따른 공공측량 작업계획서의 접수
20. 법 제17조 제3항에 따른 장기 계획서 또는 연간 계획서의 제출 요구
21. 법 제17조 제4항에 따른 계획서의 타당성 검토 및 그 결과의 통지
22. 법 제18조 제2항에 따른 공공측량기록의 사본 제출 요구
23. 법 제18조 제4항에 따른 공공측량성과 고시

24. 법 제19조 제1항에 따른 공공측량성과 또는 공공측량기록 사본의 보관 및 열람
25. 법 제19조 제2항에 따른 공공측량성과 또는 공공측량기록의 복제 또는 사본 발급 신청의 접수 및 발급
26. 법 제21조 제1항에 따른 공공측량성과의 국외 반출 허가
27. 법 제22조 제2항에 따른 일반측량성과 및 일반측량기록 사본의 제출 요구
27의2. 법 제22조 제3항에 따른 일반측량에 관한 작업기준 설정
28. 법 제42조 제1항에 따른 측량기술자(지적기술자는 제외한다)의 업무정지
29. 법 제44조 제2항에 따른 측량업의 등록
30. 법 제44조 제3항에 따른 측량업등록증 및 측량업등록수첩의 발급
31. 법 제44조 제4항에 따른 등록사항 변경신고의 수리
32. 법 제46조 제2항에 따른 측량업자의 지위 승계 신고의 수리
33. 법 제48조에 따른 측량업의 휴업·폐업 등의 신고 수리
34. 법 제52조 제1항에 따른 측량업의 등록취소 및 영업정지와 같은 조 제3항에 따른 등록취소 및 영업정지 사실의 공고
35. 법 제55조 제2항에 따른 기본측량, 공공측량 대가 기준 산정 및 기획재정부장관과의 협의
36. 법 제91조 제2항에 따른 지명의 고시
37. 법 제92조 제1항에 따른 성능검사의 실시
38. 법 제93조 제2항에 따른 성능검사대행자 등록증 발급사실 통지의 접수
39. 법 제96조 제2항에 따른 성능검사대행자 등록 취소사실 통지의 접수
40. 법 제97조에 따른 측량제도 발전을 위한 시책의 추진과 국제기구 및 국가 간 협력 활동의 추진
41. 법 제98조에 따른 측량업무 종사자에 대한 교육훈련
42. 법 제99조에 따른 측량업자(지적측량업자는 제외한다)에 대한 보고 접수 및 조사
43. 법 제100조에 따른 측량업자(지적측량업자는 제외한다)의 등록취소에 대한 청문
44. 법 제103조 제1항에 따른 기본측량 실시를 위한 토지, 건물, 나무, 그 밖의 공작물의 수용 또는 사용
45. 법 제104조에 따라 위탁받은 측량 업무의 수행
46. 법 제111조 제1항(제3호부터 제6호까지 및 제12호는 제외한다)에 따른 과태료의 부과·징수
47. 제3조에 따른 공공측량의 지정·고시

48. 제4조 및 별표 1 제22호에 따른 수치주제도의 지정・고시
49. 제6조 제4호에 따른 원점의 특례지역 지정・고시
50. 제11조 제2항에 따른 현지조사 실시 또는 재조사 요구
51. 제14조에 따른 기본측량성과 검증기관의 지정에 따른 신청접수, 지정 및 공고
52. 제16조 제5호에 따른 시설의 고시
52의2. 제16조의2에 따른 협의체의 구성 및 운영
53. 제17조 제1항 제1호에 따른 공공측량시행자와의 지형도 공동제작
54. 제17조 제2항에 따른 지도의 축척 및 판매가격 등 통보의 접수
55. 제35조 제6항에 따른 측량업등록의 공고
56. 제38조에 따른 측량업등록증 또는 측량업등록수첩의 재발급
57. 제48조 제3항에 따른 측량의 대가 기준의 고시
58. 삭제 〈2015.6.1〉
59. 제104조 제1항부터 제4항까지의 규정에 따른 측량성과 심사수탁기관 지정에 따른 신청 접수, 지정 및 공고
60. 제104조 제6항에 따른 심사 결과 보고의 접수와 같은 조 제7항에 따른 자료의 제공

11.3 권한의 위탁 사항

법 제105조 제2항에 따라 국토교통부장관은 다음 각 호의 권한을 한국국토정보공사, 공간정보산업협회 또는「민법」제32조에 따라 국토교통부장관의 허가를 받아 설립된 비영리법인 중 별표 12의 인력과 장비를 갖춘 기관(이하 "측량성과 심사수탁기관"이라 한다)을 지정하여 위탁한다(영 제104조 제1항).

1. 법 제15조 제3항에 따른 지도등의 간행에 대한 심사
2. 법 제18조 제3항에 따른 공공측량성과의 심사

제1항에 따른 측량성과 심사수탁기관으로 지정받으려는 자는 국토교통부령으로 정하는 서류를 갖추어 국토교통부장관에게 신청하여야 한다(영 제104조 제2항). 즉, 영 제104조 제1항에 따른 측량성과 심사수탁기관으로 지정받으려는 자는 별지 제100호 서식에 따른 지정신청서(전자문서로 된 신청서를 포함한다)에 다음 각 호의 서류(전자문서를 포함한다)를 첨부하여 국토지리정보원장에게 제출하여야 한다. 이 경우 국토지리정보원장은「전자정부법」제36조 제1항에 따라 행정정보의 공동이용을 통하여 법인 등기사항증명서를 확인하여야 한다(규칙 제114조).

1. 정관 1부
2. 측량기술인력과 장비의 보유현황 및 그 증명서류 각 1부

국토교통부장관은 영 제104조 제2항에 따른 신청을 받았을 때에는 측량 관련 인력과 장비의 보유 현황 등을 종합적으로 검토하여 측량성과 심사수탁기관으로 지정하여야 한다(영 제104조 제3항).

국토교통부장관은 영 제104조 제3항에 따라 측량성과 심사수탁기관을 지정한 경우에는 신청인에게 서면으로 통지하고 지체 없이 공고하여야 한다(영 제104조 제4항).

측량성과 심사수탁기관의 지정절차 등에 관하여 필요한 세부사항은 국토교통부령으로 정한다(영 제104조 제5항).

영 제104조 제1항에 따라 심사 권한을 위탁받은 측량성과 심사수탁기관의 장은 심사가 완료되면 그 결과를 국토교통부장관에게 보고하여야 한다(영 제104조 제6항).

국토교통부장관은 측량성과 심사수탁기관의 요청을 받으면 영 제104조 제1항에 따른 심사에 필요한 자료를 측량성과 심사수탁기관에 제공할 수 있다(영 제104조 제7항).

국토교통부장관은 법 제105조 제2항에 따라 다음 각 호의 업무를 공간정보산업협회에 위탁한다(영 제104조 제8항).

1. 법 제10조의2에 따른 측량업정보 종합관리체계의 구축·운영
2. 법 제10조의3에 따른 측량업자의 측량용역사업에 대한 사업수행능력 공시 및 실적 등의 접수 및 내용의 확인
3. 법 제40조에 따른 측량기술자 신고 접수, 기록의 유지·관리, 측량기술경력증의 발급, 신고받은 내용의 확인을 위한 관련 자료 제출 요청 및 제출 자료의 접수, 측량기술자의 근무처 및 경력 등의 확인

11.4 고유식별정보의 처리

국토교통부장관, 해양수산부장관(법 제105조에 따라 국토교통부장관 또는 해양수산부장관의 권한을 위임·위탁받은 자를 포함한다) 또는 시·도지사는 다음 각 호의 사무를 수행하기 위하여 불가피한 경우 「개인정보 보호법 시행령」 제19조 제1호에 따른 주민등록번호가 포함된 자료를 처리할 수 있다(영 제104조의2).

1. 법 제10조의2에 따른 측량업정보의 종합관리에 관한 사무

1의2. 법 제10조의3에 따른 측량용역사업에 대한 사업수행능력의 평가 및 공시에 관한 사무

1의3. 법 제15조에 따른 기본측량성과 등을 사용한 지도등의 간행에 관한 사무

2. 법 제40조(법 제43조 제3항에 따라 준용되는 경우를 포함한다)에 따른 측량기술자 또는 수로기술자의 신고 등에 관한 사무
3. 법 제42조(법 제43조 제3항에 따라 준용되는 경우를 포함한다)에 따른 측량기술자 또는 수로기술자의 업무정지에 관한 사무
4. 법 제44조에 따른 측량업의 등록 또는 법 제54조에 따른 수로사업의 등록에 관한 사무
5. 법 제46조(법 제54조 제6항에 따라 준용되는 경우를 포함한다)에 따른 측량업자 또는 수로사업자의 지위 승계에 관한 사무
6. 법 제48조(법 제54조 제6항에 따라 준용되는 경우를 포함한다)에 따른 측량업 또는 수로사업의 휴업·폐업 등 신고에 관한 사무
7. 법 제52조(법 제54조 제6항에 따라 준용되는 경우를 포함한다)에 따른 측량업 또는 수로사업의 등록취소 등에 관한 사무
8. 법 제93조에 따른 성능검사대행자의 등록에 관한 사무
9. 법 제96조에 따른 성능검사대행자의 등록취소 등에 관한 사무

12 수수료

12.1 수수료 등

다음 각 호의 어느 하나에 해당하는 신청 등을 하는 자는 국토교통부령 또는 해양수산부령으로 정하는 바에 따라 수수료를 내야 한다(법 제106조 제1항).

1. 제14조 제2항 및 제19조 제2항에 따른 측량성과 등의 복제 또는 사본의 발급 신청
2. 제15조에 따른 기본측량성과·기본측량기록 또는 같은 조 제1항에 따라 간행한 지도등의 활용 신청
3. 제15조 제3항에 따른 지도등 간행의 심사 신청
4. 제16조 또는 제21조에 따른 측량성과의 국외 반출 허가 신청
5. 제18조에 따른 공공측량성과의 심사 요청
6. 제27조에 따른 지적기준점성과의 열람 또는 그 등본의 발급 신청
7. 제33조에 따른 수로조사성과의 심사 신청
8. 제36조에 따른 수로도서지의 복제 등의 승인 신청

9. 제44조 제2항에 따른 측량업의 등록 신청
10. 제44조 제3항에 따른 측량업등록증 및 측량업등록수첩의 재발급 신청
11. 제54조 제1항에 따른 수로사업의 등록 신청
12. 제54조 제3항에 따른 수로사업등록증 및 수로사업등록수첩의 재발급 신청
13. 제75조에 따른 지적공부의 열람 및 등본 발급 신청
14. 제76조에 따른 지적전산자료의 이용 또는 활용 신청
14의2. 제76조의4에 따른 부동산종합공부의 열람 및 부동산종합증명서 발급 신청
15. 제77조에 따른 신규등록 신청, 제78조에 따른 등록전환 신청, 제79조에 따른 분할 신청, 제80조에 따른 합병 신청, 제81조에 따른 지목변경 신청, 제82조에 따른 바다로 된 토지의 등록말소 신청, 제83조에 따른 축척변경 신청, 제84조에 따른 등록사항의 정정 신청 또는 제86조에 따른 도시개발사업 등 시행지역의 토지이동 신청
16. 제92조 제1항에 따른 측량기기의 성능검사 신청
17. 제93조 제1항에 따른 성능검사대행자의 등록 신청
18. 제93조 제2항에 따른 성능검사대행자 등록증의 재발급 신청

업무 종류에 따른 수수료의 금액

해당 업무	단위	수수료	해당 법조문
측량성과 등의 복제 또는 사본의 발급신청			
• 통합기준점성과표	1 점당	600원	법 제106조 제1항 제1호
• 삼각점성과표	1 점당	600원	
• 수준점성과표	1 점당	500원	
• 천문측량성과표	1 점당	500원	
• 중력측량성과표	1 점당	500원	
• 지자기측량성과표	1 점당	500원	
• 항측기준점성과표	1 점당	600원	
• 구지도 · 도표	1 매당	2,000원	
• 도화(제2)원도	1 매당	10,000원	
• 밀착항공사진	1 매당	10,000원	
• 확대항공사진	1 매당	20,000원	
• 양화필름	1 매당	20,000원	
• 항공사진래스터데이터	1 매당	20,000원	
측량성과 및 지도등 활용			법 제106조 제1항 제2호
• 지도등의 활용	도엽당	1,000원	
• 수치지도의 사용			
- 벡터 데이터(Vector Data)	킬로바이트당	1원	
- 래스터 데이터(Raster Data)	메가바이트당	10원	

지도등의 간행심사 • 1 : 1,000, 1 : 1,200 • 1 : 5,000, 1 : 10,000 • 1 : 25,000 • 1 : 50,000, 1 : 100,000 • 1 : 250,000, 1 : 500,000, 1 : 1,000,000	도엽당 도엽당 도엽당 도엽당 도엽당	측량 및 지형공간 정보분야 중급기술자 1인의 노임단가의 7퍼센트 8퍼센트 9퍼센트 11퍼센트 10퍼센트	법 제106조 제1항 제3호
부동산종합공부의 증명서 발급 • 종합형 • 맞춤형 부동산종합공부의 증명서 인터넷 발급 • 종합형 • 맞춤형 부동산종합공부의 증명서 인터넷 열람	1필지당 1필지당 1필지당 1필지당 1필지당	1,500원 1,000원 1,000원 800원 무료	법 제106조 제1항 제14호의2
측량성과의 국외반출 허가 신청	1건당	2,000원	법 제106조 제1항 제4호
지적기준점성과의 열람 • 지적삼각점 • 지적삼각보조점 • 지적도근점 지적기준점성과의 등본교부 • 지적삼각점 • 지적삼각보조점 • 지적도근점	1점당 1점당 1점당 1점당 1점당 1점당	300원 300원 200원 500원 500원 400원	법 제106조 제1항 제6호
측량업의 등록신청	1건당	20,000원	법 제106조 제1항 제9호
측량업등록증 및 측량업등록수첩의 재발급 신청	1건당	2,000원	법 제106조 제1항 제10호
수로사업의 등록신청	1건당	20,000원	법 제106조 제1항 제11호
수로사업등록증 및 수로사업등록수첩의 재발급 신청	1건당	2,000원	법 제106조 제1항 제12호
지적공부의 열람 • 토지대장 • 임야대장 • 지적도 • 임야도 • 경계점좌표등록부 지적공부의 등본교부 • 토지대장 • 임야대장 • 지적도 • 임야도 • 경계점좌표등록부	1필지당 1필지당 1장당 1장당 1필지당 1필지당 1필지당 가로21cm, 세로30cm 가로21cm, 세로30cm 1필지당	300원 300원 400원 400원 300원 500원 500원 700원 700원 500원	법 제106조 제1항 제13호

지적전산자료의 이용 또는 활용 신청 • 자료를 인쇄물로 제공할 때 • 자료를 자기디스크 등 전산매체로 제공할 때	 1필지당 1필지당	 30원 20원	법 제106조 제1항 제14호
지적공부정리신청 • 신규등록신청 • 등록전환신청 • 분할신청 • 합병신청 • 지목변경 • 바다로 된 토지의 등록말소 신청 • 축척변경 신청 • 등록사항정정신청 • 법 제86조에 따른 토지이동신청	 1필지당 1필지당 분할후 1필지당 합병전 1필지당 1필지당 1필지당 1필지당 1필지당 확정후 1필지당	 1,400원 1,400원 1,400원 1,000원 1,000원 무료 1,400원 무료 1,400원	법 제106조 제1항 제15호
성능검사대행자의 등록 신청	1건당	20,000원	법 제106조 제1항 제17호
성능검사대행자 등록증의 재발급 신청	1건당	2,000원	법 제106조 제1항 제18호

비고

1. 국가 또는 지방자치단체의 지적공부 정리 신청 수수료는 면제한다.

1의2. 측량성과 및 지도등 활용 수수료는 기본측량성과 등을 사용한 지도등의 간행 형태에 따라 1년 실적을 기준으로 사후 부과하되, 인터넷・모바일에서 사용하는 경우에는 지도서비스 열람 수를 기준으로 열람 3천만 건 당 수수료의 1%씩 계상하고, 내비게이션에서 사용하는 경우에는 제품 판매수를 기준으로 판매 대수 1만대 당 수수료의 1%씩 계상하며, 서지에서 사용하는 경우는 판매부수를 기준으로 판매 부수 20부당 수수료의 1%씩 계상한다. 다만, 사용실적에 따라 줄일 수 있는 수수료의 범위는 최대 100%에서 최소 1%까지 한다.

1의3. 부동산종합공부의 증명서 방문 발급 시 1통에 대한 발급수수료는 20장까지는 기본수수료를 적용하고, 1통이 20장을 초과하는 때에는 초과 1장마다 50원의 수수료를 추가 적용한다.

2. 토지(임야)대장 및 경계점좌표등록부의 열람 및 등본발급 수수료는 1필지를 기준으로 하되, 1필지당 1장을 초과하는 경우에는 초과하는 매 1장당 100원을 가산하며, 지적(임야)도면 등본의 크기가 기본단위(가로 21센티미터, 세로 30센티미터)를 초과하는 경우에는 기본단위당 700원을 가산한다.
3. 제2호에도 불구하고 지적(임야)도면 등본을 제도방법(연필로 하는 제도방법은 제외한다)으로 작성・교부하는 경우 그 등본교부 수수료는 기본단위당 5필지를 기준하여 2천400원으로 하되, 5필지를 초과하는 경우에는 초과하는 매 1필지당 150원을 가산하며, 도면 등본의 크기가 기본단위를 초과하는 경우에는 기본단위당 500원을 가산한다.
4. 지적측량업무에 종사하는 측량기술자가 그 업무와 관련하여 지적측량기준점성과 또는 그 측량부의 열람 및 등본발급을 신청하는 경우에는 수수료를 면제한다.
5. 국가 또는 지방자치단체가 업무수행에 필요하여 지적공부의 열람 및 등본발급을 신청하는 경우에는 수수료를 면제한다.
6. 지적측량업무에 종사하는 측량기술자가 그 업무와 관련하여 지적공부를 열람(복사하기 위하여 열람하는 것을 포함한다)하는 경우에는 수수료를 면제한다.
7. 삭제 〈2012.6.25〉
8. 통합기준점성과표, 삼각점성과표 및 수준점성과표는 인터넷을 통하여 발급할 수 있으며, 이 경우 수수료는 무료로 한다.

그리고 법 제106조 제1항 제16호에 따른 측량기기 성능검사 신청 수수료는 별표 16과 같다.

측량기기 성능검사 신청 수수료

1. 측량기기의 성능검사수수료는 다음의 계산식에 따라 산정하여 국토지리정보원장이 고시하는 금액으로 한다.
   수수료 = 제경비 + 기술료 + 노임 + 검사기기감가상각비 + 여비
2. 제경비 및 기술료는 법 제55조 제1항 및 영 제48조 제3항에 따라 국토교통부장관이 고시하는 측량 및 수로조사의 대가기준 중 제경비 및 기술료의 최소금액을 적용한다.
3. 검사기기감가상각비는 건설표준품셈에 의한 산정기준 및 사용일수 등에 따라 실비를 계상하며, 기선관측을 하는 경우에는 기선시설사용료가 포함된 금액으로 한다.
4. 여비는 「공무원여비규정」 제18조 제1항에 따른다.
5. 노임은 다음 표와 같이 하되, 노임단가는 법 제55조 제1항 및 영 제48조 제3항에 따라 국토교통부장관이 고시하는 측량 및 수로조사의 대가기준에 따른다.

측량기기		단위	노임
트랜싯(데오드라이트)	특급 1급 2급	1대당	• 고급기술자 1인 및 측량분야 중급기능사 1인의 노임단가의 55퍼센트
	3급	1대당	• 고급기술자 1인 및 측량분야 중급기능사 1인의 노임단가의 40퍼센트
레벨		1대당	• 고급기술자 1인 및 측량분야 중급기능사 1인의 노임단가의 55퍼센트
거리측정기		1대당	• 고급기술자 1인 및 측량분야 중급기능사 1인의 노임단가의 55퍼센트
토털스테이션	1급 2급	1대당	• 고급기술자 1인 및 측량분야 중급기능사 1인의 노임단가의 85퍼센트
	3급	1대당	• 고급기술자 1인 및 측량분야 중급기능사 1인의 노임단가의 70퍼센트
GPS수신기		1대당	• 고급기술자 1인 및 측량분야 중급기능사 1인의 노임단가의 80퍼센트
금속관로탐지기		1대당	• 고급기술자 1인 및 측량분야 중급기능사 1인의 노임단가의 85퍼센트

제24조 제1항에 따라 지적측량을 의뢰하는 자는 국토교통부령으로 정하는 바에 따라 지적측량수행자에게 지적측량수수료를 내야 한다(법 제106조 제2항). 제2항에 따른 지적측량수수료는 국토교통부장관이 매년 12월 말일까지 고시하여야 한다(법 제106조 제3항).

지적소관청이 제64조 제2항 단서에 따라 직권으로 조사·측량하여 지적공부를 정리한 경우에는 그 조사·측량에 들어간 비용을 제2항에 준하여 토지소유자로부터 징수한다. 다만, 제82조에 따라 지적공부를 등록말소한 경우에는 그러하지 아니하다(법 제106조 제4항).

제1항에도 불구하고 다음 각 호의 경우에는 수수료를 면제할 수 있다. 다만, 제3호의 경우에는 협정에서 정하는 바에 따라 면제 또는 경감한다(법 제106조 제5항).

1. 제1항 제1호 또는 제2호의 신청자가 공공측량시행자인 경우

2. 제1항 제8호의 신청자가 국가, 지방자치단체, 「초・중등교육법」 및 「고등교육법」에 따른 학교 등에서 비영리적 목적으로 유사한 제작물을 발행하는 경우
3. 제1항 제8호의 신청자가 우리나라 정부와 협정을 체결한 외국정부인 경우
4. 제1항 제13호의 신청자가 국가, 지방자치단체 또는 지적측량수행자인 경우
5. 제1항 제14호의2 및 제15호의 신청자가 국가 또는 지방자치단체인 경우

제1항 및 제4항에 따른 수수료를 국토교통부령 또는 해양수산부령으로 정하는 기간 내에 내지 아니하면 국세 또는 지방세 체납처분의 예에 따라 징수한다(법 제106조 제6항).

제1항부터 제5항까지의 수수료는 수입인지, 수입증지 또는 현금으로 내야 한다. 다만, 법 제93조 제1항에 따라 등록한 성능검사대행자가 하는 성능검사 수수료와 법 제105조 제2항에 따라 공간정보산업협회 등에 위탁된 업무의 수수료는 현금으로 내야 한다(규칙 제115조 제6항).

국토교통부장관 또는 해양수산부장관, 국토지리정보원장, 국립해양조사원장, 시・도지사 및 지적소관청은 제6항에도 불구하고 정보통신망을 이용하여 전자화폐・전자결제 등의 방법으로 수수료를 내게 할 수 있다(규칙 제115조 제7항).

12.2 지적측량수수료의 산정기준

법 제106조 제2항에 따른 지적측량수수료는 국토교통부장관이 고시하는 표준품셈 중 지적측량품에 지적기술자의 정부노임단가를 적용하여 산정한다(규칙 제116조 제1항).

제1항에 따른 지적측량 종목별 지적측량수수료의 세부 산정기준 등에 필요한 사항은 국토교통부장관이 정한다(규칙 제116조 제2항).

12.3 수수료의 납부기간

법 제106조 제4항에 따른 수수료는 지적공부를 정리한 날부터 30일 내에 내야 한다(규칙 제117조).

제9장 벌칙

1. 벌칙
2. 양벌규정
3. 과태료

제 9 장 벌 칙

1 벌칙

측량업자나 수로사업자로서 속임수, 위력(威力), 그 밖의 방법으로 측량업 또는 수로사업과 관련된 입찰의 공정성을 해친 자는 3년 이하의 징역 또는 3천만원 이하의 벌금에 처한다(법 제107조).

다음 각 호의 어느 하나에 해당하는 자는 2년 이하의 징역 또는 2천만원 이하의 벌금에 처한다(법 제108조).

1. 제9조 제1항을 위반하여 측량기준점표지를 이전 또는 파손하거나 그 효용을 해치는 행위를 한 자
2. 고의로 측량성과 또는 수로조사성과를 사실과 다르게 한 자
3. 제16조 또는 제21조를 위반하여 측량성과를 국외로 반출한 자
4. 제44조를 위반하여 측량업의 등록을 하지 아니하거나 거짓이나 그 밖의 부정한 방법으로 측량업의 등록을 하고 측량업을 한 자
5. 제54조를 위반하여 수로사업의 등록을 하지 아니하거나 거짓이나 그 밖의 부정한 방법으로 수로사업의 등록을 하고 수로사업을 한 자
6. 제92조 제1항에 따른 성능검사를 부정하게 한 성능검사대행자
7. 제93조 제1항을 위반하여 성능검사대행자의 등록을 하지 아니하거나 거짓이나 그 밖의 부정한 방법으로 성능검사대행자의 등록을 하고 성능검사업무를 한 자

다음 각 호의 어느 하나에 해당하는 자는 1년 이하의 징역 또는 1천만원 이하의 벌금에 처한다(법 제109조).

1. 제14조 제2항 또는 제19조 제2항을 위반하여 무단으로 측량성과 또는 측량기록을 복제한 자

2. 제15조 제3항에 따른 심사를 받지 아니하고 지도등을 간행하여 판매하거나 배포한 자
3. 제36조를 위반하여 해양수산부장관의 승인을 받지 아니하고 수로도서지를 복제하거나 이를 변형하여 수로도서지와 비슷한 제작물을 발행한 자
4. 제39조 제1항을 위반하여 측량기술자가 아님에도 불구하고 측량을 한 자
5. 제41조 제2항(제43조 제3항에 따라 준용되는 경우를 포함한다)을 위반하여 업무상 알게 된 비밀을 누설한 측량기술자 또는 수로기술자
6. 제41조 제3항(제43조 제3항에 따라 준용되는 경우를 포함한다)을 위반하여 둘 이상의 측량업자에게 소속된 측량기술자 또는 수로기술자
7. 제49조 제1항을 위반하여 다른 사람에게 측량업등록증 또는 측량업등록수첩을 빌려주거나 자기의 성명 또는 상호를 사용하여 측량업무를 하게 한 자
8. 제49조 제2항을 위반하여 다른 사람의 측량업등록증 또는 측량업등록수첩을 빌려서 사용하거나 다른 사람의 성명 또는 상호를 사용하여 측량업무를 한 자
9. 제50조 제3항을 위반하여 제106조 제2항에 따른 지적측량수수료 외의 대가를 받은 지적측량기술자
10. 거짓으로 다음 각 목의 신청을 한 자
    가. 제77조에 따른 신규등록 신청
    나. 제78조에 따른 등록전환 신청
    다. 제79조에 따른 분할 신청
    라. 제80조에 따른 합병 신청
    마. 제81조에 따른 지목변경 신청
    바. 제82조에 따른 바다로 된 토지의 등록말소 신청
    사. 제83조에 따른 축척변경 신청
    아. 제84조에 따른 등록사항의 정정 신청
    자. 제86조에 따른 도시개발사업 등 시행지역의 토지이동 신청
11. 제95조 제1항을 위반하여 다른 사람에게 자기의 성능검사대행자 등록증을 빌려주거나 자기의 성명 또는 상호를 사용하여 성능검사대행업무를 수행하게 한 자
12. 제95조 제2항을 위반하여 다른 사람의 성능검사대행자 등록증을 빌려서 사용하거나 다른 사람의 성명 또는 상호를 사용하여 성능검사대행업무를 수행한 자

2 양벌규정

법인의 대표자나 법인 또는 개인의 대리인, 사용인, 그 밖의 종업원이 그 법인 또는 개인의 업무에 관하여 제107조부터 제109조까지의 어느 하나에 해당하는 위반행위를 하면 그 행위자를 벌하는 외에 그 법인 또는 개인에게도 해당 조문의 벌금형을 과(科)한다. 다만, 법인 또는 개인이 그 위반행위를 방지하기 위하여 해당 업무에 관하여 상당한 주의와 감독을 게을리하지 아니한 경우에는 그러하지 아니하다(법 제110조).

3 과태료

다음 각 호의 어느 하나에 해당하는 자에게는 300만원 이하의 과태료를 부과한다(법 제111조 제1항).

1. 정당한 사유 없이 측량을 방해한 자
2. 제13조 제4항을 위반하여 고시된 측량성과에 어긋나는 측량성과를 사용한 자
3. 제31조 제2항을 위반하여 수로조사를 하지 아니한 자
4. 정당한 사유 없이 해양수산부장관이 제32조에 따라 공고한 수로조사를 방해한 자
5. 정당한 사유 없이 제33조 제1항을 위반하여 수로조사성과를 제출하지 아니한 자
6. 제35조 제5항을 위반하여 판매가격을 준수하지 아니하고 수로도서지를 판매하거나 최신 항행통보에 따라 수정되지 아니한 수로도서지를 보급한 자
7. 제40조 제1항(제43조 제3항에 따라 준용되는 경우를 포함한다)을 위반하여 거짓으로 측량기술자 또는 수로기술자의 신고를 한 자
8. 제44조 제4항을 위반하여 측량업 등록사항의 변경신고를 하지 아니한 자
9. 제46조 제2항(제54조 제6항에 따라 준용되는 경우를 포함한다)을 위반하여 측량업자 또는 수로사업자의 지위 승계 신고를 하지 아니한 자
10. 제48조(제54조 제6항에 따라 준용되는 경우를 포함한다)를 위반하여 측량업 또는 수로사업의 휴업·폐업 등의 신고를 하지 아니하거나 거짓으로 신고한 자
11. 제50조 제2항을 위반하여 본인, 배우자 또는 직계 존속·비속이 소유한 토지에 대한 지적측량을 한 자
12. 제54조 제4항을 위반하여 수로사업 등록사항의 변경신고를 하지 아니한 자
13. 제92조 제1항을 위반하여 측량기기에 대한 성능검사를 받지 아니하거나 부정한

방법으로 성능검사를 받은 자

14. 제93조 제1항을 위반하여 성능검사대행자의 등록사항 변경을 신고하지 아니한 자
15. 제93조 제3항을 위반하여 성능검사대행업무의 폐업신고를 하지 아니한 자
16. 정당한 사유 없이 제99조 제1항에 따른 보고를 하지 아니하거나 거짓으로 보고를 한 자
17. 정당한 사유 없이 제99조 제1항에 따른 조사를 거부·방해 또는 기피한 자
18. 정당한 사유 없이 제101조 제7항을 위반하여 토지등에의 출입 등을 방해하거나 거부한 자

법 제111조 제1항에 따른 과태료의 부과기준은 다음과 같다.

III 과태료의 부과기준

1. 일반기준
   가. 위반행위의 횟수에 따른 과태료의 부과기준은 최근 5년간 같은 위반행위로 과태료를 부과받은 경우에 적용한다. 이 경우 위반횟수는 같은 위반행위에 대하여 과태료를 부과받은 날과 다시 같은 위반행위로 적발된 날을 기준으로 하여 계산한다.
   나. 하나의 위반행위가 둘 이상의 과태료 부과기준에 해당하는 경우에는 그 중 금액이 큰 과태료 부과기준을 적용한다.
   다. 부과권자는 다음의 어느 하나에 해당하는 경우에는 위반행위의 정도, 위반행위의 동기와 그 결과 등을 고려하여 제2호에 따른 과태료 금액의 2분의 1의 범위에서 그 금액을 줄일 수 있다. 다만, 과태료를 체납하고 있는 위반행위자에 대해서는 그러하지 아니하다.
      1) 위반행위자가 「질서위반행위규제법 시행령」 제2조의2 제1항 각 호의 어느 하나에 해당하는 경우
      2) 위반행위가 사소한 부주의나 오류로 인한 것으로 인정되는 경우
      3) 위반행위자가 법 위반상태를 시정하거나 해소하기 위하여 노력한 것이 인정되는 경우
      4) 그 밖에 위반행위의 정도, 위반행위의 동기와 그 결과 등을 고려하여 그 금액을 줄일 필요가 있다고 인정되는 경우
   라. 부과권자는 다음의 어느 하나에 해당하는 경우에는 제2호에 따른 과태료 금액의 2분의 1 범위에서 그 금액을 늘릴 수 있다. 다만, 늘리는 경우에도 과태료의 총액은 법 제111조 제1항에 따른 과태료 금액의 상한을 넘을 수 없다.
      1) 위반의 내용·정도가 중대하여 이해관계인 등에게 미치는 피해가 크다고 인정되는 경우
      2) 법 위반상태의 기간이 6개월 이상인 경우

2. 개별기준

(단위 : 만원)

위반행위	근거 법조문	과태료 금액		
		1차	2차	3차 이상
가. 정당한 사유 없이 측량을 방해한 경우	법 제111조 제1항 제1호	25	50	100
나. 법 제13조 제4항을 위반하여 고시된 측량성과에 어긋나는 측량성과를 사용한 경우	법 제111조 제1항 제2호	37	75	150
다. 법 제31조 제2항을 위반하여 수로조사를 하지 않은 경우	법 제111조 제1항 제3호	75	150	300

라. 정당한 사유 없이 해양수산부장관이 법 제32조에 따라 공고한 수로조사를 방해한 경우	법 제111조 제1항 제4호	50	100	200
마. 정당한 사유 없이 법 제33조 제1항을 위반하여 수로조사성과를 제출하지 않은 경우	법 제111조 제1항 제5호	25	50	100
바. 법 제35조 제5항을 위반하여 판매가격을 준수하지 않고 수로도서지를 판매하거나 최신 항행통보에 따라 수정되지 않은 수로도서지를 보급한 경우	법 제111조 제1항 제6호	25	50	100
사. 법 제40조 제1항(법 제43조 제3항에 따라 준용되는 경우를 포함한다)을 위반하여 거짓으로 측량기술자 또는 수로기술자의 신고를 한 경우	법 제111조 제1항 제7호	6	12	25
아. 법 제44조 제4항을 위반하여 측량업 등록사항의 변경신고를 하지 않은 경우	법 제111조 제1항 제8호	7	15	30
자. 법 제46조 제2항(법 제54조 제6항에 따라 준용되는 경우를 포함한다)을 위반하여 측량업 또는 수로사업자의 지위 승계 신고를 하지 않은 경우	법 제111조 제1항 제9호	50		
차. 법 제48조(법 제54조 제6항에 따라 준용되는 경우를 포함한다)를 위반하여 측량업 또는 수로사업의 휴업·폐업 등의 신고를 하지 않거나 거짓으로 신고한 경우	법 제111조 제1항 제10호	30		
카. 법 제50조 제2항을 위반하여 본인, 배우자 또는 직계 존속·비속이 소유한 토지에 대한 지적측량을 한 경우	법 제111조 제1항 제11호	10	20	40
타. 법 제54조 제4항을 위반하여 수로사업 등록사항의 변경신고를 하지 않은 경우	법 제111조 제1항 제12호	12	25	50
파. 법 제92조 제1항을 위반하여 측량기기에 대한 성능검사를 받지 않거나 부정한 방법으로 성능검사를 받은 경우	법 제111조 제1항 제13호	25	50	100
하. 법 제93조 제1항을 위반하여 성능검사대행자의 등록사항 변경을 신고하지 않은 경우	법 제111조 제1항 제14호	6	12	25
거. 법 제93조 제3항을 위반하여 성능검사대행업무의 폐업신고를 하지 않은 경우	법 제111조 제1항 제15호	25		
너. 정당한 사유 없이 법 제99조 제1항에 따른 보고를 하지 않거나 거짓으로 보고를 한 경우	법 제111조 제1항 제16호	25	50	100
더. 정당한 사유 없이 법 제99조 제1항에 따른 조사를 거부·방해 또는 기피한 경우	법 제111조 제1항 제17호	25	50	100
러. 정당한 사유 없이 법 제101조 제7항을 위반하여 토지등에의 출입 등을 방해하거나 거부한 경우	법 제111조 제1항 제18호	25	50	100

제1항에 따른 과태료는 대통령령으로 정하는 바에 따라 국토교통부장관, 해양수산부장관, 시·도지사 또는 지적소관청이 부과·징수한다(법 제111조 제2항).

기출문제 및 정답

- 지적산업기사 기출문제
- 지적기사 기출문제
- 지적산업기사 기출문제 정답
- 지적기사 기출문제 정답

지적산업기사 기출문제

2013년 제1회

01 다음 중 지적측량수행자가 지적소관청으로부터 측량성과에 대한 검사를 받지 아니하는 것으로만 나열된 것은? (단, 지적공부를 정리하지 아니하는 측량으로서 국토교통부령으로 정하는 측량의 경우를 말한다.)

㉮ 등록전환측량, 분할측량
㉯ 신규등록측량, 지적확정측량
㉰ 경계복원측량, 지적현황측량
㉱ 축척변경측량, 등록사항정정측량

02 지적관련 법규에 따른 '토지의 표시'가 아닌 것은?

㉮ 좌표 ㉯ 경계
㉰ 토지의 소재 ㉱ 소유자의 주소

03 지적측량수행자가 손해배상책임을 보장하기 위하여 보증보험에 가입하여야 하는 금액 기준이 모두 옳은 것은?

㉮ 지적측량업자 : 1억원 이상,
대한지적공사 : 20억원 이상
㉯ 지적측량업자 : 3억원 이상,
대한지적공사 : 10억원 이상
㉰ 지적측량업자 : 1억원 이상,
대한지적공사 : 10억원 이상
㉱ 지적측량업자 : 3억원 이상,
대한지적공사 : 20억원 이상

04 도시개발사업 등으로 인한 토지의 이동은 언제를 기준으로 그 토지의 이동이 이루어진 것으로 보는가?

㉮ 토지의 형질변경 등의 공사가 준공된 때
㉯ 토지의 형질변경 등의 공사를 착공한 때
㉰ 토지의 형질변경 등의 공사를 허가한 때
㉱ 토지의 형질변경 등의 공사가 중지된 때

05 다음 중 공유지연명부와 대지권등록부에 공통적으로 등록하여야 하는 사항에 해당하는 것으로만 나열된 것은?

㉮ 토지의 소재, 소유권 지분
㉯ 소유권 지분, 대지권 비율
㉰ 대지권 비율, 건물의 명칭
㉱ 건물의 명칭, 대지권 비율

06 축척변경위원회에 대한 설명으로 틀린 것은?

㉮ 5명 이상 10명 이하의 위원으로 구성한다.
㉯ 위원의 2분의 1 이상을 토지소유자로 하여야 한다.
㉰ 청산금의 이의신청에 관한 사항을 심의·의결한다.
㉱ 위원장은 위원 중에서 시·도지사가 임명한다.

07 지번의 구성 및 부여방법에 대한 설명이 옳은 것은?

㉮ 합병의 경우에는 합병대상지번 중 가장 후순위의 지번을 그 지번으로 부여한다.
㉯ 임야도에 등록하는 토지의 지번은 숫자 앞에 "임"자를 붙인다.
㉰ 지번은 본번과 부번으로 구성하되, 본번과 부번 사이는 " : " 표시로 연결한다.
㉱ 지번은 북서에서 남동으로 순차적으로 부여한다.

08 지적소관청이 지적공부의 등록사항에 잘못이 있는지를 직권으로 조사·측량하여 정정할 수 있는 경우가 아닌 것은?

㉮ 토지이동정리결의서의 내용과 다르게 정리된 경우
㉯ 지적도에 등록된 필지의 경계가 잘못되어 면적이 증감한 경우
㉰ 지적측량성과와 다르게 정리된 경우
㉱ 지적공부의 등록사항이 잘못 입력된 경우

09 지적소관청이 축척변경을 할 때에 축척변경사유를 적은 승인신청서와 첨부 서류를 제출하는 곳은?
㉮ 시 · 도지사 ㉯ 지방지적위원회
㉰ 중앙지적위원회 ㉱ 국토교통부장관

10 도시개발사업 등 시행지역의 토지이동신청에 관한 특례와 관련하여, 대통령령으로 정하는 토지개발사업에 해당하지 않는 것은?
㉮ 농업생산기반시설정비사업법에 따른 농지기반사업
㉯ 택지개발촉진법에 따른 택지개발사업
㉰ 산업입지 및 개발에 관한 법률에 따른 산업단지개발사업
㉱ 도시 및 주거환경정비법에 따른 정비사업

11 분할에 따른 지상경계가 지상건축물에 걸리게 결정할 수 있는 경우가 아닌 것은?
㉮ 법원의 확정판결이 있는 경우
㉯ 관계 법령에 따라 인 · 허가 등을 받아 토지를 분할하려는 경우
㉰ 도시개발사업 등의 사업시행자가 사업지구의 경계를 결정하기 위하여 토지를 분할하려는 경우
㉱ 국토의 계획 및 이용에 관한 법률에 따른 도시 · 군관리계획 결정고시와 지형도면 고시가 된 지역의 도시 · 군 관리 계획선에 따라 토지를 분할하려는 경우

12 다음 중 용어의 정의가 틀린 것은?
㉮ "경계"란 필지별로 경계점들을 직선으로 연결하여 지적공부에 등록한 선을 말한다.
㉯ "축척변경"이란 임야대장 및 임야도에 등록된 토지를 토지대장 및 지적도에 옮겨 등록한 것을 말한다.
㉰ "토지의 이동"이란 토지의 표시를 새로 정하거나 변경 또는 말소하는 것을 말한다.
㉱ "지번부여지역"이란 지번을 부여하는 단위지역으로서 동 · 리 또는 이에 준하는 지역을 말한다.

13 지적도면에 등록하는 지목과 부호의 연결이 틀린 것은?
㉮ 과수원－과 ㉯ 목장용지－목
㉰ 주유소용지－유 ㉱ 양어장－양

14 토지소유자가 하여야 하는 신청을 대신할 수 있는 경우가 아닌 것은?
㉮ 공공사업 등에 따라 학교용지의 지목으로 되는 토지인 경우 해당 사업의 시행자
㉯ 민법 제404조에 따른 채권자
㉰ 주택법에 의한 공동주택의 부지인 경우 집합건물의 소유 및 관리에 관한 법률에 의한 관리인
㉱ 국가나 지방자치단체가 취득하는 토지인 경우 해당 토지의 매도인

15 새로 조성된 토지와 지적공부에 등록되어 있지 아니한 토지를 지적공부에 등록하는 것을 무엇이라 하는가?
㉮ 등록전환 ㉯ 지목변경
㉰ 신규등록 ㉱ 축척변경

16 지적전산자료의 이용 · 활용에 대한 승인권자가 아닌 것은?
㉮ 국토교통부장관 ㉯ 국가정보원장
㉰ 시 · 도지사 ㉱ 지적소관청

17 다음 중 측량 · 수로조사 및 지적에 관한 법률의 제정목적에 해당하지 않는 것은?
㉮ 국민의 소유권 보호
㉯ 효과적인 토지이용
㉰ 해상교통의 안전
㉱ 국토의 효율적 관리

18 토지소유자는 신규등록한 토지가 있으면 그 사유가 발생한 날부터 최대 며칠 이내에 신규등록을 신청하여야 하는가?
㉮ 7일 이내 ㉯ 14일 이내
㉰ 30일 이내 ㉱ 60일 이내

19 다음 중 지적공부의 복구자료에 해당하지 않는 것은?

㉮ 측량결과도
㉯ 부동산등기부등본 등 등기사실을 증명하는 서류
㉰ 토지이동정리결의서
㉱ 지적측량신청서

20 지적전산자료를 이용·활용하고자 하는 자의 심사신청을 받은 관계 중앙행정기관의 장이 심사하여야 할 사항에 해당하지 않는 것은?

㉮ 신청내용의 타당성
㉯ 신청내용의 적합성
㉰ 신청내용의 공익성
㉱ 신청내용의 비용성

지적산업기사 기출문제

2013년 제2회

01 경계점좌표등록부에 등록할 사항이 아닌 것은
㉮ 토지의 소재 ㉯ 지목
㉰ 지번 ㉱ 좌표

02 지적소관청이 축척변경을 할 때 축척변경승인 신청서에 첨부하여 제출하여야 할 서류가 아닌 것은?
㉮ 축척변경의 사유
㉯ 지번 등 명세
㉰ 토지의 등기부등본
㉱ 토지소유자의 동의서

03 지적도 및 임야도에 등록하는 지목의 부호가 모두 옳은 것은??
㉮ 하천-하, 제방-제, 구거-구, 공원-공
㉯ 하천-하, 제방-제, 구거-구, 공원-원
㉰ 하천-천, 제방-제, 구거-구, 공원-원
㉱ 하천-천, 제방-제, 구거-구, 공원-공

04 다음 중 등기촉탁의 대상에 해당하지 않는 사유는?
㉮ 하나의 지번부여지역에 서로 다른 축척의 지적도가 있어 그 지역의 축척을 변경한 경우
㉯ 신규등록의 경우
㉰ 바다로 된 토지의 등록말소 신청에 의한 경우
㉱ 지번부여지역의 일부가 행정구역의 개편으로 다른 지번 부여지역에 속하게 되어 지적소 관청이 새로 속하게 된 지번부여지역의 지번을 부여한 경우

05 다음 중 지적측량을 하여야 하는 토지이동사항이 아닌 것은?
㉮ 축척 변경 ㉯ 등록전환
㉰ 분할 ㉱ 합병

06 대한지적공사의 설립등기 사항이 아닌 것은?
㉮ 공고의 방법
㉯ 주된 사무소의 소재지
㉰ 이사 및 감사의 성명과 주소
㉱ 지적기술자의 징계에 관한 사항

07 1필지로 정할 수 있는 기준으로 틀린 것은??
㉮ 지번부여지역의 토지로서 소유자가 같은 토지
㉯ 지번부여지역의 토지로서 지반이 연속된 토지
㉰ 지번부여지역의 토지로서 동일한 방법으로 측량한 토지
㉱ 지번부여지역의 토지로서 용도가 같은 토지

08 지번의 구성 및 부여방법에 관한설명(기준)이 틀린 것은?
㉮ 시·도지사가 지번부여지역별로 북동에서 남서로 지번을 순차적으로 부여한다.
㉯ 지번은 본번과 부번으로 구성하되 본번과 부번 사이에 "-" 표시로 연결하고, 이 경우 "-" 표시는 "의"라고 읽는다.
㉰ 신규등록 및 등록전환의 경우에는 그 지번부여지역에서 인접토지의 본번에 부번을 붙여서 지번을 부여한다.
㉱ 합병의 경우에는 합병 대상 지번 중 선순위의 지번을 그 지번으로 하되, 본번으로 된 지번이 있을 때에는 본번 중 선순위의 지번을 합병 후의 지번으로 한다.

09 신규등록 신청시 지적소관청에 제출하여야 하는 첨부서류가 아닌 것은?
㉮ 법원의 확정판결서 정본 또는 사본
㉯ 공유수면 관리 및 매립에 관한 법률에 따른 준공검사 확인증 사본
㉰ 지적측량성과도
㉱ 소유권을 증명할 수 있는 서류의 사본

10 아래의 밑줄에 해당하지 않는 자는?

정보처리시스템을 통하여 기록 저장된 지적공부(지적도 및 임야도 제외)를 열람하거나 그 등본을 발급받으려는 경우에는 ______에게 신청할 수 있다.

㉮ 국토교통부장관 ㉯ 시장 · 군수
㉰ 구청장 ㉱ 읍 · 면 · 동의 장

11 지적 관련 법률에 따른 "토지의 표시"에 관한 정의에 포함되지 않는 사항은?

㉮ 지번 ㉯ 지목
㉰ 지가 ㉱ 면적

12 지적소관청이 지적공부에 등록된 지번을 변경할 필요가 있다고 인정하여 지번을 새로 부여하는 경우 누구의 승인을 받아야 하는가?

㉮ 대통령 ㉯ 안전행정부장관
㉰ 시 · 도지사 ㉱ 대한지적공사장

13 지적측량업자가 손해배상책임을 보장하기 위하여 가입하여야 하는 보증보험의 금액기준으로 옳은 것은??

㉮ 1억원 이상 ㉯ 5억원 이상
㉰ 10억원 이상 ㉱ 20억원 이상

14 지적공부의 정리 시 붉은색으로 정리하여야 할 사항이 아닌 것은?

㉮ 도곽선 ㉯ 경계
㉰ 말소선 ㉱ 도곽선 수치

15 다음 중 토지대장 및 임야대장의 등록 사항이 아닌 것은?

㉮ 좌표
㉯ 토지의 소재
㉰ 토지의 이동사유
㉱ 개별공시지가와 그 기준일

16 지적도의 축척이 1/600인 지역에서 지적도에 등록할 1필지의 면적을 측정한 값이 $0.45m^2$일 때, 토지대장에 등록할 면적은?

㉮ $0.4m^2$ ㉯ $0.5m^2$ ㉰ $0.6m^2$ ㉱ $1m^2$

17 축척변경위원회의 구성 및 기능에 관한 내용이 틀린 것은?

㉮ 축척변경 시행계획에 관한 사항을 심의 · 의결한다.
㉯ 5명 이상 10명 이하의 위원으로 구성한다.
㉰ 위원의 3분의 1 이상을 토지소유자로 하여야 한다.
㉱ 청산금의 이의신청에 관한 사항을 심의 · 의결한다.

18 다음 중 지적공부의 복구자료에 해당하지 않는 것은?

㉮ 법원의 확정판결서 정본
㉯ 부동산등기부 등본 등 등기사실을 증명하는 서류
㉰ 토지이동정리 결의서
㉱ 지적측량 신청 확인서

19 토지의 합병에 관한 내용으로 틀린 것은?

㉮ 토지의 합병도 토지의 이동이다.
㉯ 토지소유자는 합병하여야 할 토지가 있으면 그 사유가 발생한 날부터 90일 이내에 지적소관청에 신청하여야 한다.
㉰ 합병하려는 토지의 지번부여지역, 지목 또는 소유자가 다른 경우 합병 신청을 할 수 없다.
㉱ 합병하려는 토지의 지적도 및 임야도의 축척이 서로 다른 경우 합병 신청을 할 수 없다.

20 「측량 · 수로조사 및 지적에 관한 법률」은 과거의 어떠한 법이 통합되어 제정된 것인가?

㉮ 「측량기본법」, 「수로조사법」, 「지적법」
㉯ 「측량법」, 「수로업무법」, 「지적법」
㉰ 「측량기본법」, 「해양환경관리법」, 「지적법」
㉱ 「측량법」, 「해양과학조사법」, 「지적법」

지적산업기사 기출문제

2013년 제3회

01 지적측량의 적부심사 등에 관한 설명으로 옳은 것은?

㉮ 지적측량 적부심사청구를 받은 시·도지사는 조사 결과를 15일 이내에 지방지적위원회에 회부하여야 한다.
㉯ 지적측량 적부심사청구를 회부받은 지방지적위원회는 그 심사청구를 회부받은 날부터 60일 이내에 심의·의결하여야 한다.
㉰ 지방지적위원회의 의결에 불복하는 자는 60일 이내에 중앙지적위원회에 재심사를 청구할 수 있다.
㉱ 시·도지사는 의결서를 받은 날부터 15일 이내에 지적 측량 적부심사 청구인에게 그 의결서를 통지하여야 한다.

02 공유지연명부의 등록사항이 아닌 것은?

㉮ 소유자의 성명 또는 명칭
㉯ 토지의 면적
㉰ 토지의 소재
㉱ 소유권 지분

03 지적도면별 사용 축척의 연결이 옳지 않은 것은?

㉮ 지적도 : 1/500, 1/2,400, 1/6,000
㉯ 임야도 : 1/2,400, 1/6,000
㉰ 지적도 : 1/600, 1/1,000, 1/1,200
㉱ 임야도 : 1/3,000, 1/6,000

04 공유수면매립지의 토지 중 제방 등을 편입하여 등록하는 경우 지상 경계를 결정할 때 기준으로 옳은 것은?

㉮ 최대만조위가 되는 선
㉯ 바깥쪽 어깨부분
㉰ 안쪽 어깨부분
㉱ 최대만수위가 되는 선

05 지적측량업자의 업무 범위가 아닌 것은?

㉮ 경계점좌표등록부가 있는 지역에서의 지적측량
㉯ 도시개발사업 등이 끝남에 따라 하는 지적확정측량
㉰ 지적재조사에 관한 특별법에 따른 지적재조사사업에 따라 실시하는 지적확정측량
㉱ 도해지역의 분할측량 결과에 대한 지적성과검사측량

07 지적도에 등록된 경계점의 정밀도를 높이기 위하여 실시하는 것은?

㉮ 경계복원　　㉯ 축척변경
㉰ 신규등록　　㉱ 등록전환

07 지적측량수행자가 시·도지사, 대도시 시장 또는 지적소관청으로부터 측량성과에 대한 검사를 받지 아니하는 지적측량은?

㉮ 신규등록측량　　㉯ 토지분할측량
㉰ 경계복원측량　　㉱ 등록전환측량

08 복구측량이 완료되어 지적공부를 복구하려는 경우 복구하려는 토지의 표시 등을 시·군·구 게시판 및 인터넷 홈페이지에 최소 몇 일 이상 게시하여야 하는가?

㉮ 7일 이상　　㉯ 10일 이상
㉰ 15일 이상　　㉱ 30일 이상

09 토지소유자가 신규등록을 신청할 때에 신규등록 사유를 적은 신청서에 첨부하여야 하는 서류에 해당하지 않는 것은?

㉮ 법원의 확정판결서 정본 또는 사본
㉯ 공유수면 관리 및 매립에 관한 법률에 따른 준공검사확인증 사본
㉰ 소유권을 증명할 수 있는 서류의 사본
㉱ 사업인가서와 지번별 조서

10 지적소관청이 축척변경에 관한 측량을 완료하였을 때에 축척변경 지번별 조서를 작성하는 방법이 옳은 것은?

㉮ 시행공고일 현재의 지적공부상의 면적과 측량 후의 면적을 비교하여 그 변동사항을 표시한 지번별 조서를 작성하여야 한다.

㉯ 축척변경 승인 신청일 현재의 지적공부상의 면적과 완료 신고일 현재의 면적을 비교하여 그 변동사항을 표시한 지번별 조서를 작성하여야 한다.

㉰ 축척변경 측량일 현재의 지적공부상의 면적과 측량일 이전의 면적을 비교하여 그 변동사항을 표시한 지번별 조서를 작성하여야 한다.

㉱ 지적공부 정리일 현재의 지적공부상의 면적과 완료신고일 현재의 면적을 비교하여 그 변동사항을 표시한 지번별 조서를 작성하여야 한다.

11 "주차장" 지목을 지적도에 표기하는 부호로 옳은 것은?

㉮ 주 ㉯ 차 ㉰ 장 ㉱ 주차

12 다음 중 토지이동에 해당하는 것은?

㉮ 신규등록 ㉯ 소유권 변경
㉰ 토지 등급 변경 ㉱ 수확량 등급 변경

13 주된 용도의 토지에 편입하여 1필지로 할 수 없는 경우는?

㉮ 주된 용도의 토지에 접속되어 있으며 다른 용도로 사용되고 있는 토지

㉯ 주된 용도의 토지로 둘러싸인 토지로서 다른 용도로 사용되고 있는 토지

㉰ 주된 용도의 토지의 편의를 위하여 설치된 도로·구거 등의 부지

㉱ 종된 용도의 토지의 지목이 대이거나 종된 용도의 토지면적이 주된 용도의 토지면적의 10%를 초과하는 경우

14 다음 중 결번대장의 등재사항이 아닌 것은?

㉮ 결번된 지번 ㉯ 결번 연월일
㉰ 결번 해지일 ㉱ 결번사유

15 다음 중 지적공부의 복구자료에 해당하지 않는 것은?

㉮ 복제된 지적공부 ㉯ 측량준비도
㉰ 부동산등기부 등본 ㉱ 지적공부의 등본

16 다음 중 지적공부에 해당하지 않는 것은?

㉮ 대지권등록부 ㉯ 공유지연명부
㉰ 일람도 ㉱ 경계점좌표등록부

17 국가가 국가를 위하여 하는 등기로 보는 등기촉탁 사유가 아닌 것은?

㉮ 등록사항정정(직권) ㉯ 축척변경
㉰ 지번변경 ㉱ 신규등록

18 지적공부의 등록사항에 잘못이 있음을 발견하여, 지적소관청이 직권으로 조사·측량하여 정정할 수 없는 경우는?

㉮ 지적공부의 작성 또는 재작성 당시 잘못 정리된 경우

㉯ 지적공부의 등록사항이 잘못 입력된 경우

㉰ 지적도에 등록된 필지의 면적이 감소하고 경계의 위치가 잘못된 경우

㉱ 지적측량성과와 다르게 정리된 경우

19 지적기준점 표지를 파손한 자에 대한 벌칙 기준이 옳은 것은?

㉮ 100만원 이상 300만원 이하의 과태료

㉯ 1년 이하의 징역 또는 1,000만원 이하의 벌금

㉰ 2년 이하의 징역 또는 2,000만원 이하의 벌금

㉱ 3년 이하의 징역 또는 3,000만원 이하의 벌금

20 축척변경위원회에 관한 설명으로 틀린 것은?

㉮ 위원의 2분의 1 이상을 토지 소유자로 하여야 한다.

㉯ 위원장은 위원 중에서 지적소관청이 지명한다.

㉰ 위원은 5명 이상 15명 이하로 구성한다.

㉱ 토지소유자가 5명 이하일 때에는 전원을 위원으로 위촉하여야 한다.

지적산업기사 기출문제

2014년 제1회

01 지적공부의 복구에 관한 관계자료에 해당하지 않는 것은?

㉮ 지적공부의 등본
㉯ 토지이동계획확인서
㉰ 토지이동정리 결의서
㉱ 측량 결과도

02 토지 등의 출입 등에 따라 손실이 발생하였으나, 손실을 보상할 자 또는 손실을 받은 자가 협의가 성립되지 아니한 경우 재결을 신청할 수 있는 기관은?

㉮ 시・도지사
㉯ 국토교통부장관
㉰ 안정행정부장관
㉱ 관할 토지수용위원회

03 지번이 45-1, 48, 50-1, 71인 토지를 합병 하는 경우, 합병 후의 지번으로 옳은 것은? (단, 필지에 건축물이 위치한 경우는 고려하지 않는다.)

㉮ 45-1 ㉯ 48
㉰ 50-1 ㉱ 71

04 다음 중 지목을 도로로 분류할 수 없는 것은?

㉮ 아파트, 공장 등 단일 용도의 일정한 단지 안에 설치된 통로
㉯ 2필지 이상에 진입하는 통로로 이용되는 토지
㉰ 고속도로의 휴게소 부지
㉱ 도로법에 따라 도로로 개설된 토지

05 측량업의 등록을 하려는 자가 신청서에 첨부하여 제출하여야 할 수류가 아닌 것은?

㉮ 보유하고 있는 측량 기술자의 명단
㉯ 보유한 인력에 대한 측량기술 경력증명서
㉰ 보유하고 있는 장비의 명세서
㉱ 등기부등본

06 지적도면의 축척에 해당하지 않는 것은?

㉮ 1/500 ㉯ 1/1,000
㉰ 1/1,500 ㉱ 1/6,000

07 경계점좌표등록부 시행지역의 토지 면적을 측정한 결과가 330.550m^2이었을 때 면적의 결정으로 옳은 것은?

㉮ 330m^2 ㉯ 330.5m^2
㉰ 330.6m^2 ㉱ 331m^2

08 지적측량업자가 손해배상책임을 보장하기 위하여 보증보험에 가입하여야 하는 금액 기준은?

㉮ 1억원 이상 ㉯ 2억원 이상
㉰ 5억원 이상 ㉱ 10억원 이상

09 지적공부에 등록된 토지가 지형의 변화로 바다로 된 경우, 토지소유자는 지적소관청으로부터 등록말소 신청을 하도록 통지를 받은 날부터 최대 며칠 이내에 등록 말소 신청을 하여야 하는가?

㉮ 10일 이내 ㉯ 30일 이내
㉰ 60일 이내 ㉱ 90일 이내

10 (1)과 (2)에 들어갈 수치가 모두 옳은 것은?

> 지적공부 보관상자는 벽으로부터 (1) 이상 띄워야 하며, 높이 (2) 이상의 깔판위에 올려놓아야 한다.

㉮ 10cm, 10cm ㉯ 10cm, 15cm
㉰ 15cm, 10cm ㉱ 15cm, 15cm

11 다음 중 1필지로 정할 수 있는 기준으로 옳지 않은 것은?

㉮ 지번부여지역의 토지로서 소유자와 용도가 같고 지반이 연속된 토지
㉯ 종된 용도의 토지의 지목이 "대"인 경우
㉰ 주된 용도의 토지의 편의를 위하여 설치된 도로, 구거 등의 부지

㉱ 주된 용도의 토지에 접속되거나 주된 용도의 토지로 둘러싸인 토지로서 다른 용도로 사용되고 있는 토지

12 지적도 및 임야도에 등록하는 지목의 부호가 틀린 것은?

㉮ 과수원 → 과　㉯ 공장용지 → 장
㉰ 학교용지 → 교　㉱ 종교용지 → 종

13 면적을 측정하는 경우 도곽선의 길이에 최소 얼마 이상의 신축이 있을 경우 이를 보정하여야 하는가?

㉮ 0.4mm　㉯ 0.5mm
㉰ 0.8mm　㉱ 1.0mm

14 다음 중 "토지의 이동"과 관련이 없는 것은?

㉮ 소유자　㉯ 좌표
㉰ 경계　㉱ 토지의 소재

15 지적측량의 측량기간과 측량검사기간으로 옳은 것은?(단, 지적기준점을 설치하여 측량 또는 측량검사를 하는 경우는 고려하지 않는다.)

㉮ 측량기간 15일, 측량검사기간 10일
㉯ 측량기간 10일, 측량검사기간 7일
㉰ 측량기간 7일, 측량검사기간 5일
㉱ 측량기간 5일, 측량검사기간 4일

16 다음 중 지적측량을 하여야 하는 대상이 아닌 것은?

㉮ 토지의 지목을 변경하는 경우
㉯ 토지를 신규등록하는 경우
㉰ 지적 기준점을 정하는 경우
㉱ 경계점을 지상에 복원하는 경우

17 경계점좌표등록부의 등록사항에 해당하지 않는 것은?

㉮ 토지의 소재　㉯ 토지의 고유번호
㉰ 지적도면의 번호　㉱ 대지권 비율

18 토지대장의 등록사항에 해당하지 않는 것은?

㉮ 좌표　㉯ 토지의 소재
㉰ 면적　㉱ 지번, 지목

19 축척변경위원회의 심의, 의결사항에 해당하지 않는 것은?

㉮ 축척변경 시행계획에 관한 사항
㉯ 측량성과 검사에 관한 사항
㉰ 지번별 제곱미터당 금액의 결정과 청산금의 산정에 관한 사항
㉱ 청산금의 이의신청에 관한 사항

20 지적소관청이 해당소유자에게 지적정리 등의 통지를 하여야 하는 경우가 아닌 것은?

㉮ 지적소관청이 지적공부를 복구하는 경우
㉯ 지적소관청이 지번부여지역의 전부 또는 일부에 대하여 지번을 새로 부여한 경우
㉰ 지적소관청이 측량성과를 검사하는 경우
㉱ 지적소관청이 직권으로 조사, 측량하여 지적공부의 등록사항을 결정하는 경우

지적산업기사 기출문제

2014년 제2회

01 지적도와 임야도의 등록사항으로 옳지 않은 것은?

㉮ 도곽선 수치 ㉯ 토지의 소재
㉰ 지번과 지목 ㉱ 경계점좌표

02 다음 중 토지대장에 등록한 면적의 표기로서 틀린 것은?

㉮ $234.5m^2$ ㉯ $234.0m^2$
㉰ $234m^2$ ㉱ $234.05m^2$

03 축척변경에 따른 청산금 납부고지 또는 수령통지 시기는?

㉮ 축척변경확정공고한 날부터 30일 이내
㉯ 축척변경승인 때부터 30일 이내
㉰ 청산금의 결정을 공고한 날부터 20일 이내
㉱ 청산금의 이의신청이 있는 날부터 20일 이내

04 지적공부가 멸실된 경우 현행 측량 · 수로조사 및 지적에 관한 법률상 복구에 대한 설명으로 적합하지 않는 것은?

㉮ 소유자에 관한 사항은 지적소관청에서 조사하여 복구한다.
㉯ 지적공부의 복구자료로 측량결과도를 활용할 수 있다.
㉰ 토지이동정리결의서는 복구를 위한 자료로 활용된다.
㉱ 복구하고자 하는 토지표시는 시 · 군 · 구 게시판 및 인터넷 홈페이지에 15일 이상 개시해야 한다.

05 토지에 대해 합병신청을 할 수 없는 경우에 해당하는 것은?

㉮ 합병하고자 하는 각 필지의 지반이 연속되어 있는 경우
㉯ 합병하고자 하는 각 필지의 지적도 및 임야도의 축척이 서로 다른 경우
㉰ 합병하고자 하는 토지의 소유자가 동일한 경우
㉱ 합병하고자 하는 각 필지의 지목이 동일한 경우

06 유적, 고적, 기념물 등의 보존용 토지를 사적지로 보지 않는 경우로 틀린 것은?

㉮ 잡종지 구역 안에 있는 경우
㉯ 학교용지 구역 안에 있는 경우
㉰ 종교용지 구역 안에 있는 경우
㉱ 공원 구역 안에 있는 경우

07 사업시행자가 토지이동에 관하여 대위신청을 할 수 있는 토지의 지목이 아닌 것은?

㉮ 수도용지, 학교용지 ㉯ 철도용지, 하천
㉰ 과수원, 유원지 ㉱ 유지, 제방

08 공유수면 매립으로 신규등록을 할 경우 지번 부여방법으로 틀린 것은?

㉮ 인접토지의 본번에 부번을 붙여서 지번을 부여한다.
㉯ 종전 지번의 수에서 결번을 찾아서 새로이 부여한다.
㉰ 신규등록 토지가 여러 필지로 되어 있는 경우는 최종 본번 다음 번호로 부여한다.
㉱ 최종 지번의 토지에 인접되어 있는 경우는 최종 본번 다음 번호로 부여한다.

09 대장의 고유번호 중 폐쇄된 임야대장은 몇 번으로 표기되는가?

㉮ 6 ㉯ 7 ㉰ 8 ㉱ 9

10 지적공부에 등록하는 경계(境界)의 결정권자는 누구인가?

㉮ 국토교통부장관 ㉯ 안전행정부장관
㉰ 지적소관청 ㉱ 시 · 도지사

11 토지의 지목을 지적도에 정리할 때 지목과 부호의 연결이 바른 것은?

㉮ 공장용지 → 공 ㉯ 하천 → 하
㉰ 사적지 → 적 ㉱ 과수원 → 과

12 도시계획구역의 토지를 그 지방자치단체의 명의로 등록할 경우 기획재정부장관과 협의한 문서의 사본이 필요한 토지이동 신청으로 옳은 것은?

㉮ 신규등록신청 ㉯ 축척변경신청
㉰ 토지분할신청 ㉱ 등록전환신청

13 지적공부에 해당하지 않는 것은?

㉮ 측량 성과도 ㉯ 토지대장
㉰ 임야도 ㉱ 임야대장

14 다음 중 지적측량수행자의 성실의무에 관한 설명으로 옳지 않은 것은?

㉮ 정당한 사유없이 지적측량 신청을 거부하여서는 아니된다.
㉯ 배우자 이외에 직계 존속·비속이 소유한 토지에 대한 지적측량을 할 수 있다.
㉰ 지적측량 수수료 외에는 어떠한 명목으로도 그 업무와 관련한 대가를 받으면 아니된다.
㉱ 지적측량수행자는 신의와 성실로 공정하게 지적측량을 하여야 한다.

15 다음 중 토지를 지적공부에 1필지로 등록하는 기준으로 옳은 것은?

㉮ 지번부여지역의 토지로서 용도와 관계없이 소유자가 동일하면 1필지로 등록할 수 있다.
㉯ 지번부여지역의 토지로서 소유자와 용도가 같고 지반이 연속된 토지는 1필지로 등록할 수 있다.
㉰ 행정구역을 달리할지라도 지목과 소유자가 동일하면 1필지로 등록된다.
㉱ 종된 용도의 토지면적이 100제곱미터를 초과하면 1필지로 등록된다.

16 다음 중 지목을 잡종지로 하여야 하는 것으로만 나열된 것은?

㉮ 공동우물, 수영장 ㉯ 비행장, 야외시장
㉰ 정수시설, 토취장 ㉱ 화장장, 골프장

17 지적공부의 등록사항 중 토지소유자에 관한 사항을 정정할 경우 다음 중 어느 것을 근거로 정정하여야 하는가?

㉮ 등기사항증명서 ㉯ 매매 계약서
㉰ 토지 대장 ㉱ 등기 신청서

18 다음 중 축척변경의 확정 공고 시에 포함하여야 할 사항이 아닌 것은?

㉮ 토지의 소재 ㉯ 지적도의 축척
㉰ 청산금 조서 ㉱ 경계점좌표

19 다음 중에서 경계나 면적을 새로 결정하지 않아도 되는 것은?

㉮ 토지를 신규로 등록하는 때
㉯ 등록전환을 하는 때
㉰ 경계를 정정하는 때
㉱ 지목변경을 하는 때

20 축척변경의 목정으로 적합한 것은?

㉮ 등록전환 ㉯ 정밀도 제고
㉰ 행정구역 변경 ㉱ 소유권 보호

지적산업기사 기출문제

2014년 제3회

01 지적공부의 복구자료로 활용할 수 없는 것은?

㉮ 측량 결과도
㉯ 지적공부의 등본
㉰ 토지이동정리 결의서
㉱ 매매 계약서

02 지적소관청은 지번에 결번이 생긴 때 그 사유를 어디에 적어 영구히 보존하여야 하는가?

㉮ 결번대장 ㉯ 토지대장
㉰ 집계부 ㉱ 지적공부정리결의서

03 지적측량 적부심사청구를 받은 시·도지사가 지방지적 위원회에 회부할 때 조사하여야 하는 사항이 아닌 것은?

㉮ 지적측량자의 의견서
㉯ 다툼이 되는 지적 측량의 경위 및 그 성과
㉰ 해당 토지에 대한 토지이동 및 소유권 변동 연혁
㉱ 해당 토지 주변의 측량기준점, 경계, 주요 구조물 등 현황 실측도

04 사용자권한 등록관리청에 해당하지 않는 것은?

㉮ 국토교통부장관 ㉯ 지적소관청
㉰ 시·도지사 ㉱ 대한지적공사장

05 보증보험에 가입한 지적측량 수행자가 보증 보험기간의 만료로 인하여 다시 보증보험에 가입하려는 경우 그 기준은?

㉮ 그 보증기간 만료일까지 가입하여야 한다.
㉯ 그 보증기간 만료일 30일 전까지 가입하여야 한다.
㉰ 그 보증기간 만료일 후 30일 이내에 가입하여야 한다.
㉱ 그 보증기간 만료일 전후 10일 이내에 가입하여야 한다.

06 지적공부의 보존 등에 관한 설명으로 틀린 것은?

㉮ 지적소관청은 해당 청사에 지적소고를 설치하고 지적공부를 영구히 보존하여야 한다.
㉯ 천재지변이나 그 밖에 준하는 재난을 피하기 위하여 필요한 경우 해당 청사 밖으로 지적공부를 반출할 수 있다.
㉰ 지적서고의 설치기준, 지적공부의 보관방법 및 반출승인절차 등에 필요한 사항은 지적소관청이 정한다.
㉱ 국토교통부장관은 보존하여야 하는 지적공부가 멸실될 경우를 대비하여 지적공부를 복제하여 관리하는 시스템을 구축하여야 한다.

07 축척변경에 따른 청산금 산출 시 지적소관청은 언제를 기준으로 그 축척변경 시행지역의 토지에 대한 지번별 제곱미터당 금액을 미리 조사하여야 하는가?

㉮ 형질변경 조서작성 완료일 현재
㉯ 축척변경 시행공고일 현재
㉰ 축척변경 측량완료일 현재
㉱ 경계점표지 설치일 현재

08 지적소관청의 등기촉탁 대상이 아닌 것은?

㉮ 신규등록
㉯ 지번변경
㉰ 축척변경
㉱ 바다로 된 토지의 등록말소

09 지적소관청이 지적공부의 등록사항에 잘못이 있는지를 직권으로 조사·측량하여 정정할 수 없는 경우는?

㉮ 지적공부의 등록사항이 잘못 입력된 경우
㉯ 지적공부의 작성 또는 재작성 당시 잘못 정리된 경우

㉰ 임야도에 등록된 필지의 면적이 증가하고 경계의 위치가 잘못된 경우
㉱ 토지이동정리 결의서의 내용과 다르게 정리된 경우

10 다음 중 합병 신청을 할 수 있는 것은?

㉮ 합병하려는 토지가 축척변경을 시행하고 있는 지역의 토지와 그 지역 밖의 토지인 경우
㉯ 합병하려는 각 필지의 지반이 연속되지 아니한 경우
㉰ 합병하려는 토지의 지적도 및 임야도의 축척이 서로 다른 경우
㉱ 합병하려는 토지의 소유 형태가 공동소유인 경우

11 지적소관청에서 1필지에 대한 경계점좌표등록부의 열람신청과 등본 발급 신청 시 납부해야 할 수수료는?

㉮ 열람 : 200원, 등본발급 : 300원
㉯ 열람 : 300원, 등본발급 : 500원
㉰ 열람 : 500원, 등본발급 : 700원
㉱ 열람 : 무료, 등본발급 : 무료

12 등록전환에 대한 설명으로 옳은 것은?

㉮ 미등록된 토지를 토지대장에 등록하는 것
㉯ 임야대장에 등록된 토지를 토지대장으로 옮겨 등록하는 것
㉰ 축척 1,200분의 1을 축척 600분의 1로 바꾸어 등록하는 것
㉱ 지적도에 등록된 토지가 형질변경으로 인하여 다른 지목으로 변경되는 것

13 주된 용도의 토지에 편입하여 1필지로 할 수 있는 경우는?

㉮ 주된 용도의 토지의 편의를 위하여 설치된 구거 부지
㉯ 종된 용도의 토지의 지목이 "대"인 경우
㉰ 주된 용도의 토지면적의 10%를 초과하는 종된 토지
㉱ 종된 용도의 토지 면적이 330m^{2}를 초과한 경우

14 지적측량업의 영업 정지대상이 되는 위반행위가 아닌 것은?

㉮ 고의 또는 과실로 측량을 부정확하게 한 경우
㉯ 정당한 사유없이 측량업의 등록을 한 날부터 계속하여 1년 이상 휴업한 경우
㉰ 지적측량업자가 법에서 규정한 업무 범위를 위반하여 지적측량을 한 경우
㉱ 거짓이나 그 밖의 부정한 방법으로 지적측량업의 등록을 한 경우

15 중앙지적위원회의 위원장 및 부위원장을 제외한 위원의 임기는?

㉮ 1년 ㉯ 2년 ㉰ 3년 ㉱ 4년

16 지적공부에 해당하지 않는 것은?

㉮ 지적도 ㉯ 일마도
㉰ 공유지연명부 ㉱ 임야도

17 대지권 등록부에 등록하여야 할 사항이 아닌 것은?

㉮ 토지의 소재 ㉯ 지번
㉰ 지목 ㉱ 대지권의 비율

18 지목의 설정에 대한 내용으로 틀린 것은?

㉮ 영구적 건축물 중 자동차운전학원의 부지는 "잡종지"로 한다.
㉯ 교통운수를 위하여 일정한 궤도 설비와 형태를 갖추어 이용되는 역사(驛舍)의 부지는 "대"로 한다.
㉰ 일반 공중의 위락, 휴양 등에 적합한 시설물을 종합적으로 갖춘 어린이 놀이터는 "유원지"로 한다.
㉱ 육상에 인공으로 조성된 수산생물의 번식 또는 양식을 위한 시설을 갖춘 부지는 "양어장"으로 한다.

19 토지의 이동에 해당하지 않는 것은?

㉮ 지목변경 ㉯ 신규등록
㉰ 소유자변경 ㉱ 등록사항 정정

20 측량수로조사 및 지적에 관한 법률상 지목의 종류가 아닌 것은?

㉮ 목장용지 ㉯ 학교용지
㉰ 주유소용지 ㉱ 운동장

지적산업기사 기출문제

2015년 제1회

01 다음 중 축척변경에 따른 청산금 산정에 대한 설명이 옳지 않은 것은?

㉮ 지적소관청은 축척변경에 관한 측량을 한 결과 측량 전에 비하여 면적의 증감이 있는 경우에는 그 증감면적에 대하여 청산을 하여야 한다.

㉯ 토지소유자 전원이 청산하지 아니하기로 합의하여 서면을 제출한 경우에도 지적소관청은 축척변경에 따른 증감면적에 대하여 청산을 하여야 한다.

㉰ 지적소관청이 축척변경에 따른 증감면적에 대하여 청산하는 경우 축척변경위원회의 의결을 거쳐 지번별 제곱미터당 금액을 정하여야 한다.

㉱ 지적소관청은 청산금을 산정하였을 때에는 창산금조서를 작성하고, 청산금이 결정되었다는 뜻을 15일 이상 공고하여 일반인이 열람할 수 있게 하여야 한다.

02 지적공부의 등록을 말소시켜야 하는 경우는?

㉮ 홍수로 인하여 하천이 범람하여 토지가 매몰된 경우

㉯ 토지가 지형의 변화 등으로 바다로 된 경우로서 원상회복이 불가능한 경우

㉰ 토지에 형질변경의 사유가 생길 경우

㉱ 대규모 화재로 건물이 전소한 경우

03 과수원으로 이용되고 있는 1000m^2 면적의 토지에 지목이 대(垈)인 30m^2 면적의 토지가 포함되어 있을 경우 필지의 결정 방법으로 옳은 것은? (단, 토지의 소유자는 동일하다)

㉮ 종된 용도의 토지 면적이 주된 용도의 토지면적의 10% 미만이므로 전체를 1필지로 한다.

㉯ 종된 용도의 토지의 지목이 대(垈)이므로 1필지로 할 수 없다.

㉰ 지목이 대(垈)인 토지의 지가가 더 높으므로 전체를 1필지로 한다.

㉱ 1필지로 하거나 필지를 달리하여도 무방하다.

04 다음 중 현행 측량·수로조사 및 지적에 관한 법령에서 구분하고 있는 28개의 지목에 해당되는 것은?

㉮ 나대지 ㉯ 납골용지
㉰ 양어장 ㉱ 선하지

05 토지 및 임야대장의 등록사항으로 틀린 것은?

㉮ 토지의 소재 ㉯ 소유자의 주소
㉰ 도곽선과 그 수치 ㉱ 지번과 지목

06 다음 중 도면번호가 등록되지 않는 장부는?

㉮ 일람도 ㉯ 지번색인표
㉰ 공유지연명부 ㉱ 경계점좌표등록부

07 다음 중 지목과 지적도면에 등록하는 부호의 연결이 옳지 않은 것은?

㉮ 주차장 – 주 ㉯ 공장용지 – 장
㉰ 수도용지 – 수 ㉱ 창고용지 – 창

08 ㉠과 ㉡에 들어갈 내용이 모두 옳은 것은?

경계점좌표등록부를 갖춰 두는 지역에 있는 각 필지의 경계점을 측정할 때, 각 필지의 경계점 측점번호는 (㉠)부터 (㉡)으로 경계를 따라 일련번호를 부여한다.

㉮ ㉠ 왼쪽 위에서 ㉡ 오른쪽

㉯ ㉠ 왼쪽 아래에서 ㉡ 오른쪽

㉰ ㉠ 오른쪽 위에서 ㉡ 왼쪽

㉱ ㉠ 오른쪽 아래에서 ㉡ 왼쪽

09 다음 중 수수료를 납부해야 하는 경우로 옳지 않은 것은?

㉮ 지적공부의 등본 발급을 신청할 때

㉯ 지적전산자료의 이용을 신청할 때
㉰ 지적측량을 의뢰할 때
㉱ 측량을 위한 타인 토지 출입 허가증 발급을 신청할 때

10 도시개발사업 등의 신고에 관한 설명 중 옳지 않은 것은?
㉮ 시행자는 사업의 착수·변경 및 완료사실을 지적소관청에 신고하여야 한다.
㉯ 사업의 착수신고는 그 신고사유가 발행한 날로부터 15일 이내에 하여야 한다.
㉰ 사업의 완료신고는 그 신고사유가 발생한 날로부터 30일 이내에 하여야 한다.
㉱ 사업의 착수신고서에는 반드시 사업계획도가 첨부되어야 한다.

11 지목의 결정에 대한 설명으로 옳지 않은 것은?
㉮ 지목의 결정 자체는 행정 처분이다.
㉯ 지목의 결정은 지적소관청에서 한다.
㉰ 지목은 토지의 주된 용도에 따라 결정한다.
㉱ 지목은 토지 소유자의 신청이 있어야만 결정한다.

12 1필지의 일부가 형질변경 등으로 용도가 변경되어 토지소유자가 소관청에 분할을 신청하는 경우 함께 제출할 신청서로서 옳은 것은?
㉮ 신규등록 신청서 ㉯ 지목변경 신청서
㉰ 토지합병 신청서 ㉱ 용도전용 신청서

13 다음 중 지번부여지역의 정의로서 옳은 것은?
㉮ 지번을 부여하는 단위지역으로서 동·리 또는 이에 준하는 지역
㉯ 지번을 부여하는 단위지역으로서 읍·면 또는 이에 준하는 지역
㉰ 지번을 부여하는 단위지역으로서 시·군 또는 이에 준하는 지역
㉱ 지번을 부여하는 단위지역으로서 시·도 또는 이에 준하는 지역

14 다음 중 새로 조성된 토지와 지적공부에 등록되어 있지 아니한 토지를 지적공부에 등록하는 것을 무엇이라고 하는가?
㉮ 등록전환 ㉯ 신규등록
㉰ 지목변경 ㉱ 축척변경

15 시·군·구(자치구가 아닌 구를 포함한다)단위의 지적전산 자료를 활용하려는 자는 누구의 승인을 받아야 하는가?
㉮ 국가정보원장 ㉯ 행정자치부장관
㉰ 시·도지사 ㉱ 지적소관청

16 지적소관청이 관할등기소에 토지의 표시 변경에 관한 등기를 할 필요가 있는 사유가 아닌 것은?
㉮ 지적공부를 관리하기 위하여 필요하다고 인정되어 지적소관청이 직권으로 일정한 지역을 정하여 그 지역의 축척을 변경한 경우
㉯ 지적소관청이 지적공부의 등록사항에 잘못이 있음을 발견하여 이를 직권으로 조사·측량하여 정정한 경우
㉰ 지번부여지역의 일부가 행정구역의 개편으로 다른 지번부여지역에 속하게 되어 지적소관청이 새로 속하게 된 지번부여지역의 지번을 부여한 경우
㉱ 토지소유자의 신청을 받아 지적소관청이 신규등록한 경우

17 축척변경에 관하여 도지사의 승인을 얻은 후 지체 없이 공고해야 할 사항이 아닌 것은?
㉮ 축척변경의 시행에 관한 세부계획
㉯ 축척변경의 시행에 따른 청산방법
㉰ 도곽선과 그 수치
㉱ 축척변경의 시행에 따른 이의신청 방법에 관한 사항

18 다음 중 토지의 합병신청을 할 수 있는 것은?
㉮ 소유자의 주소가 서로 다른 경우
㉯ 소유자별 공유지분이 서로 다른 토지
㉰ 각 필지의 지적도의 축척이 서로 다른 경우
㉱ 주택법에 의한 공동주택의 부지

19 다음 중 중앙지적위원회의 위원을 임명하거나 위촉하는 자는?

㉮ 대한지적공사장 ㉯ 행정자치부장관
㉰ 국토지리정보원장 ㉱ 국토교통부장관

20 다음 중 지적도의 축척에 해당하지 않는 것은?

㉮ 1/500 ㉯ 1/1200
㉰ 1/2500 ㉱ 1/3000

지적산업기사 기출문제

2015년 제2회

01 지적도에 기재하는 지목부호 "유"와 "장"은 어떤 지목인가?

㉮ 유원지와 목장용지 ㉯ 유원지와 공장용지
㉰ 유지와 공장용지 ㉱ 유지와 목장용지

02 1필지로 정할 수 있는 기준에 적합하지 않는 것은?

㉮ 소유자와 용도가 동일하고 지반이 연속된 토지
㉯ 종된 용도의 토지의 면적이 주된 용도의 토지면적의 10퍼센트 미만인 토지
㉰ 주된 용도의 토지의 편의를 위하여 설치된 도로·구거 등의 부지
㉱ 종된 용도의 토지의 지목이 "대"인 토지

03 다음 중 일람도를 작성하는 축척 기준으로 옳은 것은? (단, 도면의 장수가 많아서 1장에 작성할 수 없는 경우는 고려하지 않는다.)

㉮ 도면축척의 2분의 1
㉯ 도면축척의 5분의 1
㉰ 도면축척의 10분의 1
㉱ 도면축척의 20분의 1

04 다음 중 합병의 금지사유가 아닌 것은?

㉮ 합병하려는 토지의 지목이 서로 다른 경우
㉯ 합병하려는 토지의 지적도 및 임야도의 축척이 서로 다른 경우
㉰ 합병하려는 각 필지의 지반이 연속되지 아니한 경우
㉱ 합병하려는 각 필지의 토지가 등기된 토지인 경우

05 다음 중 대한지적공사의 사업에 해당하지 않는 것은?

㉮ 지적측량
㉯ 지적재조사사업
㉰ 지적측량 교육 지원사업
㉱ 지적측량성과의 검사

06 지적공부의 등록사항 중 모든 지적공부에 공통으로 등록되는 사항으로 맞는 것은?

㉮ 지목 ㉯ 지분
㉰ 토지소유자 ㉱ 지번

07 다음 중 지번을 순차적으로 부여하여야 하는 방향 기준으로 옳은 것은?

㉮ 북동→남서 ㉯ 북서→남동
㉰ 남동→북서 ㉱ 남서→북동

08 다음 중 지적공부 등록을 말소할 수 있는 사항은?

㉮ 하천으로 된 토지 ㉯ 바다로 된 토지
㉰ 등록전환 ㉱ 행정구역의 통·폐합

09 축척변경 시행공고 시 기재해야할 사항이 아닌 것은?

㉮ 축척변경의 변경절차 및 면적결정방법
㉯ 축척변경의 시행에 따른 청산방법
㉰ 축척변경의 시행에 관한 세부계획
㉱ 축척변경의 목적, 시행지역 및 시행기간

10 다음 중 지적측량업의 등록기준으로 옳지 않은 것은?

㉮ 토탈스테이션 1대 이상
㉯ 출력장치 1대 이상
㉰ 초급기술자 2명 이상
㉱ 고급기술자 2명 이상

11 다음 중 지목이 "체육용지"가 아닌 것은?

㉮ 경마장 ㉯ 경륜장
㉰ 승마장 ㉱ 스키장

12 측량 · 수로조사 및 지적에 관한 법률에 따른 용어의 정의가 틀린 것은?

㉮ '토지의 이동'이란 토지의 표시를 새로 정하거나 변경 또는 말소하는 것을 말한다.
㉯ '지목'이란 토지의 주된 용도에 따라 토지의 종류를 구분하여 지적공부에 등록한 것을 말한다.
㉰ '등록전환'이란 임야대장 및 임야도에 등록된 토지를 토지대장 및 지적도에 옮겨 등록하는 것을 말한다.
㉱ '지번설정지역'이란 지번을 설정하는 단위지역으로서 동 · 리 또는 이에 준하는 행정동 단위의 지역을 말한다.

13 지적전산자료의 이용 · 활용에 대한 승인권자가 아닌 자는?

㉮ 국토 교통부장관 ㉯ 국가정보원장
㉰ 시 · 도지사 ㉱ 지적소관청

14 축척변경에 대한 확정공고의 시기로 옳은 것은?

㉮ 공사완료시
㉯ 청산금의 납부 및 지급의 완료시
㉰ 축척변경 등기촉탁 완료시
㉱ 청산금 징수 공고시

15 지적공부의 복구자료가 될 수 없는 것은?

㉮ 측량결과도
㉯ 대학지적공사 발행 지적도 사본
㉰ 지적공부 등본
㉱ 토지이동정리 결의서

16 지목 부호는 다음의 지적공부 중 어디에 표기하는가?

㉮ 토지대장 ㉯ 임야대장
㉰ 지적도 ㉱ 경계점좌표등록부

17 지적공부를 복구하려는 경우에는 복구하려는 토지의 표시 등을 시 · 군 · 구 게시판 및 인터넷 홈페이지에 몇 일 이상 게시하여야 하는가?

㉮ 15일 이상 ㉯ 20일 이상
㉰ 25일 이상 ㉱ 30일 이상

18 지적 관련 법령에 따른 지목설정의 원칙이 아닌 것은?

㉮ 임시적 변경 불변의 원칙
㉯ 1필지1지목의 원칙
㉰ 주지목추종의 원칙
㉱ 자연지목의 원칙

19 다음 중 공유지연명부의 등록사항으로 틀린 것은?

㉮ 토지의 소재 ㉯ 지번
㉰ 소유권 지분 ㉱ 대지권 비율

20 다음 중 지적공부를 청사 밖으로 반출할 수 없는 경우는?

㉮ 지적측량검사를 위하여 필요한 경우
㉯ 천재지변을 피하기 위하여 필요한 경우
㉰ 관할 시 · 도지사의 승인을 받은 경우
㉱ 화재로 지적공부의 소실 우려가 있는 경우

지적기사 기출문제

2013년도 제1회

01 토지 등기기록의 표제부에 기록하는 사항이 아닌 것은?

㉮ 표시번호 ㉯ 소재와 지번
㉰ 등기원인 ㉱ 도면의 번호

02 축척변경에 따른 청산금의 납부고지 등에 관한 설명으로 옳은 것은?

㉮ 지적소관청은 청산금의 결정을 공고한 날부터 1개월 이내에 토지소유자에게 납부고지를 하여야 한다.
㉯ 청산금의 납부고지를 받은 자는 그 고지를 받은 날부터 3개월 이내에 청산금을 지적소관청에 내야 한다.
㉰ 지적소관청은 청산금의 수령통지를 한 날부터 3개월 이내에 청산금을 지급하여야 한다.
㉱ 지적소관청은 청산금의 결정을 공고한 날부터 1개월 이내에 토지소유자에게 수령통지를 하여야 한다.

03 특별시 · 광역시 · 특별자치시 · 특별자치도시 또는 군의 개발 · 정비 및 보전을 위하여 수립하는 도시 · 군관리계획에 포함되지 않는 것은?

㉮ 도시계획사업이나 정비 사업에 관한 계획
㉯ 기반시설의 설치 · 정비 또는 개량에 관한 계획
㉰ 기본적인 공간구조와 장기적인 발전 방향에 관한 계획
㉱ 용도지역 · 용도지구의 지정 또는 변경에 관한 계획

04 경계점좌표등록부의 등록사항이 아닌 것은?

㉮ 토지의 고유번호
㉯ 지적도면의 번호
㉰ 부호 및 부호도
㉱ 도면별 경계점좌표등록부의 장번호

05 축척변경 시행지역의 토지소유자가 5명 이하인 경우 토지소유자 중 위원으로 위촉하여야 하는 기준은?

㉮ 토지소유자 전원
㉯ 0명
㉰ 토지소유자 대표 1명
㉱ 무작위 선정

06 지적측량수행자가 지적측량의뢰를 받은 경우 지적측량수행계획서에 기재하는 사항이 아닌 것은?

㉮ 측량일자 ㉯ 측량수수료
㉰ 측량방법 ㉱ 측량기간

07 지적공부 등록사항에 대한 정정을 신청할 때 경계 또는 면적의 변경을 가져오는 경우 지적소관청에 제출해야 할 서류는?

㉮ 등록사항정정 측량성과도
㉯ 확정판결서 사본
㉰ 이해관계인 2인 이상의 신청서
㉱ 신청당시의 부동산등기부등본

08 지적서고의 연중 평균습도 기준이 옳은 것은?

㉮ 20±5퍼센트 ㉯ 30±5퍼센트
㉰ 50±5퍼센트 ㉱ 65±5퍼센트

09 국토의 계획 및 이용에 관한 법률상 도시 · 군관리계획의 결정은 언제를 기준으로 그 효력이 발생하는가?

㉮ 도시 · 군관리계획의 결정을 고시한 날부터
㉯ 도시 · 군관리계획의 결정고시가 된 날의 다음 날
㉰ 도시 · 군관리계획의 결정고시가 된 날부터 3일 후
㉱ 도시 · 군관리계획의 결정고시가 된 날부터 5일 후

10 다음 중 부동산등기법상 미등기의 토지에 관한 소유권 보존등기를 신청할 수 없는 자는?

㉮ 토지대장에 최초의 소유자로 등록되어 있는 자
㉯ 수용으로 인하여 소유권을 취득하였음을 증명하는 자
㉰ 확정판결에 의하여 자기의 소유권을 증명하는 자
㉱ 구청장 또는 면장의 서면에 의하여 자기의 소유권을 증명하는 자

11 국토의 계획 및 이용에 관한 법률에 따른 국토의 용도지역 구분에 해당하지 않은 것은?

㉮ 자연환경보전지역 ㉯ 준도시지역
㉰ 농림지역 ㉱ 관리지역

12 다음 중 지적측량업 등록의 결격사유에 해당되지 않은 것은?

㉮ 금치산자 또는 한정치산자
㉯ 국가보안법 또는 형법의 관련규정을 위반하여 금고이상의 실형을 선고 받고 그 집행이 끝나거나 집행이 면제된 날부터 2년이 지나지 아니한 자
㉰ 지적측량업의 등록이 취소된 후 2년이 지나지 아니한 자
㉱ 파산자로서 복권되지 아니한 자

13 지적소관청이 관리하는 지적기준점표지가 멸실되거나 훼손되었을 때에는 누가 이를 다시 설치하거나 보수하여야 하는가?

㉮ 국토지리정보원장 ㉯ 지적소관청
㉰ 시·도지사 ㉱ 국토교통부장관

14 국토의 계획 및 이용에 관한 법률에 따라 지적에 표시된 지형도에 도시·군관리계획 사항을 명시한 도면을 작성하는 축척기준으로 옳은 것은?(단, 녹지지역의 경우는 고려하지 않는다.)

㉮ 1/500, 1/1,500 ㉯ 1/1,000, 1/5,000
㉰ 1/5,000, 1/10,000 ㉱ 1/25,000, 1/50,000

15 거짓으로 분할신청을 한 경우 벌칙기준이 옳은 것은?

㉮ 300만 원 이하의 과태료
㉯ 1년 이하의 징역 또는 1,000만 원 이하의 벌금
㉰ 2년 이하의 징역 또는 2,000만 원 이하의 벌금
㉱ 3년 이하의 징역 또는 3,000만 원 이하의 벌금

16 지적전산자료를 이용하거나 활용하려는 자로부터 심사신청을 받은 관계 중앙행정기관의 장이 심사하여야 할 사항에 해당하지 않는 것은?

㉮ 신청인의 지적전산자료 활용능력
㉯ 신청 내용의 타당성·적합성·공익성
㉰ 개인의 사생활 침해 여부
㉱ 자료의 목적 외 사용방지 및 안전관리대책

17 지적소관청이 토지의 표시변경에 관한 등기를 촉탁하는 사유가 아닌 것은?

㉮ 축척변경 ㉯ 신규등록
㉰ 등록사항정정 ㉱ 지번변경

18 다음 설명 중 틀린 것은?

㉮ 국토교통부장관은 모든 토지에 대하여 필지별로 소재·지번·지목·면적·경계 또는 좌표 등을 조사·측량하여 지적공부에 등록하여야 한다.
㉯ 지적공부에 등록하는 지번·지목·면적·경계 또는 좌표는 토지의 이동이 있을 때 토지소유자(법인이 아닌 사단이나 재단의 경우에는 그 대표자나 관리인)의 신청을 받아 지적소관청이 결정한다.
㉰ 토지의 소재와 지번은 토지대장과 임야대장에 공통적으로 등록되는 사항이다.
㉱ 지적소관청은 지적공부에 등록된 지번을 변경할 필요가 있다고 인정하면 국토교통부장관의 승인을 받아 지번부여지역의 전부 또는 일부에 대하여 지번을 새로 부여할 수 있다.

19 지적측량업자의 업무범위에 해당되지 않은 것은?

㉮ 지적측량성과 검사측량
㉯ 지적재조사에 관한 특별법에 따른 지적재조사사업에 따라 실시하는 지적확정측량
㉰ 도시개발사업 등이 끝남에 따라 하는 지적확정측량
㉱ 경계점좌표등록부가 있는 지역에서의 지적측량

20 등록사항의 정정에 관한 설명으로 틀린 것은?

㉮ 토지소유자에 관한 사항을 정정하는 경우에는 주민등록등본 초본 및 가족관계 기록사항에 관한 증명서에 따라 정정하여야 한다.
㉯ 미등기 토지에 대하여 토지소유자의 설명 또는 명칭, 주민등록번호, 주소 등이 명확히 잘못된 경우에는 가족관계 기록사항에 관한 증명서에 따라 정정하여야 한다.
㉰ 토지소유자는 지적공부의 등록사항에 잘못이 있음을 발견하면 지적소관청에 그 정정을 신청할 수 있다.
㉱ 지적공부의 등록사항 중 경계나 면적 등 측량을 수반하는 토지의 표시가 잘못된 경우에는 지적소관청은 그 정정이 완료될 때까지 지적측량을 정지시킬 수 있다.

지적기사 기출문제

2013년도 제2회

01 주택법에 따른 주택건설사업의 시행자가 파산 등의 이유로 토지의 이동 신청을 할 수 없을 때에는 누가 이를 신청할 수 있는가?

㉮ 주택의 시공을 보증한자 또는 입주예정자
㉯ 해당 토지를 관리하는 지방자치 단체의 장
㉰ 공유자가 선임한 대표자
㉱ 채권자

02 도시·군관리계획으로 결정하는 주거지역의 분류 및 설명이 옳은 것은?

㉮ 전용주거지역 : 양호한 주거환경을 보호하기 위하여 필요한 지역
㉯ 일반주거지역 : 주거기능을 위주로 이를 지원하는 일부 상업기능 및 업무기능을 보완하기 위하여 필요한 지역
㉰ 준주거지역 : 편리한 주거환경을 조성하기 위하여 필요한 지역
㉱ 일반준주거지역 : 근린지역에서의 일용품 및 서비스의 공급을 위하여 필요한 지역

03 지적전산자료를 이용 또는 활용 신청 시 자료를 인쇄물로 제공할 때 수수료로 옳은 것은?

㉮ 1필지당 10원　㉯ 1필지당 20원
㉰ 1필지당 30원　㉱ 1필지당 40원

04 고의로 지적측량성과를 사실과 다르게 한자에 대한 벌칙 기준이 옳은 것은?

㉮ 300만 원 이하의 과태료
㉯ 1년 이하의 징역 또는 1000만 원 이하의 벌금
㉰ 2년 이하의 징역 또는 2000만 원 이하의 벌금
㉱ 3년 이하의 징역 또는 3000만 원 이하의 벌금

05 토지이동을 조사한 자가 측량 또는 조사 등에 필요하여 토지 등에 출입하거나 일시 사용함으로 인해 손실을 받은 자가 있는 경우의 손실배상에 대한 설명이 틀린 것은?

㉮ 손실을 받은 자가 있으며 그 행위를 한 자는 그 손실을 보상하여야 한다.
㉯ 손실보상에 관하여는 손실을 보상할 자와 손실을 받은 자가 협의하여야 한다.
㉰ 손실을 보상할 자 또는 손실을 받은 자는 손실보상에 관한 협의가 성립되지 아니하는 경우 관할 토지수용위원회의 재결을 신청할 수 있다.
㉱ 재결에 불복하는 자는 재결서 정본을 송달 받은 날부터 3월 이내에 중앙토지수용위원회에 이의를 신청할 수 있다.

06 지적소관청이 지적공부를 관리하기 위하여 필요하다고 인정되어 직권으로 축척을 변경하기 위해 축척변경위원회의 의결을 거치기전 축척변경시행지역 토지소유자의 동의를 얻어야 하는 기준은?

㉮ 3분의 1 이상　㉯ 4분의 1 이상
㉰ 3분의 2 이상　㉱ 4분의 2 이상

07 지적공부의 복구에 대한 설명으로 틀린 것은?

㉮ 소유자에 관한 사항은 지적소관청이 직권으로 조사하여 복구한다.
㉯ 측량결과도를 복구자료로 활용할 수 있다.
㉰ 토지이동정리 결의서를 복구자료로 활용할 수 있다.
㉱ 지적소관청은 복구하려는 토지의 표시 등을 시·군·구 게시판 및 인터넷 홈페이지에 15일 이상 게시해야 한다.

08 다음 중 대지권등록부의 등록사항에 해당되지 않은 것은?

㉮ 토지의 소재　㉯ 건물의 명칭
㉰ 토지의 등급　㉱ 소유권 지분

09 지적서고의 설치기준이 틀린 것은?

㉮ 골조는 철근콘크리트 이상의 강질로 할 것
㉯ 바닥과 벽은 2중으로 하고 영구적인 방수설비를 할 것
㉰ 전기시설을 설치하는 때에는 단독퓨즈를 설치하고 소화 장비를 갖춰 둘 것
㉱ 온도 및 습도 자동조절장치를 설치하고, 연중 평균온도는 섭씨 20±5°, 연중평균 습도는 55±5%를 유지할 것

10 지목의 구분 기준이 틀린 것은?

㉮ 산림 및 원야를 이루고 있는 수림지는 “임야”이다.
㉯ 묘지의 관리를 위한 건축물의 부지는 “대”이다.
㉰ 정비공장 안에 설치된 송유시설의 부지는 “주유소용지”이다.
㉱ 자연의 유수가 있거나 있을 것으로 예상되는 부지는 “하천”이다.

11 대한지적공사가 추진할 수 있는 사업이 아닌 것은?

㉮ 지적전산자료의 국내 · 외 유통사업
㉯ 지적제도 및 지적측량에 관한 외국기술의 도입과 국외 진출사업 및 국제교류협력
㉰ 지적제도 및 지적측량에 관한 연구 · 교육 등 지원 사업
㉱ 지적전산자료를 활용한 정보화사업

12 다음 중에서 합병신청을 할 수 있는 경우는?

㉮ 합병하려는 토지의 지적도 및 임야도의 축척이 서로 다른 경우
㉯ 합병하려는 각 필지의 지반이 연속되지 아니한 경우
㉰ 합병하려는 토지가 등기된 토지와 등기되지 아니한 토지인 경우
㉱ 합병하려는 토지 전부에 대한 등기원인 및 그 연월일과 접수번호가 같은 저당권의 등기

13 지적측량업의 등록기준이 옳은 것은?

㉮ 특급기술자 1명 또는 고급기술자 3명 이상
㉯ 중급기술자 3명 이상
㉰ 초급기술자 2명 이상
㉱ 지적 분야의 초급 기능사 1명 이상

14 대한지적공사의 정관에 포함되어야 하는 사항이 아닌 것은?

㉮ 목적과 명칭
㉯ 조직 및 기구에 관한 사항
㉰ 지적측량업자의 교육에 관한 사항
㉱ 공고의 방법에 관한 사항

15 도시 · 군관리계획결정의 고시일부터 얼마가 되는 날까지 규정에 따른 지형도면의 고시가 없는 경우 그 도시 · 군관리계획결정의 효력을 잃게 되는가?

㉮ 1년이 되는 날　　㉯ 2년이 되는 날
㉰ 3년이 되는 날　　㉱ 5년이 되는 날

16 지적측량 적부심사청구를 받은 시 · 도지사가 지방지적위원회에 회부하기 전에 조사하여야하는 사항이 아닌 것은?

㉮ 다툼이 되는 지적측량의 경위 및 그 성과
㉯ 청구 대상 토지의 공시지가 변동사항
㉰ 해당 토지에 대한 토지이동 연혁
㉱ 해당 토지 주변의 경계, 현황 실측도

17 토지소유자가 하여야 하는 신청을 대위할 수 없는 자는?

㉮ 공공사업에 따라 학교용지의 지목으로 되는 토지인 경우 해당 사업시행자
㉯ 국가나 지방자치단체가 취득하는 토지인 경우 해당 토지를 관리하는 행정기관의 장 또는 지방자치단체의 장
㉰ 민법 제404조의 규정에 의한 채권자
㉱ 전세권에 의하여 해당 토지를 점유하고 있는 점유자

18 축척변경에 따른 청산금을 산정한 결과 증가된 면적에 대한 청산금의 합계와 감소된 면적에 대한 청산금의 합계에 차액이 생긴 경우 부족액은 누가 부담하는가?

㉮ 지방자치단체

㉯ 지적소관청

㉰ 증가된 면적의 토지소유자

㉱ 국토교통부장관

19 주거기능 보호나 청소년 보호 등의 목적으로 청소년 유해시설 등 특정시설의 입지를 제한할 필요가 있는 경우에 지정하는 용도지구는?

㉮ 개발진흥지구　　㉯ 특정용도제한지구

㉰ 시설보호지구　　㉱ 보존지구

20 등기절차에 착오 또는 빠진 부분이 있어 원시적인 등기와 실체관계가 불일치하여 이를 시정하기 위한 등기는?

㉮ 변경등기　　㉯ 말소등기

㉰ 주등기　　㉱ 경정등기

지적기사 기출문제

2013년도 제3회

01 지적측량업 등록의 결격 사유가 아닌 것은?

㉮ 금치산자

㉯ 파산자로서 복권되지 아니한 자

㉰ 지적측량업의 등록이 취소된 후 2년이 지나지 아니한 자

㉱ 금고 이상의 형의 집행유예를 선고받고 집행유예기간 중에 있는 자

02 토지의 투기적인 거래가 성행하거나 지가가 급격히 상승하는 지역과 그러한 우려가 있는 지역에 대하여 얼마 이내의 기간을 정하여 토지거래계약에 관한 허가구역 으로 지정할 수 있는가?

㉮ 10년 ㉯ 5년 ㉰ 3년 ㉱ 1년

03 다음 중 지목을 체육용지로 지정할 수 없는 것은?

㉮ 승마장 ㉯ 정구장

㉰ 스키장 ㉱ 경륜장

04 토지대장과 임야대장에 등록하는 사항이 아닌 것은?

㉮ 토지의 소재

㉯ 소유자의 성명 또는 명칭, 주소 및 주민등록번호

㉰ 건물의 명칭과 해당 건물의 소유권 지분

㉱ 개별공시지가와 그 기준

05 국토의 계획 및 이용에 관한 법률에 따른 용도지구가 아닌 것은?

㉮ 경관지구 ㉯ 고도지구

㉰ 리모델링지구 ㉱ 시설보호지구

06 부동산등기법의 부동산 등기용 등록번호의 부여절차가 틀린 것은?

㉮ 국가·지방자치단체·국제기관 및 외국정부의 등록번호는 기획 재정 부장관이 지정·고시한다.

㉯ 주민등록번호가 없는 재외국민의 등록번호는 대법원 소재지 관할 등기소의 등기관이 부여한다.

㉰ 법인의 등록번호는 주된 사무소 소재지 관할 등기소의 등기관이 부여 한다.

㉱ 법인 아닌 사단이나 재단의 등록번호는 시장, 군수 또는 구청장이 부여한다.

07 도시개발법에 따른 도시개발사업과 관련한 토지의 이동신청 시, 그 신청 대상지역이 환지를 수반하는 경우 토지의 이동 신청방법으로 옳은 것은? (단, 사업완료 신고서에 토지의 이동 신청을 갈음한다는 뜻을 적은 경우이다.)

㉮ 사업시행 신고로써 갈음할 수 있다.

㉯ 토지의 형질변경 공사 준공 완료 신고로써 갈음할 수 있다.

㉰ 사업완료 신고로써 갈음할 수 있다.

㉱ 등기촉탁 완료 통보로써 갈음할 수 있다.

08 축척변경에 따른 청산금의 산정 및 납부고지 등에 관한 설명이 틀린 것은?

㉮ 청산금을 산정한 결과 차액이 생긴 경우 초과액은 그 지방자치 단체의 수입으로 한다.

㉯ 지적 소관청은 청산금의 수령통지를 한 날부터 6개월 이내에 청산금을 지급하여야 한다.

㉰ 납부고지를 받은 날부터 3개월 이내에 청산금을 지적소관청에 내야 한다.

㉱ 청산금은 필지별 등록면적에 제곱미터당 금액을 곱하여 산출한다.

09 다음 중 2년 이하의 징역이나 2000만 원 이하의 벌금에 처하는 벌칙 기준을 적용받는 경우는?

㉮ 지적기술자가 아님에도 불구하고 지적측량을 한 자

㉯ 지적측량업자로서 속임수로 관련 사업 입찰의 공정성을 해친 자
㉰ 지적측량업의 등록을 하지 않고 지적측량업을 한 자
㉱ 정당한 사유없이 지적측량업무를 방해한 자

10 지적도 및 임야도에 지목을 등록하는 부호로 옳은 것은?
㉮ 주차장 : 차 ㉯ 공장용지 : 공
㉰ 유원지 : 유 ㉱ 양어장 : 어

11 도시 · 군관리계획에 관한 지형도면의 고시에 관한 설명이 틀린 것은?
㉮ 지적이 표시된 지형도에 도시 · 군관리계획사항을 명시한 도면을 작성할 때에는 축척 500분의 1 내지 1500분의 1로 작성하여야 한다.
㉯ 시장(대도시 시장 제외)이나 군수가 지형도면을 작성하면 도지사의 승인을 받아야 한다.
㉰ 국토교통부장관은 도시 · 군관리계획을 직접 입안한 경우 관계 특별시장 · 광역시장 · 특별자치시장 · 특별자치도지사 · 시장 또는 군수의 의견을 들어 직접 지형도면을 작성할 수 있다.
㉱ 대통령령으로 정하는 축척 이상의 지형도를 사용하여 도시 · 군관리계획결정을 고시한 경우 지형도면을 따로 작성하여야 한다.

12 지적소관청이 직권으로 지적공부에 등록된 사항을 정정할 수 없는 경우는?
㉮ 토지이동정리 결의서의 내용과 다르게 정리된 경우
㉯ 지적측량성과와 다르게 정리된 경우
㉰ 지적도에 등록된 필지가 면적증감이 있고 경계의 위치가 잘못된 경우
㉱ 지적공부의 등록사항이 잘못 입력된 경우

13 지적위원회에 대한 설명으로 틀린 것은?
㉮ 지적위원회는 중앙지적위원회와 지방지적위원회가 있다.
㉯ 지방지적 위원회는 지적측량 적부심사청구를 회부받은 날부터 60일 이내에 심의 · 의결하여야 한다.
㉰ 지방지적위원회의 위원장 및 부위원장을 제외한 위원의 임기는 2년으로 한다.
㉱ 중앙지적위원회의 위원장은 국토교통부의 지적업무 담당과장이 되고, 부위원장은 위원 중에서 임명한다.

14 다음 중 토지의 합병을 신청할 수 있는 경우는?
㉮ 합병하려는 토지의 지적도 및 임야도의 축척이 서로 다른 경우
㉯ 합병하려는 토지가 등기된 토지와 등기되지 아니한 토지인 경우
㉰ 합병하려는 토지의 소유자별 공유지분이 다르거나 소유자의 주소가 서로 다른 경우
㉱ 합병하려는 각 필지의 지목은 같으나 일부 토지의 용도가 다르게 되어 합병 신청과 동시에 토지의 용도에 따라 분할 신청을 하는 경우

15 지적 측량수수료에 관한 설명으로 틀린 것은?
㉮ 국토교통부장관이 고시하는 표준품셈 중 지적측량품에 지적기술자의 정부노임단가를 적용하여 산정한다.
㉯ 지적측량 종목별 세부 산정 기준은 국토교통부장관이 정한다.
㉰ 지적소관청이 직권으로 조사 · 측량하여 지적공부를 정리한 경우, 조사 · 측량에 들어간 비용을 면제한다.
㉱ 지적측량수수료는 국토교통부장관이 매년 12월 말일까지 고시하여야 한다.

16 지적측량수행자가 과실로 지적측량을 부실하게 하여 지적측량의뢰인에게 재산상의 손해를 발생하게 한 경우, 지적측량의뢰인이 손해배상으로 보험금을 지급받기 위해 보험회사에 첨부하여 제출하는 서류가 아닌 것은?
㉮ 지적측량의뢰인과 지적 측량수행자 간의 손해배상합의서

㉯ 지적측량의뢰인과 지적 측량수행자 간의 화해조서
㉰ 지적위원회에서 손해 사실에 대하여 결정한 서류
㉱ 확정된 법원의 판결문 사본 또는 이에 준하는 효력이 있는 서류

17 부동산등기법상 미등기의 토지에 관한 소유권 보존등기를 신청할 수 없는 자는?
㉮ 토지대장에 최초의 소유자로 등록되어 있는 자
㉯ 확정판결에 의하여 자기의 소유권을 증명하는 자
㉰ 관할등기소 지방법원장 또는 시·군·구청장의 확인에 의하여 자기의 소유권을 증명하는 자
㉱ 수용으로 인하여 소유권을 취득하였음을 증명하는 자

18 지적공부의 비치·보존을 위한 지적서고의 설치기준 등에 대한 설명이 틀린 것은?
㉮ 지적공부 등록 필지 수가 10만 필지 이하인 때에 지적서고의 기준면적은 80m^{2}이다.
㉯ 지적서고에는 지적공부, 지적 관계 서류 및 지적측량장비를 보관할 수 있다.
㉰ 지적서고에는 온도 및 습도의 자동조절 장치를 설치하고, 연중 평균온도는 섭씨 20±5도, 연중 평균습도는 65±5%를 유지하여야 한다.
㉱ 지적서고의 구조는 창문과 출입문은 2중으로 하되, 안쪽문은 반드시 철제로 하고, 바깥쪽문은 곤충·쥐 등의 침입을 막을 수 있도록 철망 등을 설치하여야 한다.

19 축척변경위원회의 심의·의결 사항이 아닌 것은?
㉮ 청산금의 이의신청에 관한 사항
㉯ 지번별 제곱미터(m^2)당 금액의 결정과 청산금의 산정에 관한 사항
㉰ 도시개발사업의 시행지역에 있는 토지로서 그 사업시행에서 제외된 토지의 축척변경에 관한 사항
㉱ 축척변경 시행계획에 관한 사항

20 대한지적공사의 사업에 해당하지 않는 것은?
㉮ 지적측량성과검사측량
㉯ 지적재조사에 관한 특별법에 따른 지적재조사사업
㉰ 지적제도 및 지적측량에 관한 연구·교육 등 지원사업
㉱ 공사의 목적을 달성하기 위하여 필요한 사업으로서 정관으로 정하는 사업

지적기사 기출문제

2014년 제1회

01 이미 완료된 등기에 대해 등기절차상에 착오 또는 유루(遺漏)가 발생하여 원시적으로 등기사항과 실제사항과의 불일치가 발생되었을 때 이를 시정하기 위해 행하여지는 등기는?

㉮ 부기등기 ㉯ 경정등기
㉰ 회복등기 ㉱ 기입등기

02 다음 중 면적의 최소 등록단위가 다른 하나는? (단, 경계점좌표등록부에 등록하는 지역의 경우는 고려하지 않는다.)

㉮ 1/600 ㉯ 1/1,000
㉰ 1/2,400 ㉱ 1/6,000

03 국토의 계획 및 이용에 관한 법률에 따른 국토의 용도구분 4가지에 해당하지 않는 것은?

㉮ 보존지역 ㉯ 관리지역
㉰ 도시지역 ㉱ 농림지역

04 지적공부의 복구절차 등에 관한 내용이 옳은 것은?

㉮ 복구측량을 한 결과 복구 자료와 부합하지 아니한 때에는 토지소유자 및 이해관계인의 동의를 받아 경계 또는 면적 등을 조정할 수 있다.
㉯ 복구측량을 한 결과 복구 자료와 부합하지 아니한 때에는 지적소관청의 직권으로 경계 또는 면적 등을 조정한다.
㉰ 지적공부를 복구하려는 경우 지적측량업자가 복구 자료를 조사하여 지적복구 자료조사서를 작성하여야 한다.
㉱ 복구 자료의 조사 또는 복구측량 등이 완료되어 지적공부를 복구하려는 경우에는 복구하려는 토지의 표시 등을 시·군·구 게시판 및 인터넷 홈페이지에 30일 이상 게시하여야 한다.

05 지목변경 없이 등록전환을 신청할 수 없는 경우는?

㉮ 관계 법령에 따른 토지의 형질변경 또는 건축물의 사용 승인으로 인하여 지목변경이 수반되는 경우
㉯ 대부분의 토지가 등록전환 되어 나머지 토지를 임야도에 계속 존치하는 것이 불합리한 경우
㉰ 임야도에 등록된 토지가 사실상 형질변경 되었으나 지목변경을 할 수 없는 경우
㉱ 도시·군 관리계획선에 따라 토지를 분할하는 경우

06 지적측량업의 등록을 하려는 자가 신청서에 첨부하여 제출하여야 할 서류가 아닌 것은?

㉮ 보유하고 있는 인력에 대한 측량기술 경력 증명서
㉯ 등록을 하려는 자의 은행잔고 증명서
㉰ 보유하고 있는 장비의 명세서
㉱ 보유하고 있는 측량기술자의 명단

07 토지소유자가 지적공부의 등록사항에 잘못이 있음을 발견하여 지적소관청에 그 정정을 신청할 때 경계 또는 면적의 변경을 가져오는 경우 신청서와 함께 첨부하여 제출하는 서류는?

㉮ 등록사항정정측량성과도
㉯ 토지대장 등본
㉰ 등기전산정보자료
㉱ 축척변경 지번별 조서

08 측량기준점을 설치하거나 토지의 이동을 조사하는 자가 타인의 토지 등에 출입하는 것에 대한 내용이 틀린 것은?

㉮ 해 뜨기 전이나 해가 진 후에는 그 토지 등의 점유자의 승낙 없이 택지나 담장·울타리로 둘러싸인 타인의 토지에 출입할 수 없다.

㉯ 토지 등의 점유자는 정당한 사유 없이 출입 행위를 방해하거나 거부하지 못한다.
㉰ 출입 행위를 하려는 자는 그 권한을 표시하는 증표와 허가증을 지니고 관계인에게 이를 내보여야 한다.
㉱ 증표와 허가증의 발급권자는 국토교통부장관이다.

09 지적측량업자의 업무 범위에 해당되지 않은 것은?
㉮ 경계점좌표등록부가 있는 지역에서의 지적측량
㉯ 도시개발사업 등이 끝남에 따라 하는 지적확정측량
㉰ 지적재조사에 관한 특별법에 따른 사업지구에서 실시하는 지적재조사측량
㉱ 도해세부측량지역의 등록전환측량에 대한 성과검사측량

10 대한지적공사의 설립등기사항에 해당되지 않는 것은?
㉮ 명칭
㉯ 자산에 관한사항
㉰ 조직 및 기구에 관한 사항
㉱ 이사 및 감사의 성명과 주소

11 지상 경계점등록부의 등록사항이 아닌 것은?
㉮ 토지의 소재와 지번
㉯ 경계점등록자의 정보
㉰ 경계점의 사진 파일
㉱ 경계점 위치 설명도

12 토지소유자가 하여야 하는 신청을 대신할 수 있는 자가 아닌 것은?
㉮ 민법 제 404조의 규정에 의한 채권자
㉯ 공공사업에 따라 학교용지의 지목으로 되는 토지인 경우 해당 토지를 관리하는 지방자치 단체의 장
㉰ 주택법에 따른 공동주택의 부지인 경우 집합건물의 소유 및 관리에 관한 법률에 따른 관리인
㉱ 국가가 취득하는 토지인 경우 해당 토지를 관리하는 행정기관의 장

13 국토의 계획 및 이용에 관한 법률에 따른 용도구역에 해당하지 않는 것은?
㉮ 개발제한구역 ㉯ 도시자연공원구역
㉰ 개발유도관리구역 ㉱ 시가화조정구역

14 지적소관청을 직접 방문하여 1필지를 기준으로 토지대장 또는 임야대장에 대한 열람신청을 하거나 등본발급신청을 할 경우 납부해야 하는 수수료는?
㉮ 열람 : 200원, 등본발급 : 300원
㉯ 열람 : 300원, 등본발급 : 500원
㉰ 열람 : 500원, 등본발급 : 700원
㉱ 열람 : 700원, 등본발급 : 1000원

15 지적소관청이 청산금을 산정한 결과 증가된 면적에 대한 청산금의 합계와 감소된 면적에 대한 청산금의 합계에 차액이 생긴 경우 처리방법으로 옳은 것은?
㉮ 초과액은 토지소유자의 수입으로 하고 부족액은 토지소유자가 부담한다.
㉯ 초과액은 토지소유자의 수입으로 하고 부족액은 그 지방자치단체가 부담한다.
㉰ 초과액은 그 지방자치단체의 수입으로 하고 부족액은 토지소유자가 부담한다.
㉱ 초과액은 그 지방자치단체의 수입으로 하고 부족액은 그 지방자치단체가 부담한다.

16 다음 중 지목이 잡종지에 해당하지 않는 것은?
㉮ 갈대밭 ㉯ 수신소
㉰ 동물원 ㉱ 도축장

17 다음 중 도시 · 군관리계획의 입안권자가 아닌 자는?
㉮ 특별시장 ㉯ 광역시장
㉰ 군수 ㉱ 구청장

18 중앙지적위원회에 관한 설명으로 옳지 않은 것은?

㉮ 위원장은 국토교통부의 지적업무 담당 국장이 된다.

㉯ 위원은 지적에 관한 학식과 경험이 풍부한 사람 중에서 중앙지적위원회의 위원장이 임명한다.

㉰ 회의는 재적위원 과반수의 출석으로 개의하고 출석위원 과반수의 찬성으로 의결한다.

㉱ 위원장 1명과 부위원장 1명을 포함하여 5명 이상 10명 이하의 위원으로 구성한다.

19 부동산등기법에 따라 등기할 수 있는 권리가 아닌 것은?

㉮ 소유권 ㉯ 저당권

㉰ 지상권 ㉱ 점유권

20 다음 중 1년 이하의 징역 또는 1천만 원 이하의 벌금에 처하는 경우는?

㉮ 고의로 측량성과를 다르게 한 자

㉯ 본인 또는 배우자가 소유한 토지에 대한 지적측량을 한 자

㉰ 지적측량수수료 외의 대가를 받은 지적측량기술자

㉱ 속임수로 지적측량업과 관련된 입찰의 공정성을 해친 자

지적기사 기출문제

2014년도 제2회

01 축척변경에 대한 설명으로 틀린 것은?

㉮ 지적소관청이 축척변경의 확정공고를 하였을 때에는 지체없이 축척변경에 따라 확정된 사항을 지적공부에 등록하여야 한다.

㉯ 수령통지된 청산금에 관하여 이의가 있는 자는 수령통지를 받은 날부터 3개월 이내에 지적소관청에 이의신청을 할 수 있다.

㉰ 축척변경의 확정공고에 따라 해당 사항을 지적공부에 등록하는 때에 지적도는 확정측량 결과도 또는 경계점 좌표에 따른다.

㉱ 축척변경위원회는 5명 이상 10명 이하의 위원으로 구성하되, 위원의 1/2 이상을 토지소유자로 하여야 한다.

02 지적전산자료의 이용에 대한 심사 신청을 받은 관계 중앙행정기관의 장이 심사하여야 할 사항이 아닌 것은?

㉮ 신청 내용의 타당성

㉯ 개인의 사생활 침해 여부

㉰ 소유권 침해 여부

㉱ 자료의 목적 외 사용 방지 및 안전관리대책

03 광역도시계획에 관한 설명으로 틀린 것은?

㉮ 인접한 둘 이상의 특별시, 광역시, 특별자치시, 특별자치도, 시 또는 군의 관할 구역 전부 또는 일부를 광역계획권으로 지정할 수 있다.

㉯ 광역계획권의 지정은 국토교통부장관만이 할 수 있다.

㉰ 국토교통부장관은 시·도지사가 요청하는 경우 관할 시·도지사와 공동으로 광역도시계획을 수립할 수 있다.

㉱ 광역도시계획에는 경관계획에 관한 사항이 포함되어야 한다.

04 등록사항의 정정에 관한 설명으로 틀린 것은?

㉮ 지적소관청은 지적공부의 등록사항에 잘못이 있음을 발견하면 직권으로 조사·측량하여 정정할 수 있다.

㉯ 토지소유자는 지적공부의 등록사항에 잘못이 있음을 발견하면 지적소관청에 그 정정을 신청할 수 있다.

㉰ 등록사항정정으로 인접토지의 경계가 변경되는 경우 법원의 확정판결에 의해서만 정정이 가능하다.

㉱ 토지소유자에 관한 사항은 등기필증, 등기완료통지서, 등기사항증명서 또는 등기관서에서 제공한 등기전산정보자료에 따라 정정하여야 한다.

05 도시개발사업 등의 착수·변경 또는 완료 사실의 신고는 그 사유가 발생한 날부터 몇 일 이내에 하여야 하는가?

㉮ 15일 ㉯ 20일

㉰ 25일 ㉱ 30일

06 지적공부의 복구자료로 활용할 수 없는 것은?

㉮ 지적공부의 등본 ㉯ 토지이동정리 결의서

㉰ 측량 결과도 ㉱ 행정지번도

07 토지의 이동이 있을 때 지적공부에 등록하는 지번·지목·면적·경계 또는 좌표를 결정하는 자는?

㉮ 지적소관청 ㉯ 시·도지사

㉰ 안전행정부장관 ㉱ 지적측량업자

08 지적측량업의 등록에 필요한 기술능력의 등급별 인원기준으로 옳은 것은? (단, 상위 등급의 기술능력으로 하위 등급의 기술능력을 대체하는 경우는 고려하지 않는다.)

㉮ 고급기술자 1명 이상
㉯ 중급기술자 1명 이상
㉰ 초급기술자 1명 이상
㉱ 지적분야의 초급기능사 2명 이상

09 국토의 계획 및 이용에 관한 법률에 따른 도시·군관리 계획에 포함되지 않는 것은?

㉮ 용도지역·용도지구의 지정 또는 변경에 관한 계획
㉯ 기반시설의 설치·정비 또는 개량에 관한 계획
㉰ 지구단위계획구역의 지정 또는 변경에 관한 계획과 지구단위계획
㉱ 지구불부합지역의 지적재조사에 관한 계획

10 지적공부의 복구에 대한 설명으로 틀린 것은?

㉮ 지적소관청은 지적공부의 전부 또는 일부가 멸실되거나 훼손된 경우에는 국토교통부령으로 정하는 바에 따라 지체 없이 이를 복구하여야 한다.
㉯ 지적소관청이 지적공부를 복구할 때에는 멸실·훼손 당시의 지적공부와 가장 부합된다고 인정되는 관계 자료에 따라 토지의 표시에 관한 사항을 복구하여야 한다.
㉰ 지적공부를 복구할 때 소유자에 관한 사항은 부동산 등기부나 법원의 확정판결에 따라 복구하여야 한다.
㉱ 지적공부의 복구에 관한 관계 자료 및 복구절차 등에 관하여 필요한 사항은 국토교통부령으로 정한다.

11 지적소관청이 관할 등기관서에 등기촉탁을 하여 국가가 국가를 위하여 하는 등기로 보지 않는 경우(사유)는?

㉮ 행정구역개편에 따른 지번변경
㉯ 등록사항의 오류정정
㉰ 축척변경
㉱ 공유수면매립에 따른 신규등록

12 국토의 계획 및 이용에 관한 법률상 용도지역의 지정목적으로 옳은 것은?

㉮ 산업과 인구의 과대한 도시 집중을 방지하여 기반시설의 설치에 필요한 용지 확보
㉯ 도시기능을 증진시키고 미관·경관·안전 등을 도모
㉰ 시가지의 무질서한 확산 방지로 계획적·단계적인 토지 이용의 도모
㉱ 토지의 이용 및 건축물의 용도, 건폐율, 용적률, 높이 등을 제한함으로써 토지의 경제적·효율적 이용 도모

13 지적서고의 설치기준이 틀린 것은?

㉮ 골조는 철근콘크리트 이상의 강질로 할 것
㉯ 창문과 출입문은 2중으로 하되, 안쪽문은 철제로, 바깥쪽 문은 철망 등을 설치할 것
㉰ 바닥과 벽은 2중으로 하고, 영구적인 방수설비를 할 것
㉱ 전기시설을 설치하는 때에는 단독퓨즈를 설치하고, 소화장비를 갖춰 둘 것

14 부동산등기법에 따른 용어의 정의가 틀린 것은?

㉮ "등기부"란 전산정보처리조직에 의하여 입력·처리된 등기정보자료를 대법원규칙으로 정하는 바에 따라 편성한 것을 말한다.
㉯ "등기부부본자료"란 등기부의 멸실 방지를 위하여 전산으로 출력하여 별도의 장소에 보관한 자료를 말한다.
㉰ "등기기록"이란 1필지의 토지 또는 1개의 건물에 관한 등기정보자료를 말한다.
㉱ "등기필정보"란 등기부에 새로운 권리자가 기록되는 경우에 그 권리자를 확인하기 위하여 등기관이 작성한 정보를 말한다.

15 1필지의 토지 소유자가 몇 명 이상인 경우 공유지연명부를 작성·비치하여야 하는가?

㉮ 1명　㉯ 2명　㉰ 3명　㉱ 4명

16 지적측량수행자가 손해배상책임을 보장하기 위하여 보증보험에 가입하여야 하는 금액 기준으로 옳은 것은?

㉮ 지적측량업자 : 1억원 이상
㉯ 지적측량업자 : 5천만원 이상
㉰ 대한지적공사 : 10억원 이상
㉱ 대한지적공사 : 5억원 이상

17 지적측량 및 토지 이동 조사를 위해 타인의 토지에 출입하거나 일시 사용하는 경우에 대한 설명으로 틀린 것은?

㉮ 타인의 토지에 출입하려는 자는 관할 특별자치시장, 특별자치도지사, 시장·군수 또는 구청장의 허가를 받아야 한다.
㉯ 타인의 토지를 출입하는 자는 소유자·점유자 또는 관리인의 동의 없이 장애물을 변경 또는 제거할 수 있다.
㉰ 토지의 점유자는 정당한 사유 없이 지적측량 및 토지 이동 조사에 필요한 행위를 방해하거나 거부하지 못한다.
㉱ 지적측량 및 토지이동 조사에 필요한 행위를 하려는 자는 그 권한을 표시하는 증표와 허가증을 지니고 관계인에게 내보여야 한다.

18 토지등기부와 토지대장과의 관계를 바르게 설명한 것은?

㉮ 토지등기부의 표제부에는 토지대장의 토지표시사항을 기재한다.
㉯ 토지등기부의 을구에는 토지대장상의 소유자를 기재한다.
㉰ 토지등기부의 갑구에 표시되는 소유권 이외의 권리관계도 토지대장에 기재한다.
㉱ 토지대장상의 개별공시지가 사항은 토지등기부의 표제부에 기재한다.

19 측량업자가 속임수, 위력, 그 밖의 방법으로 측량업과 관련된 입찰의 공정성을 해친 자에 대한 벌칙 기준은?

㉮ 300만원 이하의 과태료
㉯ 1년 이하의 징역 또는 1천만원 이하의 벌금
㉰ 2년 이하의 징역 또는 2천만원 이하의 벌금
㉱ 3년 이하의 징역 또는 3천만원 이하의 벌금

20 토지소유자가 하여야 하는 신청을 대신할 없는 자는?

㉮ 공공사업 등에 따라 하천, 도로 등의 지목으로 되는 토지인 경우 해당 사업의 시행자
㉯ 국가나 지방자치단체가 취득하는 토지인 경우 해당 토지를 관리하는 행정기관의 장 또는 지방자치단체의 장
㉰ 민법 제404조에 따른 채권자
㉱ 주택법에 따른 단독주택의 부지인 경우 부동산등기법에 따른 관리인 또는 사업시행자

지적기사 기출문제

2014년도 제3회

01 공유수면 매립준공에 의하여 신규등록하는 경우 대장에 등록하여야 할 소유권 변동일자는?
㉮ 등기접수일자
㉯ 신규등록 신청일자
㉰ 소유자 정리결의일자
㉱ 공유수면 매립준공일자

02 지적측량업의 등록을 취소하고자 하는 때에 청문을 실시하는 자는?
㉮ 지적소관청 ㉯ 시·도지사
㉰ 안전행정부장관 ㉱ 국무총리

03 용도지역안에서 건폐율의 최대한도를 20%이하 규정하고 있는 지역에 해당되지 않는 것은?
㉮ 녹지지역 ㉯ 보전관리지역
㉰ 계획관리지역 ㉱ 자연환경보전지역

04 부동산등기법상 토지의 분합, 멸실, 면적의 증감 또는 지목의 변경이 있어 그 등기를 신청하는 경우 등기신청서에 첨부하여야 하는 것은?
㉮ 이해관계인의 승낙서
㉯ 토지대장등본이나 임야대장등본
㉰ 지적도나 임야도
㉱ 멸실 및 증감 확인서

05 다음 중 지목을 체육용지로 할 수 없는 것은?
㉮ 야구장 ㉯ 스키장
㉰ 실내체육관 ㉱ 실내수영장

06 다음 중 등기할 수 있는 권리가 아닌 것은?
㉮ 저당권 ㉯ 권리질권
㉰ 임차권 ㉱ 유치권

07 다음 벌칙 중 2년 이하의 징역 또는 2천만 원 이하의 벌금에 처하는 행위로 틀린 것은?
㉮ 속임수, 위력, 그 밖의 방법으로 입찰의 공정성을 해친 자
㉯ 측량기준점 표지를 이전 또는 파손하거나 그 효용을 해치는 행위를 한 자
㉰ 고의로 측량성과를 다르게 한 자
㉱ 측량업의 등록을 하지 아니하고 측량업을 한 자

08 지적공부상 등록사항의 오류로 면적이 감소되거나 경계가 변동될 때 정정하는 방법으로 옳은 것은?
㉮ 확정판결서 정본에 의해 처리한다.
㉯ 등기부만 정정한다.
㉰ 지적공부만 정정한다.
㉱ 소관청 임의대로 처리한다.

09 다음 중 토지이동 신청·신고 기간이 잘못 연결되어 있는 것은?
㉮ 등록전환 : 60일 이내
㉯ 지목변경 : 60일 이내
㉰ 합병 : 60일 이내
㉱ 도시개발사업 착수 신고 : 60일 이내

10 측량·수로조사 및 지적에 관한 법률상 토지의 이동으로 볼 수 없는 것은?
㉮ 토지대장에 등록된 소유권변경
㉯ 지적공부에 등록된 지목변경
㉰ 지적도에 등록된 경계변경
㉱ 경계점좌표등록부에 등록된 좌표변경

11 다음 중 지적공부의 등록사항에 잘못이 있는지를 직권으로 조사·측량하여 정정한 경우에 해당하지 않는 것은?
㉮ 토지이동정리결의서의 내용과 다르게 정리된 경우
㉯ 미등기 소유자를 변경하는 경우
㉰ 지적공부의 입력사항이 잘못 이력된 경우
㉱ 지적도 및 임야도에 등록된 필지가 면적의 증감 없이 경계의 위치만 잘못된 경우

12 다음 중 지상경계의 결정기준으로 타당하지 않는 것은?

㉮ 토지가 수면에 접하는 경우 최대만수위가 되는 선
㉯ 공유수면매립지의 토지 중 제방 등을 토지에 편입하여 등록하는 경우 안쪽 어깨부분
㉰ 구거 등의 토지에 절토된 부분이 있는 경우 경사면의 상단부
㉱ 연접되는 토지 간에 높낮이 차이가 있는 경우 : 그 구조물 등의 하단부

13 지적공부의 열람 및 등본교부에 대한 설명으로 틀린 것은?

㉮ 전산파일로 된 경우에는 당해 지적소관청이 아닌 다른 지적소관청에 신청할 수 있다.
㉯ 지방자치단체의 수입증지 또는 현금으로 지적소관청에 납부하여야 한다.
㉰ 지적기술자격을 취득한 자가 지적공부를 열람하는 경우에는 수수료를 면제한다.
㉱ 도면등본을 발급할 경우 크기의 기본 단위는 가로 21센티미터, 세로 30센티미터를 말한다.

14 다음 중 국토의 계획 및 이용에 관한 법률상 원칙적으로 공동구를 관리하여야 하는 자는?

㉮ 국토교통부장관 ㉯ 안전행정부장관
㉰ 특별시장 ㉱ 구청장

15 사업시행자가 지적소관청에 토지이동에 대한 신청을 할 수 없는 사업은?

㉮ 도시개발사업 ㉯ 주택건설사업
㉰ 산업단지개발사업 ㉱ 축척변경사업

16 다음 중 지적서고의 연중 평균온도 및 연중 평균습도에 대한 기준으로 옳은 것은?

㉮ 섭씨 20±5도, 60±5퍼센트
㉯ 섭씨 25±5도, 65±5퍼센트
㉰ 섭씨 20±5도, 65±5퍼센트
㉱ 섭씨 25±5도, 60±5퍼센트

17 측량 · 수로조사 및 지적에 관한 법률에서 규정된 용어로 정의에 관한 설명으로 틀린 것은?

㉮ "경계점"이란 경계점좌표등록부에 등록하는 필지를 구획하는 선의 굴곡점을 말한다.
㉯ "면적"이란 지적공부에 등록한 필지의 수평면상 넓이를 말한다.
㉰ "신규등록"이란 새로 조성된 토지와 지적공부에 등록되어 있지 아니한 토지를 지적공부에 등록하는 것을 말한다.
㉱ "축척변경"이란 지적도에 등록된 경계점의 정밀도를 높이기 위하여 작은 축척을 큰 축척으로 변경하여 등록하는 것을 말한다.

18 다음 중 등기신청서의 기재사항에 해당하지 않은 것은? (단, 대법원규칙으로 정하는 등기의 경우는 고려하지 않는다.)

㉮ 부동산의 소재와 지번
㉯ 부동산의 면적과 경계
㉰ 등기소의 표시
㉱ 신청인의 성명 또는 명칭과 주소

19 축척변경시행공고에 관한 사항에 해당되지 않는 것은?

㉮ 축척변경의 시행지역
㉯ 축척변경의 시행에 관한 세부계획
㉰ 축척변경의 시행에 관한 사업시행자
㉱ 축척변경의 시행에 따른 청산방법

20 다음 중 지적측량을 정지시킬 수 있는 사유에 해당하는 것은?

㉮ 소유권 이전, 매매 등을 위하여 필요한 경우
㉯ 토지이용상 불합리한 지상경계를 시정하기 위한 경우
㉰ 도시개발사업 등의 사업시행자가 사업지구의 경계를 결정하기 위하여 토지를 분할하려는 경우
㉱ 지적공부의 등록사항 중 경계와 면적 등 측량을 수반하는 토지의 표시가 잘못된 경우

지적기사 기출문제

2015년도 제1회

01 국토의 계획 및 이용에 관한 법률에서 허가를 받지 않고 공동구를 점용하거나 사용했을 때 과태료를 부과할 수 있는 자는?

㉮ 국토교통부장관
㉯ 행정자치부장관
㉰ 산업통상자원부장관
㉱ 특별시장

02 도시개발사업 등의 완료 신고가 있는 때의 처리 사항으로 틀린 것은?

㉮ 첨부서류인 종전토지의 지번별조서와 면적측정부 및 환지계획서의 부합여부를 확인하여야 한다.
㉯ 완료신고에 대한 서류의 확인이 완료된 때에는 확정될 토지의 지번별조서에 의하여 토지대장을 작성하여야 한다.
㉰ 완료신고에 대한 서류의 확인이 완료된 때에는 토지대장에 등록하는 소유자의 성명 또는 명칭과 등록번호 및 주소는 환지계획서에 의하여야 한다.
㉱ 첨부서류인 측량결과도 또는 경계점좌표와 새로이 작성된 지적도와의 부합여부를 확인하여야 한다.

03 지번과 지목 제도에 대한 설명으로 틀린 것은?

㉮ 지번 및 지목을 제도하는 경우 지번 다음에 지목을 제도한다.
㉯ 부동산종합공부시스템이나 레터링으로 작성하는 경우에는 굴림체로 할 수 있다.
㉰ 중앙에 제도하기 곤란할 때에는 가로쓰기가 되도록 도면을 제도할 수 있다.
㉱ 지번의 글자 간격은 글자크기의 1/4정도, 지번과 지목의 글자간격은 글자크기의 1/2정도 띄워 제도한다.

04 합병 조건이 갖추어진 4필지(99-1, 100-10, 111, 125)를 합병할 경우 새로이 지번을 설정하여야 하는 원칙적인 지번은?

㉮ 99-1 ㉯ 100-10
㉰ 111 ㉱ 125

05 다음 중 관할등기소의 정의가 옳은 것은?

㉮ 매도인의 소재지를 관할하는 지방법원, 그 지원(支院) 또는 등기소
㉯ 부동산의 소재지를 관할하는 지방법원, 그 지원(支院) 또는 등기소
㉰ 소유자의 소재지를 관할하는 지방법원, 그 지원(支院) 또는 등기소
㉱ 상급법원의 장이 위임하는 등기소

06 지적측량업의 등록을 위한 지적측량업자의 결격사유에 해당되는 것은?

㉮ 파산자로서 복권된 자
㉯ 지적측량업의 등록이 취소된 후 2년이 경과되지 않는 자
㉰ 형의 집행유예 선고를 받고 그 유예기간이 경과된 자
㉱ 금고 이상의 실형을 선고받고 그 집행이 면제된 날부터 3년이 경과된 자

07 현행 측량 · 수로조사 및 지적에 관한 법령에 규정된 지번의 부여 방법에 대한 설명으로 틀린 것은?

㉮ 지번은 북서에서 남동으로 순차적으로 부여한다.
㉯ 등록전환의 경우에는 그 지번부여지역에서 인접토지의 본번에 부번을 붙여서 설정한다.
㉰ 분할의 경우에는 분할 전 필지의 지번은 말소하고 분할 후의 필지는 분할 전 지번의 본번에 부번을 부여한다.
㉱ 합병의 경우에는 합병 전 지번 중 선순위의 것을 그 지번으로 하되, 합병 전 지번 중 본번만으로 된 지번이 있는 때에는 본

번 중 선순위의 것을 그 지번으로 한다.

08 다음 지역지구 중 경관지구의 세분화로서 틀린 것은?

㉮ 자연경관지구 ㉯ 수변경관지구
㉰ 문화경관지구 ㉱ 시가지경관지구

09 다음 중 일람도를 제도하는 경우 붉은색 0.2mm 폭의 2선으로 제도하여야 하는 것은?

㉮ 지방도로 ㉯ 수도용지 중 선로
㉰ 하천 · 구거 ㉱ 철도용지

10 다음 중 측량 · 수로조사 및 지적에 관한 법률에 따른 '경계'에 대한 정의로 옳은 것은?

㉮ 토지위에 설치된 담장
㉯ 필지별로 경계점간을 직선으로 연결하여 지적공부에 등록한 선
㉰ 주요 지형 · 지물에 의하여 구획된 지표상의 경계
㉱ 전 · 답 등에 구획된 둑

11 토지이동에 대한 대위신청을 할 수 없는 자는?

㉮ 공공사업에 따라 학교용지의 지목으로 되는 토지의 경우에는 해당 사업시행자
㉯ 국가가 취득하는 토지의 경우에는 해당 토지를 관리하는 행정기관의 장 의 장
㉰ 민법 제404조의 규정에 의한 채권자
㉱ 주택법에 의한 공동주택의 부지는 인접 토지소유자

12 다음 중 등기촉탁의 대상이 아닌 것은?

㉮ 지번변경 ㉯ 축척변경
㉰ 직권등록사항정정 ㉱ 신규등록

13 중앙지적위원회 위원의 임기는? (위원장 및 부위원장을 제외한 위원)

㉮ 1년 ㉯ 2년 ㉰ 3년 ㉱ 4년

14 1필지 획정에 있어 주된 토지에 편입할 수 있는 토지에 관한 설명 중 옳지 않은 것은?

㉮ 종된 토지의 지목이 "대"이어야 한다.
㉯ 종된 토지의 면적이 주된 토지의 면적의 10% 이내이어야 한다.
㉰ 종된 토지의 면적이 $330m^2$ 이하이어야 한다.
㉱ 주된 토지의 편의를 위하여 설치된 도로 · 구거는 주된 용도의 토지에 편입하여 1필지로 할 수 있다.

15 토지소유자는 지목변경을 할 토지가 있으면 대통령령이 정하는 바에 따라 몇 일 이내에 지적소관청에 지목변경을 신청해야 하는가?

㉮ 60일 ㉯ 90일
㉰ 120일 ㉱ 150일

16 부동산등기법상 합필의 등기를 할 수 있는 것은?

㉮ 소유권 등기가 있는 토지
㉯ 승역지에 하는 지역권의 등기가 있는 토지
㉰ 전세권등기가 있는 토지
㉱ 모든 토지에 대하여 등기원인 및 그 연월일과 접수번호가 동일한 저당권에 관한 등기가 있는 경우

17 다음 중 지적공부에 등록하는 토지의 표시가 아닌 것은?

㉮ 토지의 소재 ㉯ 지번과 지목
㉰ 경계 또는 좌표 ㉱ 소유자

18 지목의 구분설정에 관한 설명으로 옳지 않은 것은?

㉮ 국토의 계획 및 이용에 관한 법률 등 관계법령에 의한 택지조성공사가 준공된 토지는 "대"로 한다.
㉯ 축산법에 의한 가축을 사육하는 축사 등과 이에 접속된 부속 시설물의 부지는 "목장용지"로 한다.
㉰ 영구적 건축물 중 변전소, 송신소, 도축장, 자동차 운전학원 등의 부지는 "잡종지"로 한다.
㉱ 아파트, 공장 등 단일용도의 일정한 단지 안에 설치된 통로는 "도로"로 한다.

19 다음 중 축척변경에 대한 설명으로 틀린 것은?

㉮ 축척변경위원회는 청산금의 이의신청에 관한 사항 등을 심의 의결한다.

㉯ 작은 축척을 큰 축척으로 변경하여 등록하는 것을 말한다.

㉰ 임야도 축척에서 지적도 축척으로 옮겨 등록하는 것을 말한다.

㉱ 축척변경을 시행하고자 할 경우에는 시·도지사의 승인을 받아서 시행한다.

20 사용자권한 등록파일에 등록하는 사용자번호 및 비밀번호에 대한 설명으로 틀린 것은?

㉮ 사용자번호는 사용자권한 등록관리청별로 일련번호로 부여하여야 하며, 수시로 사용자번호는 변경하며 관리하여야 한다.

㉯ 사용자권한 등록관리청은 사용자가 다른 사용자권한 등록관리청으로 소속이 변경되어지거나 퇴직 등을 한 경우에는 사용자번호를 따로 관리하여 사용자의 책임을 명백히 할 수 있도록 하여야 한다.

㉰ 사용자의 비밀번호는 6자리부터 16자리까지의 범위에서 사용자가 정하여 사용한다.

㉱ 사용자의 비밀번호는 다른 사람에게 누설하여서는 아니 되며, 사용자는 비밀번호가 누설되거나 누설될 우려가 있는 때에는 즉시 이를 변경하여야 한다.

지적산업기사 기출문제 정답

2013년도 제1회

01. ㉰	02. ㉱	03. ㉮	04. ㉮	05. ㉮
06. ㉱	07. ㉱	08. ㉯	09. ㉮	10. ㉮
11. ㉯	12. ㉯	13. ㉰	14. ㉱	15. ㉰
16. ㉯	17. ㉯	18. ㉱	19. ㉱	20. ㉱

2013년도 제2회

01. ㉯	02. ㉰	03. ㉱	04. ㉯	05. ㉱
06. ㉱	07. ㉰	08. ㉮	09. ㉰	10. ㉮
11. ㉰	12. ㉰	13. ㉮	14. ㉯	15. ㉮
16. ㉮	17. ㉰	18. ㉱	19. ㉯	20. ㉯

2013년도 제3회

01. ㉯	02. ㉯	03. ㉯	04. ㉯	05. ㉱
06. ㉯	07. ㉰	08. ㉰	09. ㉱	10. ㉮
11. ㉯	12. ㉮	13. ㉱	14. ㉰	15. ㉯
16. ㉰	17. ㉱	18. ㉰	19. ㉰	20. ㉰

2014년도 제1회

01. ㉯	02. ㉱	03. ㉯	04. ㉮	05. ㉱
06. ㉰	07. ㉰	08. ㉮	09. ㉱	10. ㉰
11. ㉯	12. ㉰	13. ㉯	14. ㉮	15. ㉱
16. ㉮	17. ㉱	18. ㉮	19. ㉯	20. ㉰

2014년도 제2회

01. ㉱	02. ㉱	03. ㉰	04. ㉮	05. ㉯
06. ㉮	07. ㉰	08. ㉯	09. ㉱	10. ㉰
11. ㉱	12. ㉮	13. ㉮	14. ㉯	15. ㉯
16. ㉯	17. ㉮	18. ㉱	19. ㉱	20. ㉯

2014년도 제3회

01. ㉱	02. ㉮	03. ㉮	04. ㉱	05. ㉮
06. ㉰	07. ㉯	08. ㉮	09. ㉰	10. ㉱
11. ㉯	12. ㉯	13. ㉮	14. ㉱	15. ㉯
16. ㉯	17. ㉰	18. ㉯	19. ㉰	20. ㉱

2015년도 제1회

01. ㉯	02. ㉯	03. ㉯	04. ㉰	05. ㉰
06. ㉰	07. ㉮	08. ㉮	09. ㉱	10. ㉰
11. ㉱	12. ㉯	13. ㉮	14. ㉯	15. ㉱
16. ㉱	17. ㉱	18. ㉱	19. ㉱	20. ㉰

2015년도 제2회

01. ㉱	02. ㉱	03. ㉰	04. ㉮	05. ㉯
06. ㉮	07. ㉰	08. ㉯	09. ㉱	10. ㉰
11. ㉱	12. ㉮	13. ㉮	14. ㉯	15. ㉯
16. ㉯	17. ㉮	18. ㉱	19. ㉱	20. ㉯

지적기사 기출문제 정답

2013년도 제1회

01. ㉱ 02. ㉯ 03. ㉰ 04. ㉱ 05. ㉮
06. ㉰ 07. ㉮ 08. ㉱ 09. ㉱ 10. ㉱
11. ㉯ 12. ㉱ 13. ㉯ 14. ㉯ 15. ㉯
16. ㉮ 17. ㉯ 18. ㉱ 19. ㉮ 20. ㉮

2013년도 제2회

01. ㉮ 02. ㉮ 03. ㉰ 04. ㉰ 05. ㉱
06. ㉰ 07. ㉮ 08. ㉰ 09. ㉱ 10. ㉰
11. ㉮ 12. ㉱ 13. ㉱ 14. ㉰ 15. ㉯
16. ㉯ 17. ㉱ 18. ㉮ 19. ㉯ 20. ㉱

2013년도 제3회

01. ㉯ 02. ㉯ 03. ㉯ 04. ㉰ 05. ㉰
06. ㉮ 07. ㉰ 08. ㉱ 09. ㉰ 10. ㉮
11. ㉱ 12. ㉰ 13. ㉱ 14. ㉱ 15. ㉰
16. ㉰ 17. ㉰ 18. ㉱ 19. ㉰ 20. ㉮

2014년도 제1회

01. ㉯ 02. ㉮ 03. ㉮ 04. ㉮ 05. ㉮
06. ㉯ 07. ㉮ 08. ㉱ 09. ㉱ 10. ㉰
11. ㉯ 12. ㉯ 13. ㉰ 14. ㉯ 15. ㉱
16. ㉰ 17. ㉱ 18. ㉯ 19. ㉱ 20. ㉰

2014년도 제2회

01. ㉯ 02. ㉰ 03. ㉯ 04. ㉰ 05. ㉮
06. ㉱ 07. ㉮ 08. ㉰ 09. ㉱ 10. ㉮
11. ㉱ 12. ㉱ 13. ㉯ 14. ㉯ 15. ㉯
16. ㉮ 17. ㉯ 18. ㉮ 19. ㉱ 20. ㉱

2014년도 제3회

01. ㉱ 02. ㉯ 03. ㉰ 04. ㉯ 05. ㉱
06. ㉱ 07. ㉮ 08. ㉮ 09. ㉱ 10. ㉮
11. ㉯ 12. ㉯ 13. ㉰ 14. ㉯ 15. ㉱
16. ㉰ 17. ㉮ 18. ㉯ 19. ㉰ 20. ㉱

2015년도 제1회

01. ㉱ 02. ㉮ 03. ㉯ 04. ㉰ 05. ㉯
06. ㉯ 07. ㉰ 08. ㉰ 09. ㉱ 10. ㉯
11. ㉱ 12. ㉱ 13. ㉯ 14. ㉮ 15. ㉯
16. ㉱ 17. ㉱ 18. ㉱ 19. ㉰ 20. ㉮

참고문헌

김영학 외 3인, 지적학, 화수목, 2015
김행종, 지적관계법론, 부연사, 2011
류병찬, 최신지적법, 건웅출판사, 2011
원영철, 최신지적법, 삼영사, 2012
이왕무 외 3인, 최신 지적학, 동화기술, 2008
이왕무 외 1인, 해설 지적관계법, 동화기술, 2012
이왕무 외 2인, 토지이동정리실무, 발해그래픽, 2015
장우진 외 1인, 토지공시법, 범론사, 2006
최한영, 지적학특론, 구미서관, 2013
최한영 외 1인, 지적법규특론, 구미서관, 2014

국가공간정보기본법
국가공간정보기본법 시행령
공간정보산업 진흥법
공간정보산업 진흥법 시행령
공간정보산업 진흥법 시행규칙
공간정보의 구축 및 관리 등에 관한 법률
공간정보의 구축 및 관리 등에 관한 법률 시행령
공간정보의 구축 및 관리 등에 관한 법률 시행규칙
지적측량시행규칙
지적업무처리규정
부동산종합공부시스템의 운영 및 관리규정

찾아보기

저자 소개

이왕무

- 청주대학교 지적학과 졸업(행정학사)
- 청주대학교 대학원 지적학과 졸업(행정학석사)
- 전주대학교 대학원 행정학과 졸업(행정학박사)
- 전국대학지적학과 교수협의회 회장 역임
- 한국지적정보학회 회장 역임
- 국제지적학회 한국지회 대의원 역임
- 한국국토정보공사 장학회 사외이사 역임
- 광주광역시, 전라남도 각종 위원회 위원
- 국가공무원 및 국가기술고시 출제 및 검토위원
- 공인중개사, 부동산권리분석사, 빌딩경영관리사 시험 출제위원 및 검토위원
- 동강대학교 토지정보관리과 교수

[저서 및 논문]

- 지적학개론(공저, 화수목)
- 해설 지적관계법(공저, 동화기술)
- 토지공시법(공저, 범론사)
- 지적행정론(공저, 동화기술)
- 토지이동정리실무(공저, 발해그래픽)
- 지적행정실무론(공저, 시보출판사)
- 권리분석관계법규(공저, 시보출판사)
- 지적학사전(공편저, 범론사)
- 부동산용어사전(공편저, 범론사)
- 지적민원행정의 운영 실태와 개선방향에 관한 연구(박사학위논문) 외 총 70여편

장우진

- 청주대학교 지적학과 졸업(행정학사)
- 청주대학교 대학원 지적학과 졸업(행정학석사)
- 상지대학교 대학원 행정학과 졸업(행정학박사)
- 한국지적정보학회 편집위원
- 국가공무원 및 국가기술고시 출제 및 검토위원
- 동강대학교 토지정보관리과 조교수

[저서 및 논문]

- 해설 지적관계법(공저, 동화기술)
- 지적행정론(공저, 동화기술)
- 토지이동정리실무(공저, 발해그래픽)
- 공공서비스품질이 고객만족에 미치는 영향에 관한 연구 : 지적측량서비스를 중심으로 (박사학위논문) 외 총 40여편

공간정보관계법 정가 : 16,000원

저자 : 이왕무 · 장우진

발행인 : 임정대
발행처 : 도서출판 **화수목**

인쇄 : 2015년 9월 1일 초판
발행 : 2015년 9월 7일 초판

등록 : 제2014-000166호

주소 : 서울시 마포구 신촌로 2길 5-15
전화 : 02-338-9119
팩스 : 02-335-2201

ISBN : 979-11-86290-37-8 (93530)